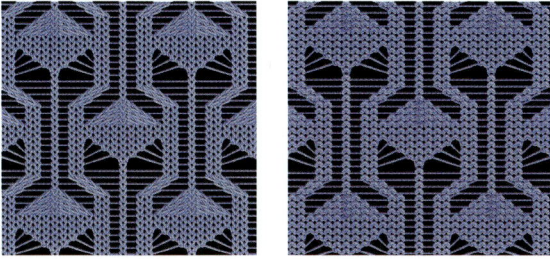

（a）正面　　　　　　　（b）反面

图 3-2　挑孔织物模拟效果图

（a）以模块颜色为背景　　　（b）以纱线颜色为背景

图 3-5　电脑横机标志视图

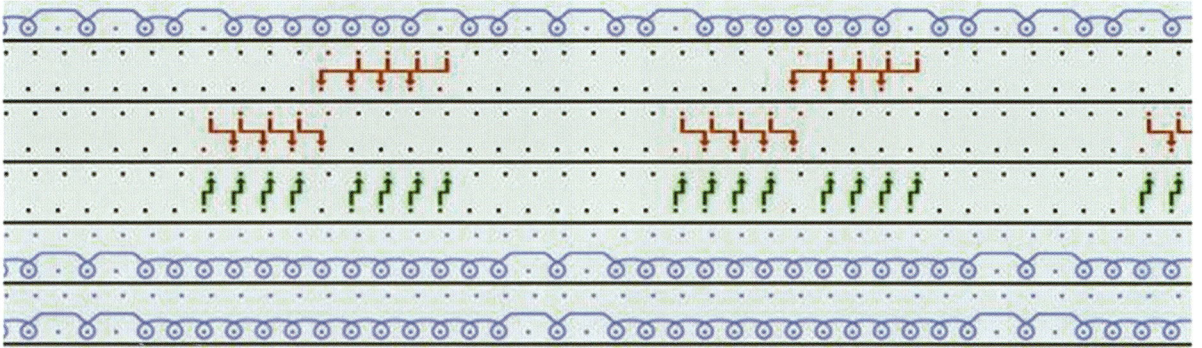

图 3-10　电脑横机工艺视图

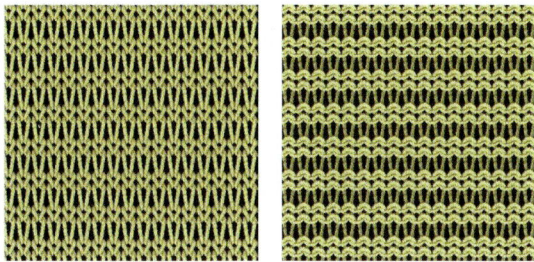

（a）织物正面　　　　　　（b）织物反面

图 3-14　松紧密度织物的横条效应

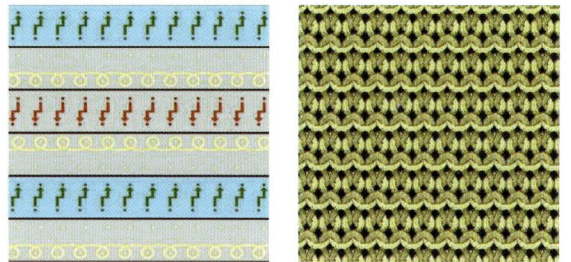

（a）工艺视图　　　　　　（b）织物视图

图 3-22　双反面组织编织的工艺视图和织物视图

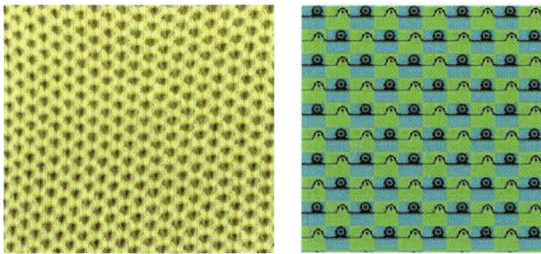

（a）织物效果图　　　　　　（b）标志视图

图 3-25　蜂窝效应单面集圈织物

（a）织物正面　　　　　　（b）织物反面

图 3-27　畦编织物效果图

（a）织物正面　　　　　　（b）织物反面

图 3-29　半畦编织物图

图 3-34　隔行挑花织物

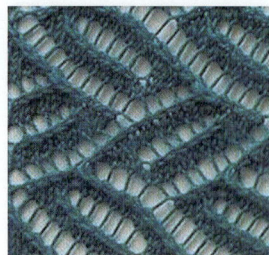

图 3-35　连续挑花织物

（a）标志视图　　　　　　（b）织物效果图

图 3-36　逆向移圈挑花织物线圈图

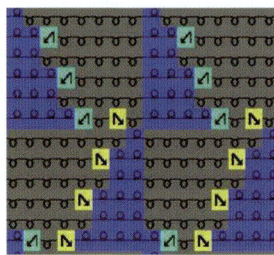

（a）标志视图　　　　　　（b）织物视图

图 3-37　单针移圈挑花织物线圈图

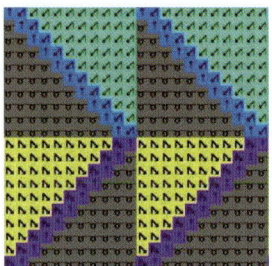

（a）标志视图　　　　　　（b）织物视图

图 3-38　多针移圈挑花织物线圈图

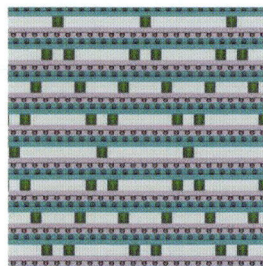

（a）标志视图　　　　　　（b）织物视图

图 3-39　双面挑花织物

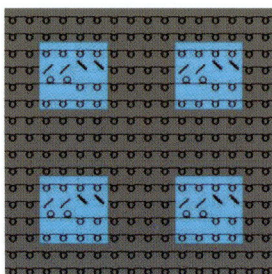

（a）标志视图　　　　　　（b）织物效果图

图 3-40　2×2 单面绞花织物

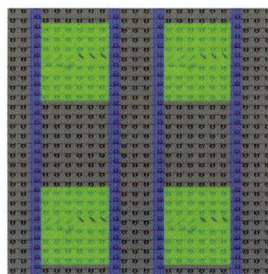
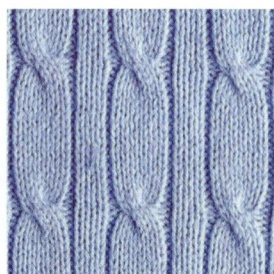

（a）标志视图　　　　　　（b）织物效果图

图 3-41　3×3 双面绞花织物

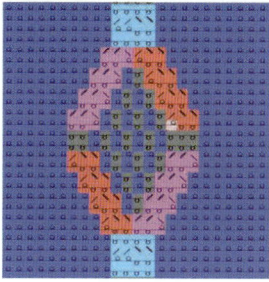
（a）标志视图

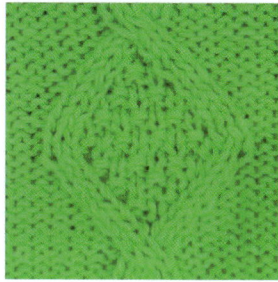
（b）织物效果图

图 3-42　菱形花纹的阿兰花织物

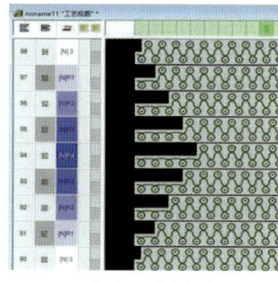
（a）工艺视图

（b）织物视图

图 3-44　四平波纹织物

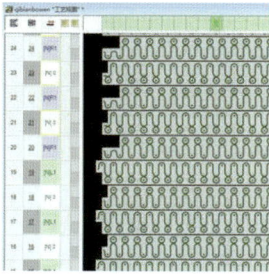
（a）工艺视图

（b）织物效果图

图 3-45　畦编波纹织物

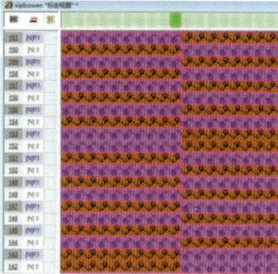
（a）标志视图

（b）织物效果图

图 3-46　畦编凹凸立体波纹织物

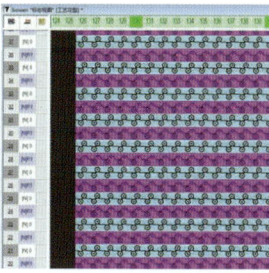
（a）标志视图

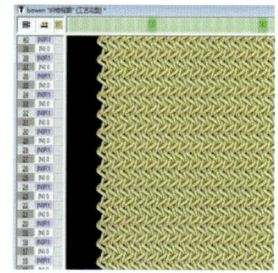
（b）织物视图

图 3-47　半畦编波纹织物

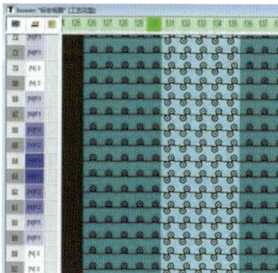
（a）标志视图

（b）织物效果图

图 3-48　四平抽条波纹织物

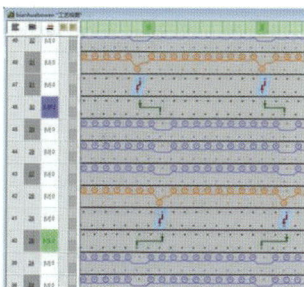
（a）工艺视图

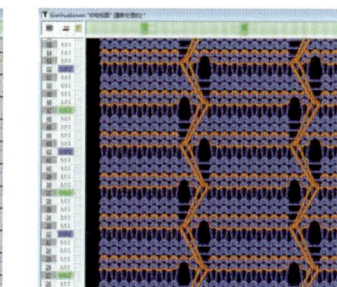
（b）织物视图

图 3-49　变化四平抽条波纹织物

（a）正面

（b）反面

图 3-53　添纱组织形成的纬平针色彩花纹

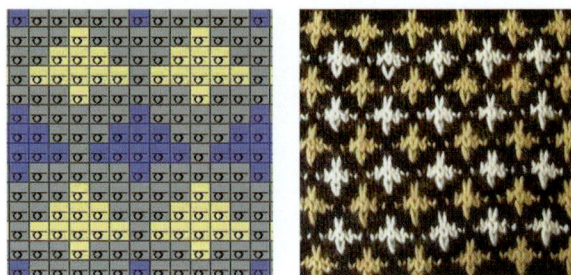

（a）标志视图　　　　　（b）织物视图

图 3-56　单面均匀提花织物

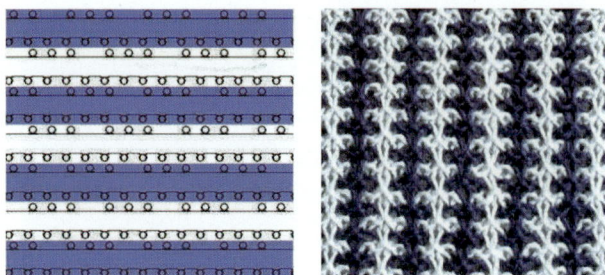

（a）标志视图　　　　　（b）织物视图

图 3-57　单面不均匀提花织物

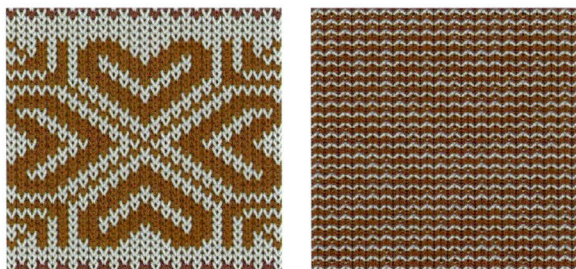

（a）织物视图正面　　　　（b）织物视图反面

图 3-58　横条双面提花织物

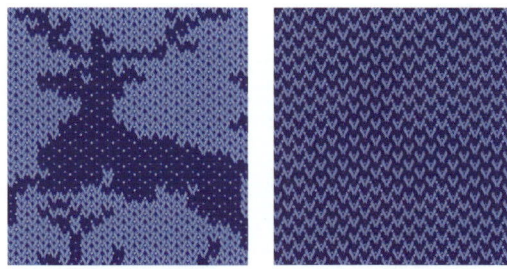

（a）织物视图正面　　　　（b）织物视图反面

图 3-59　两色芝麻点提花组织织物

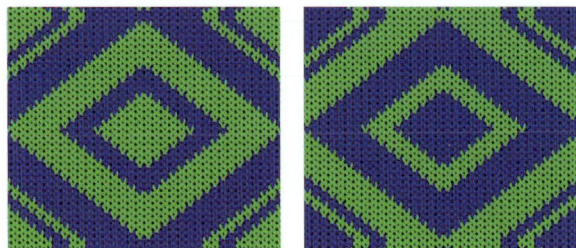

（a）织物视图正面　　　　（b）织物视图反面

图 3-60　空气层双面提花织物

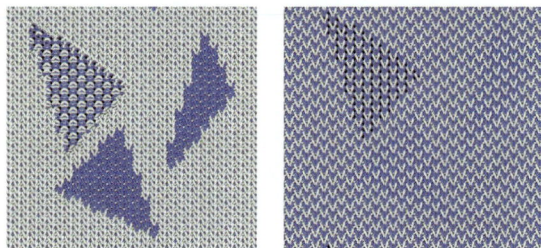

（a）织物视图正面　　　　（b）织物视图反面

图 3-61　露底提花织物

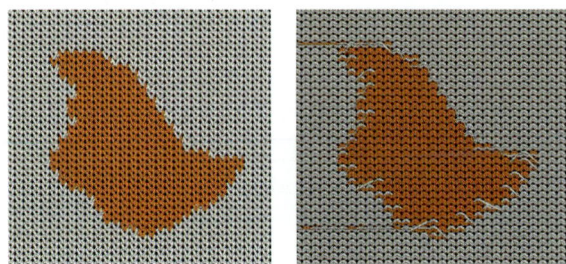

（a）织物视图正面　　　　（b）织物视图反面

图 3-62　单面嵌花织物

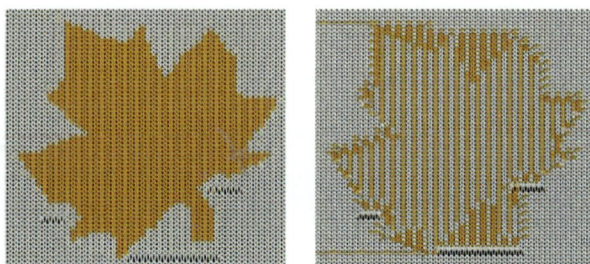

（a）织物视图正面　　　　（b）织物视图反面

图 3-63　嵌花提花织物

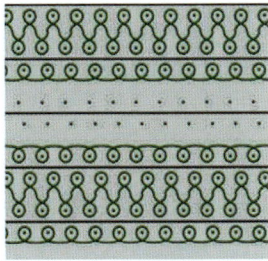

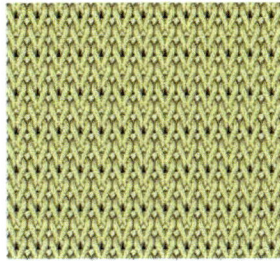

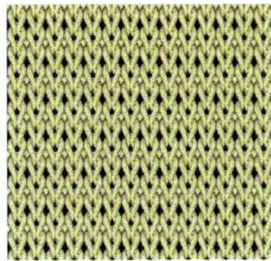

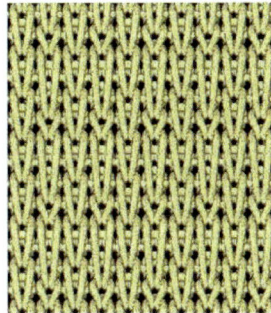

（a）工艺视图　　　　　　　（b）织物视图正面　　　　　　（c）织物视图反面

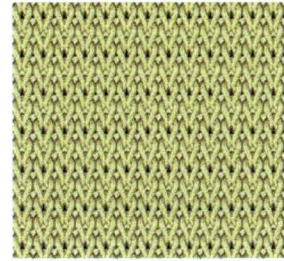

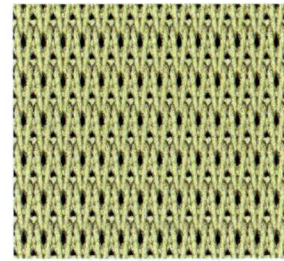

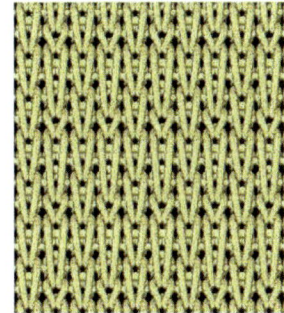

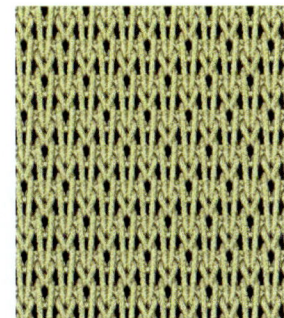

图 3-64　罗纹空气层织物

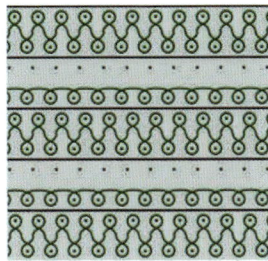

（a）工艺视图　　　　　　　（b）织物视图正面　　　　　　（c）织物视图反面

图 3-65　罗纹半空气层织物

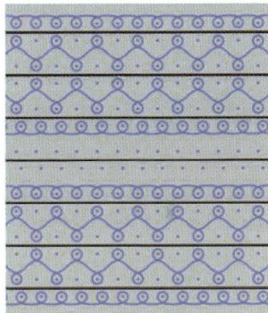

（a）工艺视图　　　　　　　（b）织物视图正面　　　　　　（c）织物视图反面

图 3-66　双罗纹空气层织物

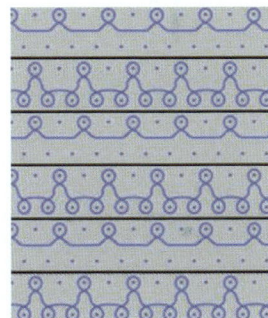

（a）工艺视图　　　　　　　（b）织物视图正面　　　　　　（c）织物视图反面

图 3-67　变化罗纹—变化平针织物

图 3-68　正反针、绞花、阿兰花复合织物

图 3-69　挑孔、绞花复合织物

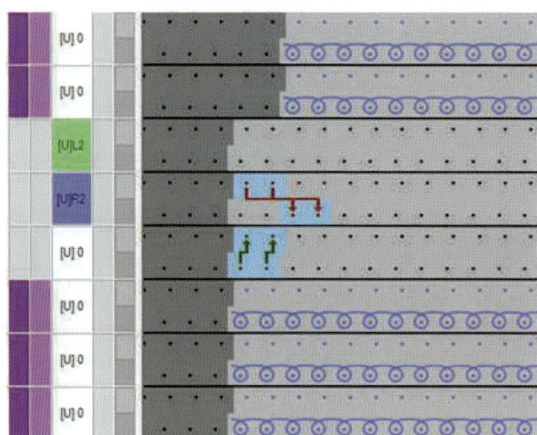

（a）工艺视图

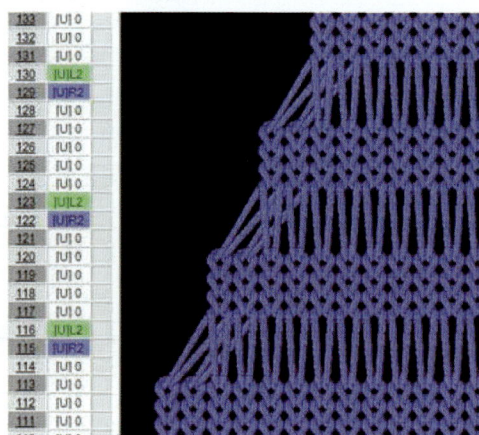

（b）织物视图

图 5-2　电脑横机明收针

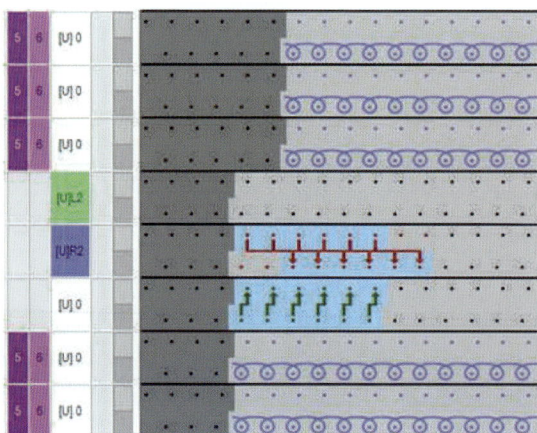

（a）工艺视图

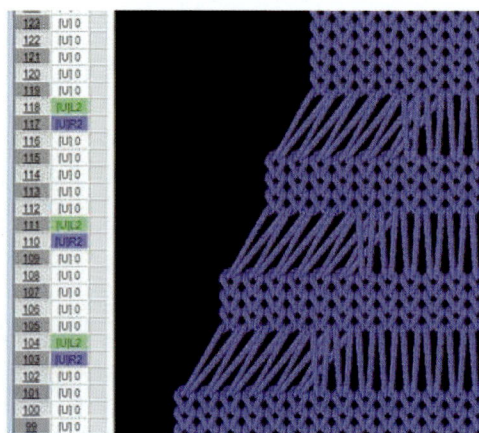

（b）织物视图

图 5-3　电脑横机暗收针

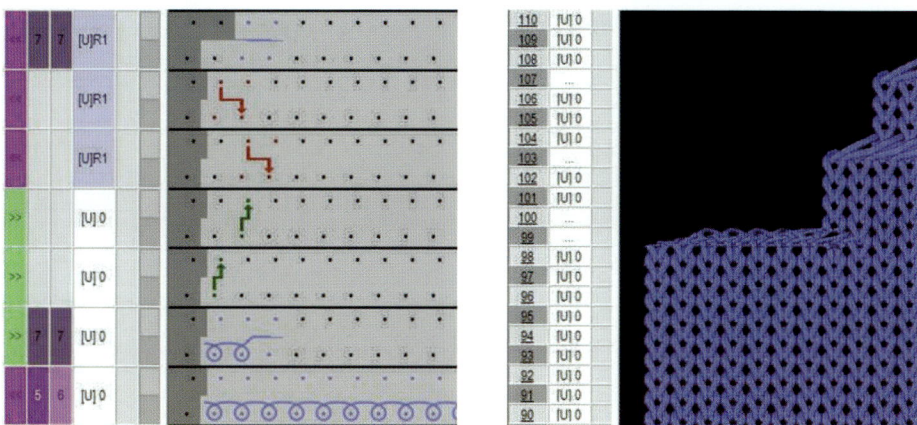

	7	7	[U]R1
			[U]R1
			[U]R1
>>			[U] 0
>>			[U] 0
>>	7	7	[U] 0
	5	6	[U] 0

（a）左侧拷针工艺视图　　　　　　　　　　（b）左侧拷针织物视图

图 5-4　电脑横机拷针

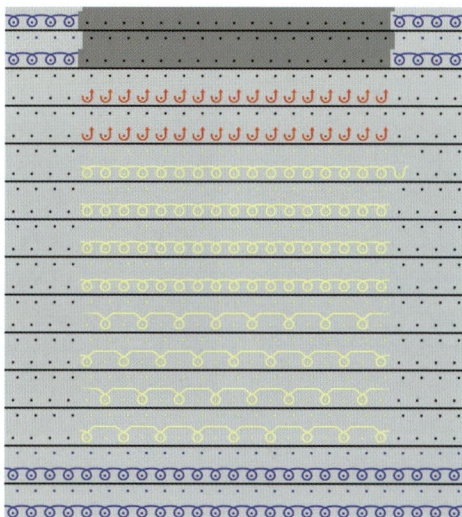

图 5-5　废纱编织代替拷针

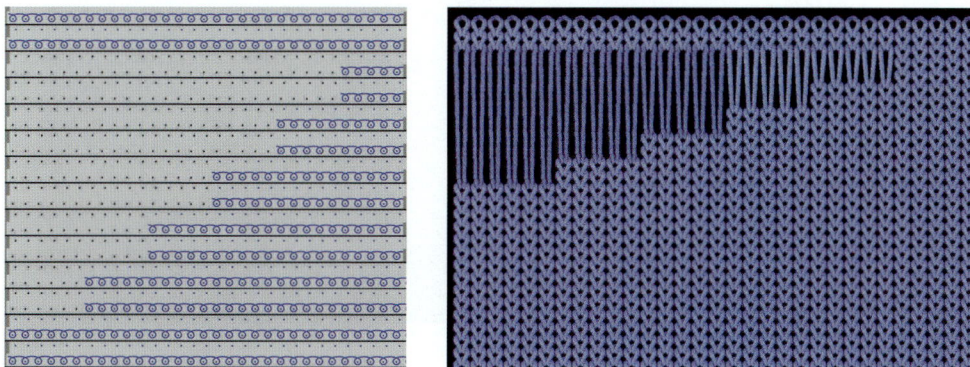

（a）工艺视图　　　　　　　　　　（b）织物视图

图 5-6　肩斜部分用电脑横机进行局部编织（左肩）

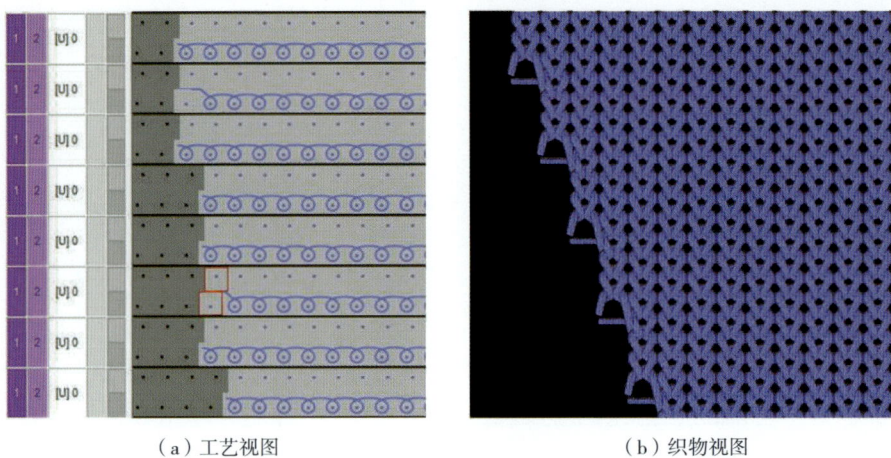

（a）工艺视图　　　　　　　　　　　　（b）织物视图

图 5-8　电脑横机明放针

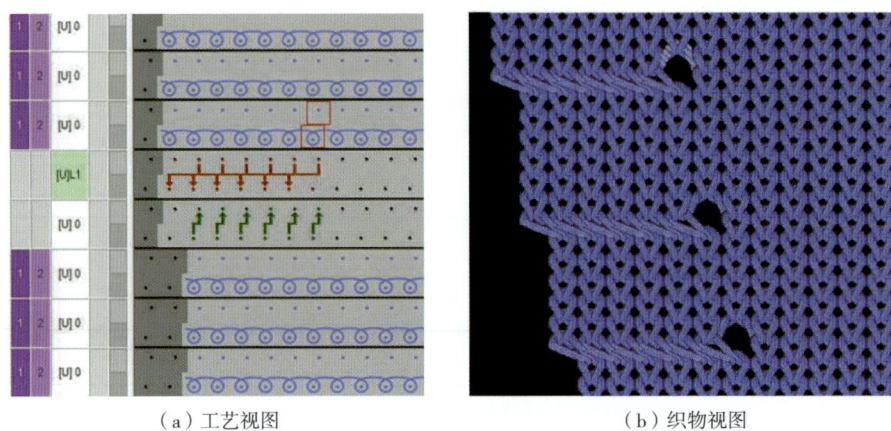

（a）工艺视图　　　　　　　　　　　　（b）织物视图

图 5-9　电脑横机暗放针（有孔眼）

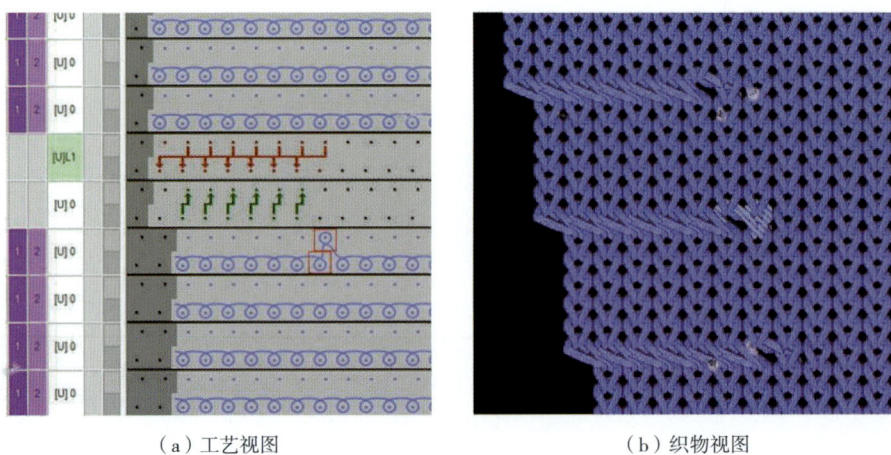

（a）工艺视图　　　　　　　　　　　　（b）织物视图

图 5-10　电脑横机暗放针（有孔眼）

模型边缘线圈长度：

线圈长度

NP前：　12.5

NP后：　12.3

宽度：　6

（a）模型边缘线圈长度设置

（b）标志视图

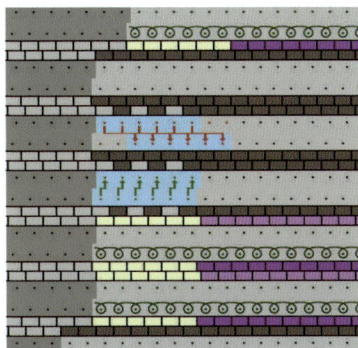

（c）工艺视图

图 5-19　模型边缘线圈长度

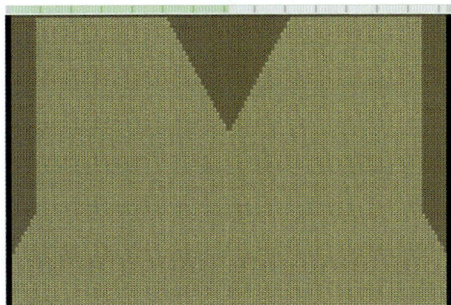

图 5-33　模型选择窗口

图 5-34　套上模型的花型图

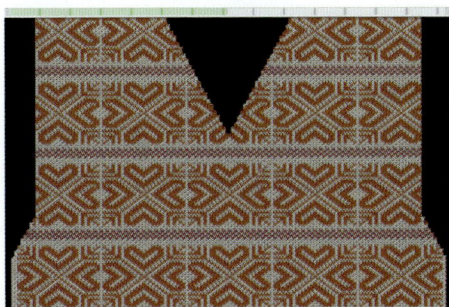

图 5-35　剪切模型后的成型花型

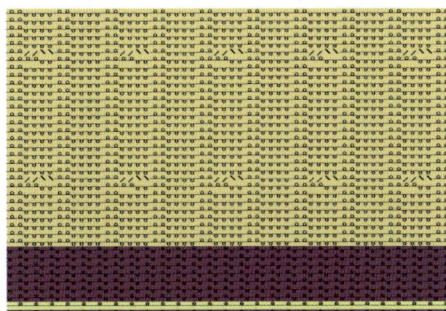

图 5-37　绘制花型图案

模块放置参照点，类似坐标原点（0，0）

图 5-25　领底模块放置参照点

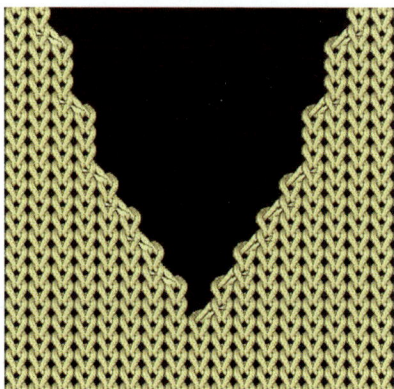

图 5-26　结构平针 V1 建模

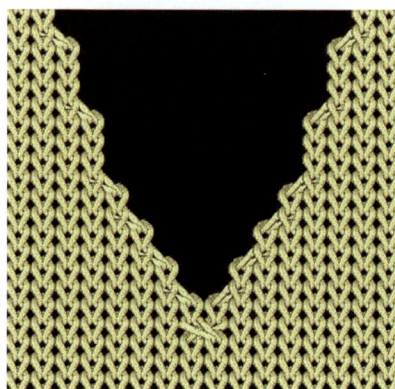

图 5-27　结构平针 V2 建模

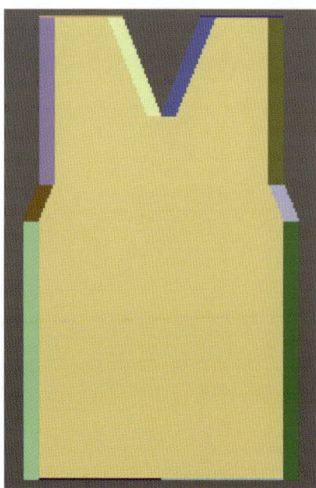

图 5-39　定位模型

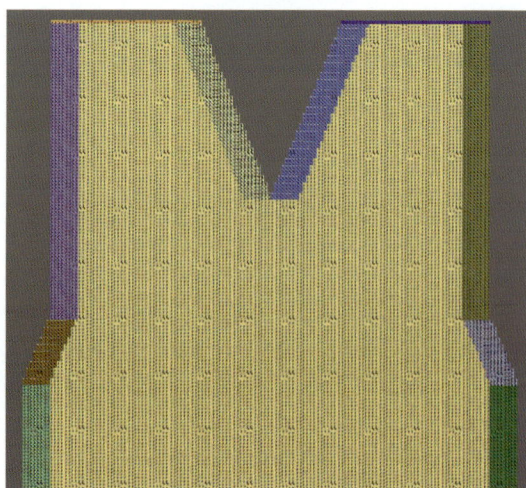

图 5-41　模型边缘颜色和符号

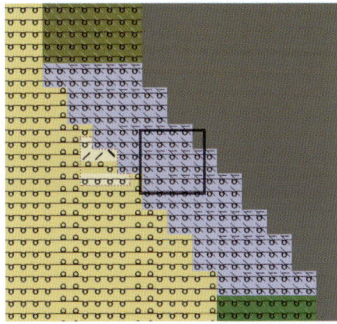
（a）标志视图

（b）织物视图

图 5-46　显示不完整的模块

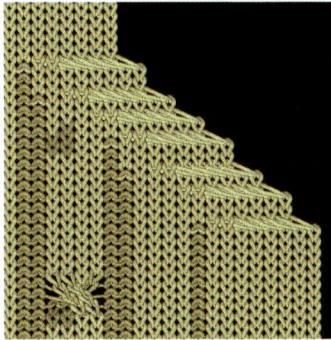
（a）织物视图

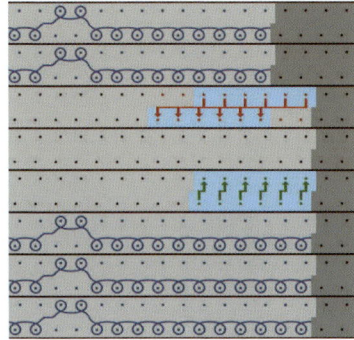
（b）工艺视图

图 5-47　模型剪切后

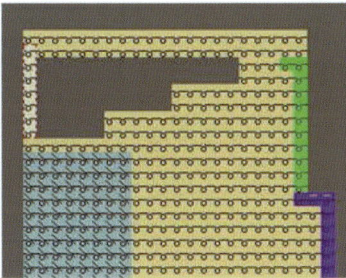
（a）

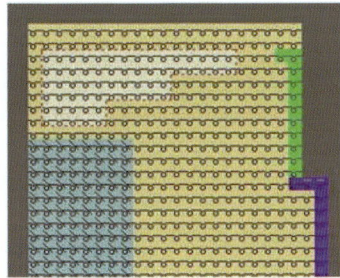
（b）

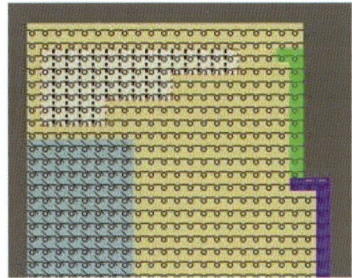
（c）

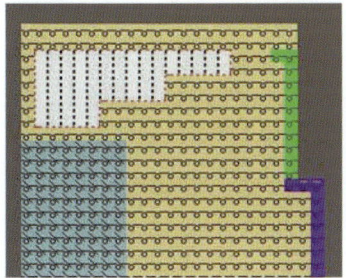
（d）

（e）

（f）

图 5-51　做肩部楔形

图 5-52　合并安全行导纱器

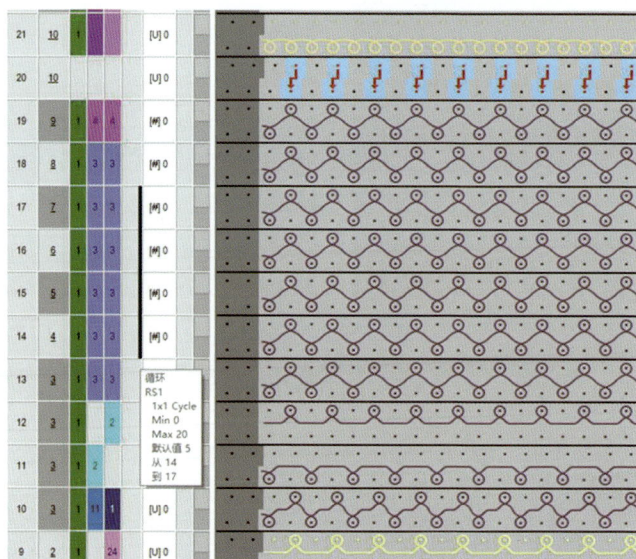

图 5-55　起头罗纹中的循环

图 5-56　楔形中有浮线

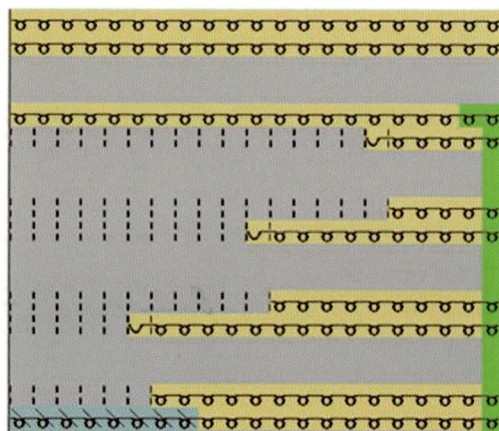

图 5-57　楔形中没有了浮线

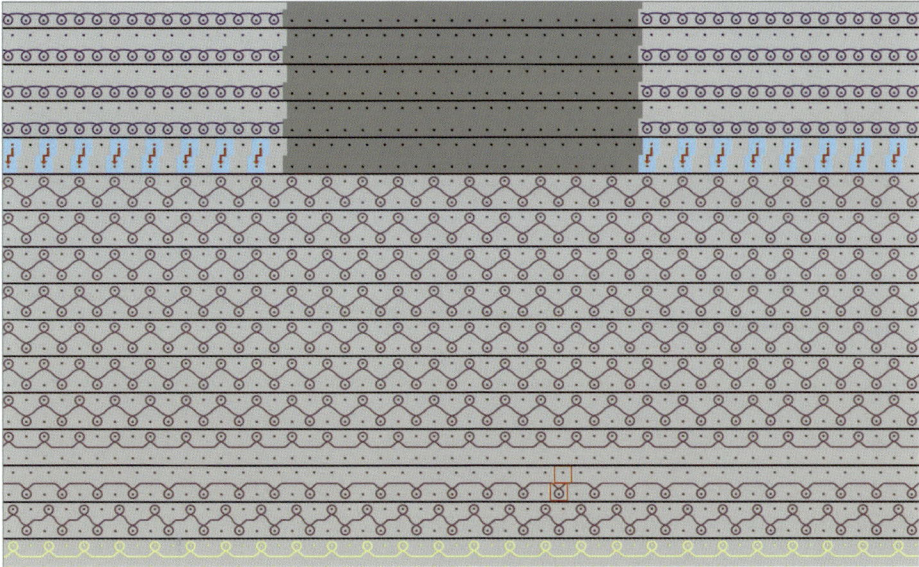

图 5-58　左右两片的罗纹相连

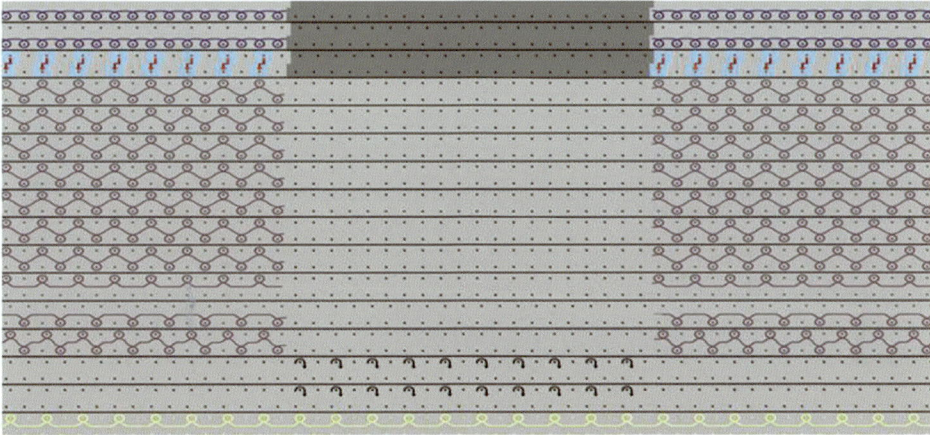

图 5-59　左右两片的罗纹分开

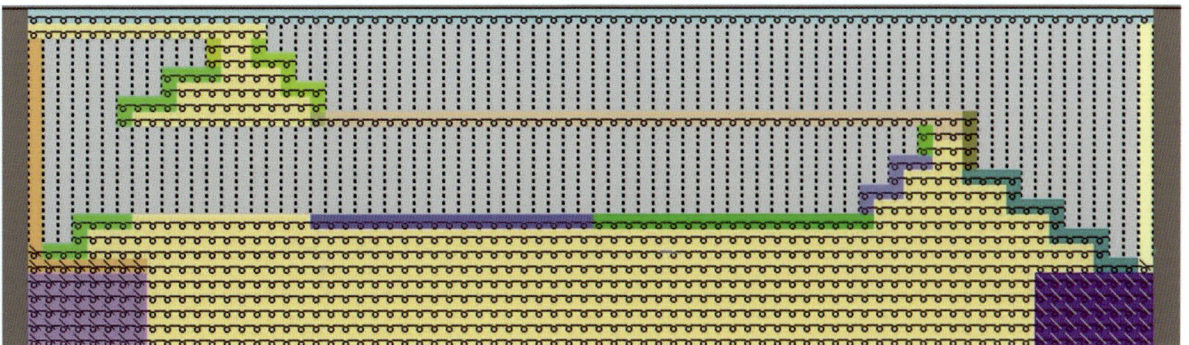

图 5-63　用一把导纱器编织的标志视图

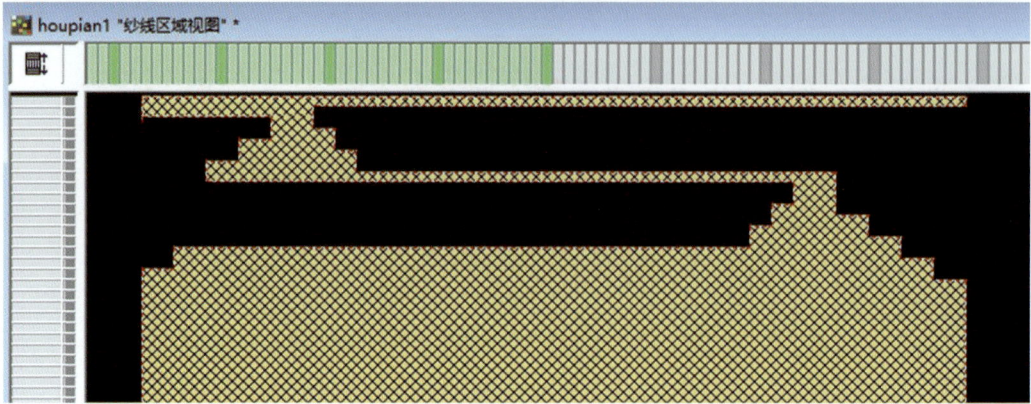

图 5-64　用一把导纱器编织的纱线区域视图

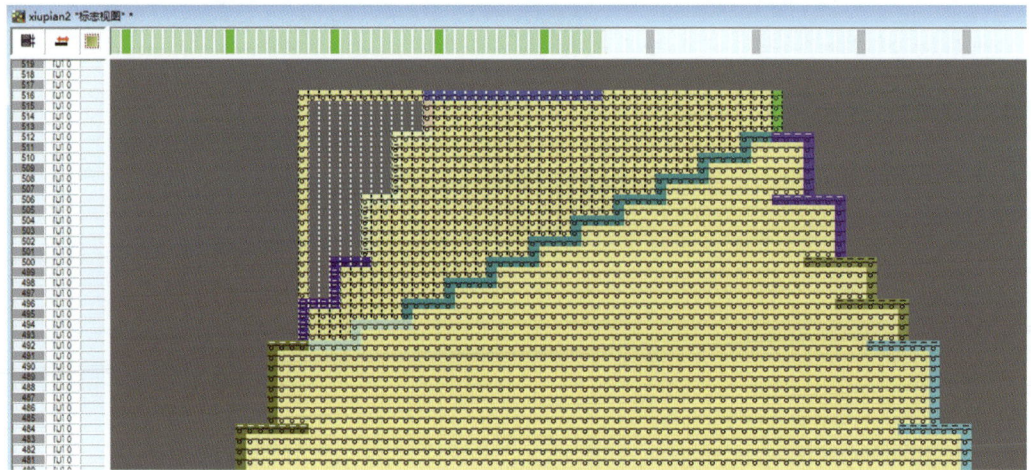

图 5-68　打开和定位模型后的标志视图

图 5-69　修改后的模型标志视图

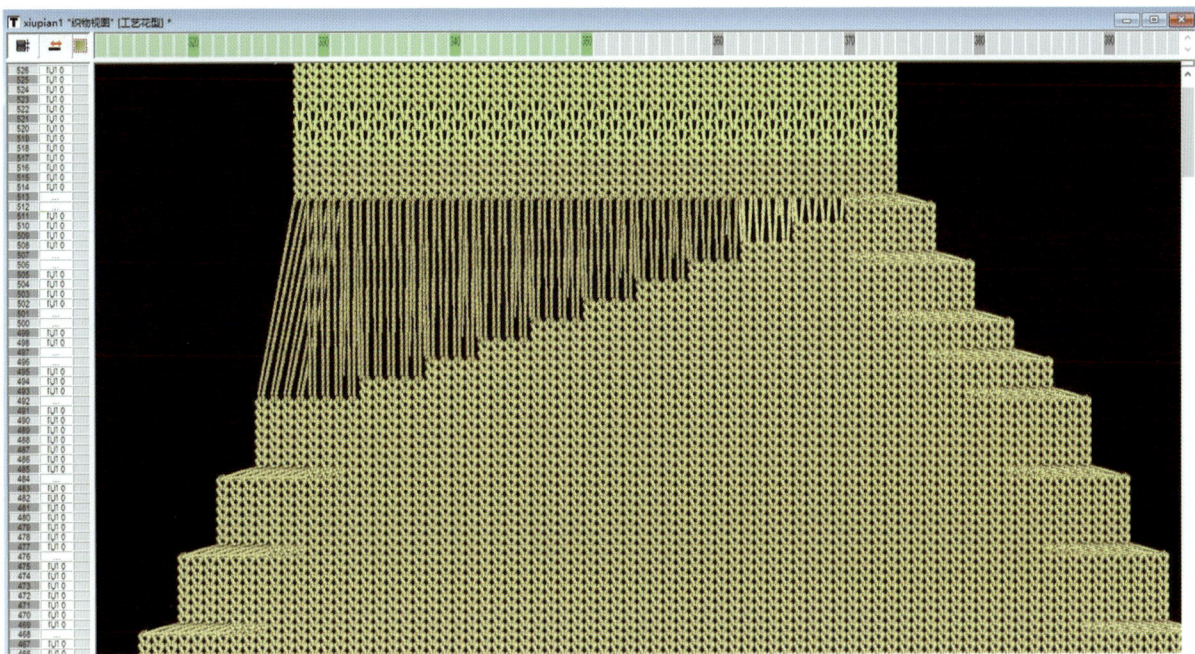

图 5-70　插肩袖织物模拟视图

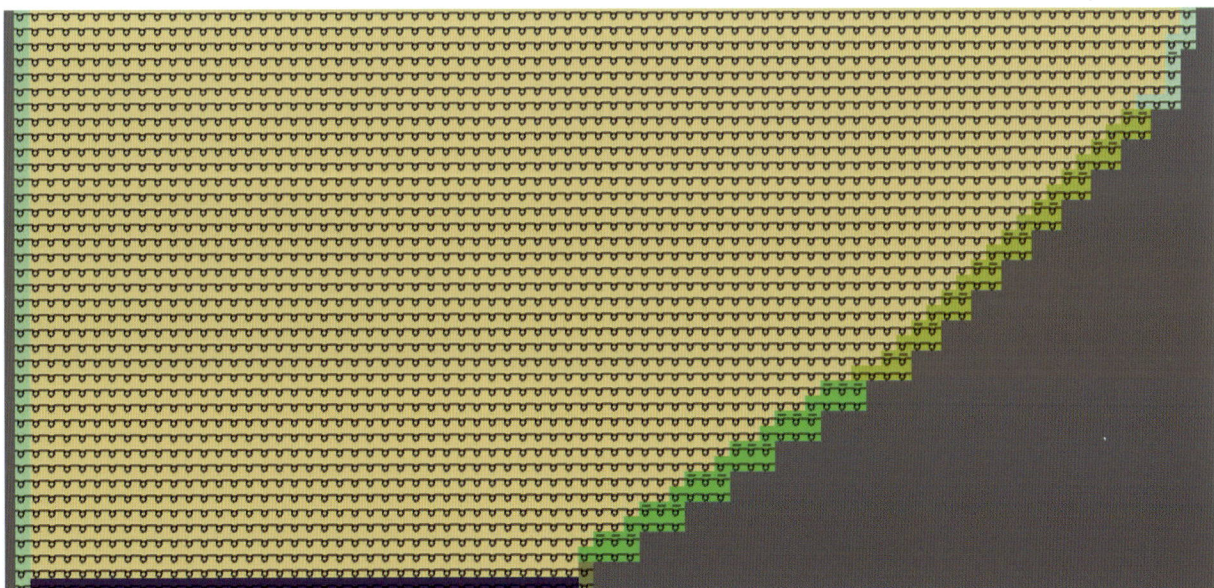

图 5-78　一次放 3 针和一次放 2 针

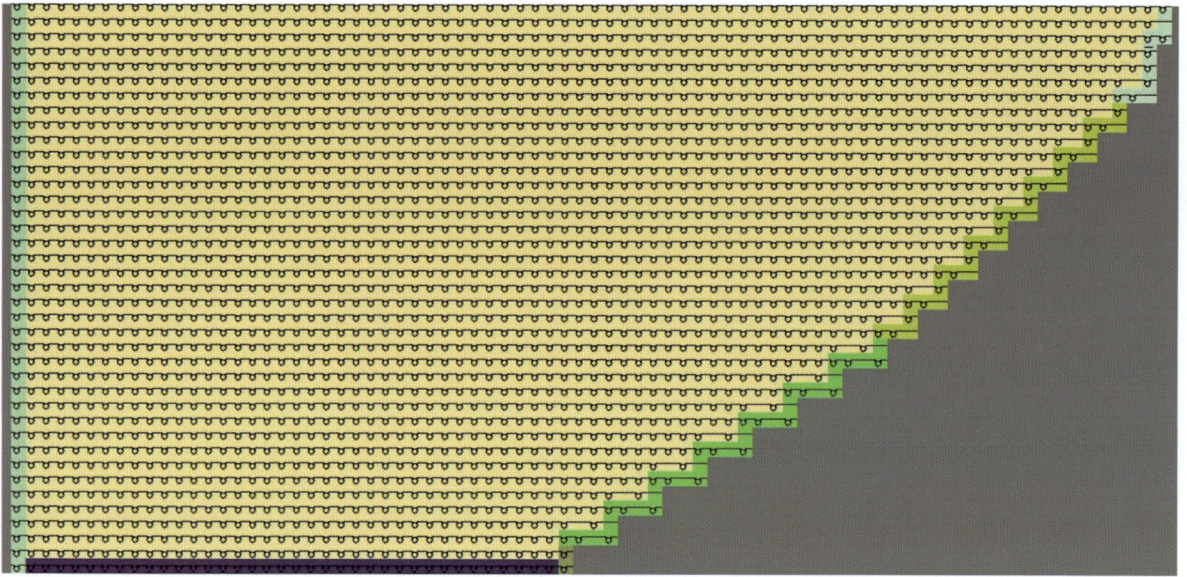

图 5-79　一次放 3 针和一次放 2 针改成一隔一出针

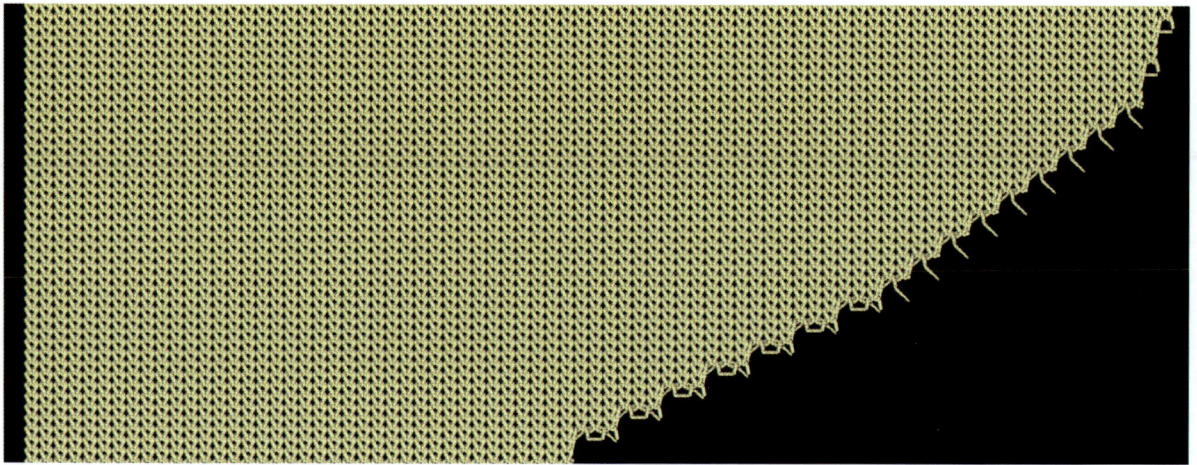

图 5-80　衣片织物模拟效果

"十四五"普通高等教育本科部委级规划教材

羊毛衫生产工艺与成型制板

王花娥　主　编

裘玉英　副主编

中国纺织出版社有限公司

内 容 提 要

本书以羊毛衫生产工艺流程为主线，系统介绍了羊毛衫用纱种类、纱线原料检验、络纱、织物组织设计、编织工艺设计、电脑横机成型制板、羊毛衫成衣工艺及后整理等内容，并结合斯托尔（STOLL）电脑横机，以常规羊毛衫衣片制板和非常规羊毛衫衣片制板为例，介绍了电脑横机成型制板的方法和要点。

本书可作为高等院校纺织类相关专业的教材，也可供毛衫行业的工程技术人员、管理人员、产品设计开发人员阅读参考。

图书在版编目（CIP）数据

羊毛衫生产工艺与成型制板 / 王花娥主编；裘玉英副主编 . -- 北京 ：中国纺织出版社有限公司，2024. 8.（"十四五"普通高等教育本科部委级规划教材）.
ISBN 978-7-5229-2053-5

Ⅰ. TS184. 5

中国国家版本馆 CIP 数据核字第 2024ZS6066 号

责任编辑：宗 静 郭 沫 责任校对：寇晨晨
责任印制：王艳丽

中国纺织出版社有限公司出版发行
地址：北京市朝阳区百子湾东里A407号楼 邮政编码：100124
销售电话：010—67004422 传真：010—87155801
http://www.c-textilep.com
中国纺织出版社天猫旗舰店
官方微博http://weibo.com/2119887771
三河市宏盛印务有限公司印刷 各地新华书店经销
2024年8月第1版第1次印刷
开本：787×1092 1/16 印张：13.5 彩插：16页
字数：290千字 定价：59.80元

前　言

党的二十大报告明确指出，教育、科技、人才是全面建设社会主义现代化国家的基础性、战略性的支撑。科技是第一生产力、人才是第一资源、创新是第一动力。报告还指出，要加强教材建设和管理。教材作为课程教学的核心材料，是教学的重要基础，发展教育，培养人才，提升科技能力，教材建设要先行。

毛衫作为针织服装的重要组成部分，因其良好的穿着舒适性备受消费者喜爱。随着经济的发展和人们生活水平的提高，消费者的审美观念和穿着习惯也发生了很大的变化，毛衫正朝着时装化、外衣化、个性化、高档化和功能化方向发展。为了适应我国针织行业的发展，满足行业发展的人才需求，编写了《羊毛衫生产工艺与成型制板》。

本教材以羊毛衫生产工艺流程为主线，按照羊毛衫用纱种类、纱线原料检验、络纱、织物组织设计、编织工艺设计、电脑横机成型制板、毛衫成衣工艺及后整理等工序顺序展开。全书共六章：第一章介绍羊毛衫的特点与分类，羊毛衫生产工艺流程，羊毛衫织物的结构、特点及主要力学指标；第二章介绍羊毛衫用纱的种类和要求、毛纱的品号和色号以及络纱的目的和要求等；第三章介绍羊毛衫各种织物组织的编织原理及特性；第四章介绍羊毛衫编织工艺设计的原则、内容和方法，详细讲解羊毛衫编织工艺设计的具体内容、方法和步骤，并举例说明常规款式毛衫的编织工艺设计方法和要点；第五章介绍了羊毛衫成型编织的基本原理和方法，以STOLL电脑横机为例，利用M1 Plus软件，介绍电脑横机制板系统的基本知识，常规羊毛衫的前片、后片、袖片和非常规款式羊毛衫成型制板的方法和要点；第六章介绍羊毛衫成衣工艺及后整理工艺，包括不同款式羊毛衫的成衣工艺流程、缝合质量要求等，以及羊毛衫缩绒、洗水、熨烫定型等后整理工艺。本教材以培养学生专业知识为基础，以提高专业技能为出发点，注重理论与实践相结合，旨在提高教学质量，满足毛衫行业发展的人才需求，同时也为毛衫从业人员提供学习参考。

本教材编写过程中，参阅了大量的有关针织毛衫方面的文献资料，在此向相关编著者表示感谢。吴如冰、袁珺艺、陈佳莹同学参与绘制了书中的部分图片，在此表示感谢，并向所有关心、支持、帮助过本教材写作与出版的同志表示感谢。

由于编者水平有限，本教材中难免有不当之处，敬请读者批评指正。

编　者
2023年9月

教学内容及课时安排

章 / 课时	课程性质 / 课时	节	课程内容
第一章 （2课时）	基础理论 （4课时）	◆	**概论**
		一	羊毛衫的特点与分类
		二	羊毛衫生产工艺流程
		三	羊毛衫织物的结构、特点及主要物理机械指标
第二章 （2课时）		◆	**准备工序**
		一	羊毛衫用纱的种类和要求
		二	毛纱的品号和色号
		三	准备工序的目的和要求
		四	筒子的卷装形式与络纱机械
第三章 （12课时）	理论与实践 （68课时）	◆	**羊毛衫织物组织设计与编织**
		一	羊毛衫织物组织的表示方法
		二	纬平针组织织物设计与编织
		三	罗纹组织织物设计与编织
		四	双反面组织织物设计与编织
		五	集圈组织织物设计与编织
		六	移圈组织织物设计与编织
		七	波纹组织织物设计与编织
		八	添纱组织织物设计与编织
		九	提花组织织物设计与编织
		十	复合组织设计与编织
第四章 （24课时）		◆	**羊毛衫编织工艺设计**
		一	羊毛衫编织工艺设计原则与内容
		二	羊毛衫编织工艺设计流程与方法
		三	不同袖型羊毛衫编织工艺设计
		四	羊毛衫编织工艺设计实例
第五章 （24课时）		◆	**电脑横机成型制板**
		一	成型编织的基本原理和方法
		二	制板基本知识
		三	衣片成型制板
第六章 （8课时）		◆	**羊毛衫成衣与后整理工艺**
		一	半成品定型与检验
		二	羊毛衫成衣工艺
		三	羊毛衫后整理工艺

注　各院校可根据自身的教学特点和教学计划对课程时数进行调整。

目　录

理论与实践

基础理论

第一章

概　论

本章知识点

1. 羊毛衫的特点与分类。
2. 羊毛衫生产工艺流程。
3. 羊毛衫织物的结构、特点及主要物理机械指标。

羊毛衫通称毛衫，是用毛纱、毛型化纤纱线或混纺毛纱编织而成的针织服装。随着纺纱技术的不断发展，新型纱线不断涌现且被广泛用于毛衫生产中，极大地丰富了毛衫用纱的种类和风格。现代机械编织羊毛衫是由早期的手工编织演变而来的。约公元前1000年，西亚幼发拉底河和底格里斯河流域便出现了手工编织的针织物。早期的手工编织是用3~4根竹制或骨质的棒针进行编织，直到13世纪，人们才开始采用双针法编织。1589年，英国人威廉·李（William Lee）发明了第一台木架针织机。1758年，杰迪戴亚·斯特拉特（Jedediah Strutt）将他设计的机器与威廉·李最初设计的木架针织机结合在一起，制造出了一台可以编织罗纹织物的双针床针织机，称为德比式罗纹针织机。1863年，美国W.拉姆发明了舌针平型罗纹针织机，生产成型毛衫，标志着羊毛衫工业的开始。1864年，英国W.柯登发明了钩针平型针织机。19世纪末，英国H.S伦特林根发明了双头舌针双反面机。20世纪70年代，电脑横机问世，羊毛衫工业得到进一步发展。

第一节　羊毛衫的特点与分类

一、羊毛衫的特点

（一）原料适应性广

羊毛衫生产可使用羊毛、羊绒、羊仔毛、马海毛、兔毛、羊驼毛、驼毛、牦牛毛、棉以及真丝等天然纤维原料，也可以使用毛/棉、毛/腈、毛/涤、毛/黏、腈纶、锦纶、涤纶等混纺和纯化纤原料，还可以使用天丝、莫代尔、牛奶纤维、大豆纤维、聚乳酸纤维、竹纤维等新型纤维材料。随着科学技术的发展，毛衫用纱的种类日益广泛。

（二）产品花色品种多

羊毛衫所用的织物组织结构变化多，有纬平针组织、罗纹组织、双反面组织、集圈组织、移圈组织、波纹组织、提花组织和各种变化组织以及复合组织等，织物外观效应丰富，花样繁多，且弹性延伸好，保暖透气，手感柔软，穿着舒适。

（三）产品翻新快

羊毛衫采用横机编织，属于纬编产品，与梭织、经编产品相比，横机编织不需要整经、穿综、穿经等工艺，生产的工艺流程和周期短，产品翻新快。

（四）原料消耗少

羊毛衫编织属于成型编织，生产过程中不需要或者需要很少的裁剪，原料消耗少，特别是织可穿技术的出现，毛衫一线成衣，生产过程中不需要裁剪，不需要缝合或者很少缝合，不仅大大减少了原料的消耗，而且简化了生产工序，提高了生产效率，降低了生产成本，已被越来越多的生产厂家和企业家所接受。

羊毛衫的特点决定了它特别适合多品种、小批量生产，随着针织工艺设备和染整后整理技术的不断发展及原料应用的多样化，现代针织服装更加丰富多彩，时装化、个性化、功能化、高档化成为针织毛衫的新特点。进入21世纪以来，我国的羊毛衫设计与生产逐步与国际接轨，呈现出多元化的发展趋势。

二、羊毛衫的分类

羊毛衫品种多，类别广，分类形式多种多样，常用的分类形式有：按原料成分、按纺纱工艺、按织物组织结构、按产品款式、按修饰工艺、按整理工艺等进行分类。

（一）按原料成分分类

1. 纯毛类毛衫

纯毛类毛衫是指用羊毛、羊绒、羊仔毛、雪特莱毛 、马海毛、驼毛、兔毛等纯毛原料编织的毛衫。

2. 混纺纯毛类毛衫

混纺纯毛类毛衫是指用驼毛/羊毛、兔毛/羊毛、牦牛毛/羊毛等两种或两种以上的纯毛原料混纺或交织而成的毛衫。

3. 纯化纤类毛衫

纯化纤类毛衫是指用腈纶、涤纶、锦纶、天丝（Tencel）纤维、莫代尔（Modal）纤维、聚乳酸纤维、大豆纤维等纯化纤原料编织而成的毛衫。

4. 混纺类毛衫

混纺类毛衫是由毛与化纤混纺、毛与天然纤维混纺、不同的天然纤维或化学纤维混纺等混纺纱线编织而成的毛衫，如羊毛/腈纶、兔毛/腈纶、马海毛/腈纶、驼毛/腈纶、羊绒/蚕丝、羊毛/棉、羊毛/绢丝、羊毛/棉/黏胶、羊绒/羊毛/莫代尔等。

（二）按纺纱工艺分类

1. 精纺类毛衫

精纺类毛衫是指采用精梳工艺纺制的细绒线、粗绒线织制而成的各种羊毛衫、羊绒衫等。

2. 粗纺类毛衫

粗纺类毛衫是指采用粗梳工艺纺制的针织纱线织制而成的各种羊毛衫、羊绒衫等。

3. 半精纺类毛衫

半精纺类毛衫是指由半精纺系统加工而成的羊绒纱线以及各种混纺纱线编织而成的羊毛衫、羊绒衫等。

4. 花式纱类毛衫

花式纱类毛衫是指采用花式针织绒线（如圈圈纱、点子纱、结子纱、带子纱、拉毛纱、段染纱等）织制的各种花色毛衫。毛衫外观新颖，风格别致，艺术感强。

（三）按织物组织结构分类

羊毛衫所用的织物组织结构主要有平针、罗纹（一隔一抽针罗纹）、四平针（满针罗纹）、四平空转（罗纹空气层）、双罗纹、双反面、提花、横条、纵条、抽条、夹条、绞花、扳花（波纹）、挑花（纱罗）、添纱、毛圈、集圈（胖花、单鱼鳞、双鱼鳞）以及各种复合组织等。

（四）按产品款式分类

羊毛衫款式主要有套衫、开衫、背心以及裤子、裙子等，还有帽子、围巾、披肩等服饰品。

（五）按修饰工艺分类

羊毛衫的修饰工艺主要有绣花、扎花、贴花、印花、扎染、吊染、拉毛、珠花、粘水钻、贴亮片等。

（六）按整理工艺分类

羊毛衫的整理工艺主要有拉绒、轻缩绒、重缩绒以及各种功能性整理等。目前，羊毛衫的功能性整理主要有防缩整理、防污整理、抗菌整理、防蛀整理、防辐射整理、抗紫外线整理、抗静电整理、芳香整理等。

羊毛衫除了按上述几种方法分类外，还可以按性别分类，分为男装、女装；按年龄分类，分为婴儿服、儿童服、青年服、中年服、老年服等；按服装档次高低分类，分为低档、中档、高档等。

第二节　羊毛衫生产工艺流程

羊毛衫生产的主要原料是纱线。纱线原料进厂入库后，首先由检验部门及时抽取试样，对纱线的线密度、线密度偏差、色牢度、色差、色花等项目进行检验。这对羊毛衫批量生产把好质量关十分重要。当发现原料与生产工艺要求不一致时，检验部门应及时将结论提供给有关部门，以便采取有效措施，甚至向原料供应商提出索赔和退货。

进入毛衫厂的纱线有绞纱和筒子纱两种形式。绞纱不能直接在针织横机上进行编织，需要先在络纱机上卷绕成筒子纱形式才能上机编织。在络纱过程中，除了使绞纱成为适合于针织横机编织的卷装外，还要清除纱线表面的疵点和杂质；根据需要还要对纱线进行上蜡、上油、上柔软剂、上抗静电剂等辅助处理，使之柔软光滑。筒子纱也可以根据需要进行络纱。

编织是羊毛衫生产的主要工序，编织机械主要是横机。横机编织可采用放针和收针工艺来达到衣片各部位所需的形状和尺寸，不需要通过裁剪就可编织成成型衣片，既节省原料又减少工序，且具有花型变化多、翻改品种方便等优点。采用手摇横机生产时，横机工根据毛衫编织工艺单进行起口、空转、翻针、收针、放针、落片等操作编织毛衫衣片；采用电脑横机编织时，横机工先将控制电脑横机编织的程序读入电脑横机，然后抬起操纵杆，电脑横机开始自动编织衣片。

衣片下机后，必须经过检验，符合要求后才能进入成衣工序。衣片检验的内容有衣片的规格（即单片的长度、罗纹长短、夹档转数、收针及放针次数等）、单片重量及外观质量，外观质量包括漏针、花针、豁边、单丝、横档、云斑等。检验衣片的密度、规格应该在衣片充分回缩后再进行。

衣片在编织过程中，受穿线板、挂锤或罗拉等的纵向拉伸，加之编织时的张力，使下机后衣片的密度、各部位尺寸与成品实际要求有较大差异，因此下机后的衣片，需要经过静置一定时间，不再回缩后才可检验。但是这种自然回缩（松弛收缩）所需时间较长，实际操作中往往采用各种外界加压法，如团缩、掼缩、卷缩等方法使衣片快速回缩。

成衣工序中，羊毛衫采用缝合方法来连接衣衫的领、袖、前后身以及纽扣、口袋等辅助材料，还有拉毛、缩绒以及绣花、扎花、贴花、粘水钻等修饰工艺，有的还需经过抗静电、防辐射、抗菌等特种整理，以发挥毛衫的特色和提高其服用性能。

成品检验是成品出厂前的一次综合检验。羊毛衫检验工作中有复测、整理、分等三个专门工序，内容包括外观质量（尺寸公差、外观疵点），物理指标（单件重量、织物密度）、内包装、外包装等。在整理过程中，对不属于返退范围的少量疵点，如可以清除的油污渍、残留草屑、脱缝等，一般可随时修复。

最后经过熨烫定型、复测、整理、分等、搭配、包装等入库或出厂。在成品出厂后，还需要对产品的服用情况进行跟踪调查，并提供反馈信息，依此来改进毛衫产品的设计和生产。

羊毛衫生产的主要机械是针织横机，其生产的工艺流程如下：

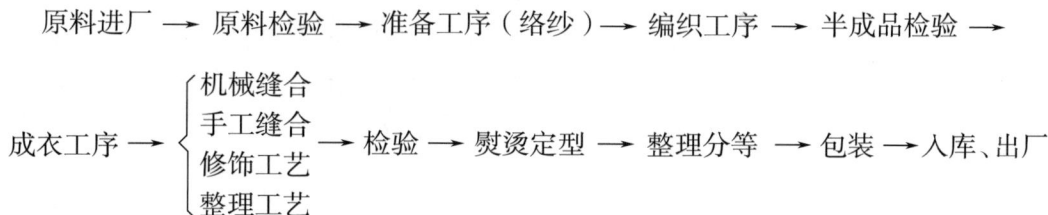

原料进厂 → 原料检验 → 准备工序（络纱）→ 编织工序 → 半成品检验 →

成衣工序 → { 机械缝合 手工缝合 修饰工艺 整理工艺 } → 检验 → 熨烫定型 → 整理分等 → 包装 → 入库、出厂

第三节　羊毛衫织物的结构、特点及主要物理机械指标

一、羊毛衫织物的结构

羊毛衫织物的编织方法属于针织纬编工艺的范畴，它是由一根或数根纱线分别由纬向喂入羊毛衫编织机的成圈系统后，由成圈机件将纱线顺序地弯曲成圈，且加以相互串套而

形成的织物。羊毛衫织物的基本结构单元为线圈，它是一条三度弯曲的空间曲线，其几何形态如图1-1所示。

图1-2为纬平针织物的线圈结构，每个线圈是由圈干1-2-3-4-5和延展线5-6-7所组成。圈干的直线部段1-2与4-5称为圈柱，弧线部段2-3-4称为针编弧；延展线5-6-7又称为沉降弧，由它来联系相邻的两个线圈。

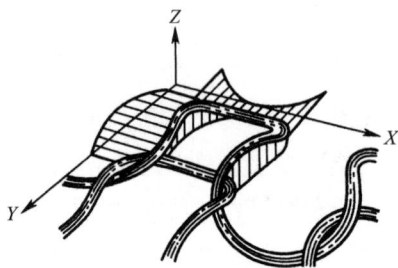

图1-1　线圈几何形态

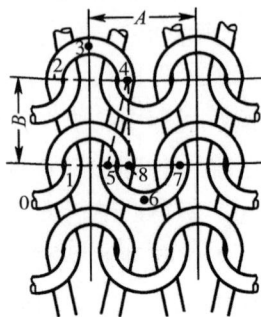

图1-2　线圈结构

在羊毛衫织物中，线圈在横向连接的横列，称为线圈横列。线圈在纵向串套的行列，称为线圈纵行。在线圈横列方向上，两个相邻线圈对应点间的水平距离称为圈距，一般用A表示。在线圈纵行方向上，两个相邻线圈对应点的垂直距离称为圈高，一般用B表示。

羊毛衫织物的外观有正面和反面之分。线圈圈柱覆盖于圈弧上的一面，称为织物的正面；线圈圈弧覆盖于圈柱上的一面，称为织物的反面。线圈圈柱或线圈圈弧集中分布在织物一面的，称为单面羊毛衫织物；分布在织物两面的，称为双面羊毛衫织物。

羊毛衫织物的组织种类很多，主要可以分为原组织、变化组织和花色组织三类。原组织是所有羊毛衫织物组织的基础，如单面的纬平针组织、双面的罗纹组织和双反面组织；变化组织是由两个或者两个以上的原组织复合而成的，即在一个原组织的相邻线圈纵行间，配置另一个或者另几个原组织，以此来改变原来组织的结构和性能，如单面的变化纬平针组织、棉毛组织等。原组织和变化组织又统称为基本组织。花色组织是以基本组织为基础派生出来的，它是通过线圈结构的改变，或者另外编入一些色纱以形成具有显著花色效应和不同物理机械性能的组织，如提花、纱罗、集圈、毛圈和长毛绒等组织。

二、羊毛衫织物的特点

精纺类羊毛衫织物的综合特点是平整、挺括、针路清晰、光洁、手感好、弹性好、抗伸强度高。粗纺类羊毛衫织物，相对于精纺类织物而言，纱线的线密度较高，抗伸强度低，但毛绒感强，手感柔软，延伸性和悬垂性较好，并且具有较好的保暖性和透气性。粗纺的各种羊毛衫产品也各有特色。羊绒衫、驼绒衫和牦牛绒衫等高档羊毛衫，是羊毛衫产品中的佼佼者，其表面绒茸短密适度，手感柔软、滑糯，有天然色泽。兔毛衫的特色在于纤维细，光泽柔和，织物表面毛茸耸起，且有抢毛，外观独具风格，质轻、蓬松、感触滑爽，保暖性胜过羊毛产品，如果采用先成衫后染整的工艺，可以使其色泽更纯正、艳丽，别具一格。马海毛衫织物表面绒毛长，光泽鲜亮，手感柔中有骨，并且不易起球。

化纤类毛衫织物的共同特点是较轻，回潮率较低，纤维断裂强度比毛纤维高，不会虫蛀，但其弹性回复率低于羊毛，保形性不及纯毛毛衫，还比较容易起球、起毛、起静电。腈纶衫色泽鲜艳，蓬松性好，保暖性也接近纯羊毛衫。近几年来，国际市场上以腈纶/锦纶混纺的仿兔毛纱、变性腈纶仿马海毛纱编织的毛衫可以与天然兔毛、马海毛产品媲美。弹力锦纶衫、弹力涤纶衫、弹力丙纶衫都具有坚牢耐穿、弹性优良的特性。

动物毛与化纤混纺的毛衫织物，呈现出混纺纤维优势互补的特性，其外观、毛感、拉伸强度等均得到改善，降低了毛衫成本，物美价廉。但在混纺毛衫中，因不同纤维的上染、吸色能力不同，故染色效果不理想。

羊毛衫织物同其他针织物相比，最主要的特点是延伸性强、弹性好，具有良好的柔韧性、保暖性和透气性。这些主要特点决定了羊毛衫穿着舒适、服用性能优良。此外，羊毛衫还具有色泽鲜明、花色繁多、款式新颖、经久耐穿等特点，深受广大消费者的青睐，使得毛衫在针织物中占有重要的地位。

三、羊毛衫织物的主要物理机械指标

（一）线圈长度

羊毛衫织物的线圈长度是指形成一只线圈所需要的纱线长度，由线圈的圈干及延展线段所组成，一般以毫米（mm）为单位。线圈长度是针织物的一项重要指标，它不仅决定针织物的密度，而且对针织物的脱散性、延伸性、耐磨性、弹性、强力、抗起毛起球性和勾丝性等机械性能以及织物的平方米克重、风格等有重大影响。

线圈长度的测量方法主要有两种：一种是拆散法，即在针织物上取 100 个线圈（或 50 个线圈），然后将其从织物中拆散下来，在伸直不伸长的状态下测得其纱线的长度，再除以线圈的个数，求得线圈的平均长度。另一种是仪器测量法，即在编织时用仪器直接测量喂入到每枚针上的纱线长度。

（二）密度

羊毛衫织物的密度是指在纱线线密度一定的条件下，表示羊毛衫织物的稀密程度的一项指标，通常采用横向密度、纵向密度和总密度来表示。

1.横向密度

横向密度简称横密，是指沿线圈横列方向，单位长度（10cm）内所具有的线圈纵行数，用 P_A 表示。若已知线圈圈距为 A，则：

$$P_A = \frac{100}{A} \tag{1-1}$$

由定义可知，在纱线线密度相同的情况下，P_A 越大，则织物横向越紧密。

2.纵向密度

纵向密度简称纵密，是指沿线圈纵行方向，单位长度（10cm）内所具有的线圈横列数，用 P_B 表示。若已知线圈圈距为 B，则：

$$P_B = \frac{100}{B} \tag{1-2}$$

由定义可知，在纱线线密度相同的情况下，P_B 越大，则织物纵向越紧密。

3. 总密度

总密度简称总密，表示单位面积（10cm×10cm）内的线圈数，用 P 表示。

$$P = P_A \times P_B \tag{1-3}$$

由定义可知，在纱线线密度相同的情况下，P 越大，则织物越紧密。

由于羊毛衫织物在加工过程中容易受到拉伸而产生形变，因此为准确测量毛衫织物的密度值，在测量前，应将试样进行松弛处理，使之达到完全松弛的平衡状态。松弛处理的方法有干松弛、湿松弛和全松弛。干松弛是指将下机坯布不经过其他处理，室温下无张力平放24h以上的处理方式；湿松弛是指在无搅动无张力状态下将织物浸湿（30℃，24h），无张力平放，烘干（40~60℃，0.5h）的处理方式；全松弛是指将试样经滚筒洗涤脱水后，在60~70℃滚筒式烘燥机上烘干（0.5~1h）的处理方式。

（三）密度对比系数

羊毛衫织物横向密度与纵向密度的比值，称为密度对比系数，用 C 表示：

$$C = \frac{P_A}{P_B} = \frac{B}{A} \tag{1-4}$$

由定义可知，C 值表示了织物中线圈的形态。C 值越大，则织物横向密度越大，即线圈越窄而长；C 值越小，则织物横向密度越小，即线圈越宽而短。密度对比系数与线圈长度、纱线线密度以及纱线性质有关。

（四）未充满系数

未充满系数表示羊毛衫织物在相同密度条件下，纱线线密度对其稀密程度的影响。未充满系数为线圈长度与纱线直径的比值，用 δ 表示：

$$\delta = \frac{l}{f} \tag{1-5}$$

式中：l——线圈长度，mm；

f——纱线直径，mm。

由定义可知，线圈长度愈长，纱线愈细，未充满系数 δ 的值就越大，表明织物中未被纱线充满的空间越大，织物就越稀松。

（五）单件重量

羊毛衫的单件重量是指单件羊毛衫在公定回潮率时的重量（包括附属用料），计算精确至两位小数。它是羊毛衫成品检验通常需要考核的指标之一。

$$G_0 = \frac{G_1 \times (1 + W_0)}{1 + W_1} \tag{1-6}$$

式中：G_0——公定回潮率时的单件重量，g/件；

G_1——单件的实际重量，g/件；

W_0——公定回潮率，%；

W_1——实际回潮率，%。

（六）厚度

羊毛衫织物的厚度取决于它的组织结构、线圈长度和纱线的线密度等因素，一般用厚度方向上有几根纱线直径来表示。

（七）丰满度

用单位重量的羊毛衫织物所占有的容积来表示丰满度，所占有的容积越大，坯布的丰满度就越好。丰满度用下式来表示：

$$F = \frac{T}{W} \times 10^3 \tag{1-7}$$

式中：F——织物的丰满度，cm^3/g；

W——标准状态时织物单位面积的重量，g/m^2；

T——织物的厚度，mm。

从物理意义上讲，丰满度即织物的比容积，在一定程度上，它的大小反映出织物手感的好坏，织物的丰满度越大，表明织物越蓬松柔软。

（八）脱散性

羊毛衫织物的脱散性是指当织物中纱线断裂或线圈失去串套联系后，线圈和线圈相互分离的现象。当纱线断裂后，线圈沿纵行从断裂纱线处脱散下来，会使羊毛衫织物的强力和外观受到影响。羊毛衫织物的脱散性与织物的组织结构、纱线的摩擦系数、织物的未充满系数、织物的密度和纱线的抗弯刚度等因素有关。

（九）卷边性

在自由状态下，某些组织的羊毛衫织物，其边缘发生包卷的现象称为卷边。这是因为线圈中弯曲的纱线具有内应力，纱线力图伸直而引起卷边。卷边性与织物的组织结构、纱线的弹性、纱线线密度、捻度、线圈长度以及织物密度等因素有关。

（十）延伸性

羊毛衫织物的延伸性是指织物受到外力拉伸时的伸长特性。它与织物的组织结构、线圈长度、纱线性质、织物密度、纱线线密度等因素有关。羊毛衫织物的延伸性可以分为单向延伸性和双向延伸性。

（十一）弹性

羊毛衫织物的弹性是指当引起织物变形的外力去除后，织物恢复原状的能力。它取决于织物的组织结构、纱线的弹性、纱线的摩擦系数和织物的紧密程度等。

（十二）断裂强力与断裂伸长率

羊毛衫织物在连续增加的负荷作用下，至断裂时所能承受的最大负荷，称为断裂强力，单位是牛顿（N）。织物断裂时的伸长量与原来的长度之比，称为织物的断裂伸长率，用百分比表示。它们与织物的组织结构、线圈长度、纱线性质、织物的紧密程度、纱线的线密度等因素有关。

（十三）顶破强度

羊毛衫织物在连续增加的负荷作用下，至顶破时所能承受的最大负荷，称为顶破强度，用牛顿（N）来表示。它是羊毛衫成品检验通常考核的指标之一。

（十四）柔韧性

柔韧性是表示羊毛衫织物在服用过程中织物下垂变形、合体情况的性质。柔韧性与纱线的抗弯刚度、织物的组织结构、织物的密度等因素有关。

（十五）透气性

透气性是指羊毛衫织物在服用过程中空气穿过织物的难易程度。透气性与纱线的线密度、几何形态以及织物的密度、厚度、丰满度、组织、表面特征、染整后加工等因素有关。

（十六）保暖性

保暖性是指羊毛衫织物在服用过程中保持温度、抵御寒冷的能力。保暖性与纱线的物理性质及织物的密度、厚度、丰满度、组织、表面特征、染整后加工等因素有关。

（十七）缩率

羊毛衫织物的缩率，是指织物在加工或使用过程中长度和宽度的变化率。它可由式（1-8）求得：

$$Y = \frac{H_1 - H_2}{H_1} \times 100\% \qquad (1-8)$$

式中：Y——织物的缩率；

　　H_1——织物原来的尺寸，cm；

H_2——织物收缩后的尺寸，cm。

羊毛衫织物的缩率可有正值和负值，如横向收缩而纵向增长，则横向收缩率为正值，纵向收缩率为负值。

（十八）耐磨性

耐磨性是指羊毛衫织物在服用过程中，与其他物体相摩擦时，保持织物强度较少减弱和织物外观较小变化的能力。耐磨性与纱线的机械性质及织物的组织、密度、厚度等因素有关。

（十九）耐老化性

耐老化性是指羊毛衫织物在服用过程中耐日光、风、雨、紫外线等的能力。耐老化性与纱线的物理化学性能及织物的颜色、密度、厚度、表面状况等因素有关。

（二十）勾丝和起毛起球

羊毛衫织物在服用过程中，如碰到尖硬的物体，织物中的纤维或纱线就会被勾出，在织物表面形成丝环，称为勾丝。羊毛衫织物在穿着和洗涤过程中不断经受摩擦，织物表面的纤维端就会露出于织物表面而起毛。若这些起毛的纤维端在穿着过程中不能及时脱落，就会互相纠缠在一起形成球形小粒，通常称为起球。影响勾丝和起毛起球的因素很多，主要有织物所用原料的性质、纱线的结构、织物组织结构、染整加工及成品的服用情况等。

思考题

1. 简述羊毛衫的特点。
2. 简述羊毛衫生产的工艺流程。
3. 羊毛衫织物的主要物理机械指标有哪些？

基础理论

第二章
准备工序

本章知识点

1. 羊毛衫用纱的种类和要求。
2. 毛纱的品号和色号。
3. 准备工序的目的和要求。
4. 筒子的卷装形式与络纱机械。

第一节 羊毛衫用纱的种类和要求

羊毛衫用纱最多的是各种纯动物毛纱、毛型化学纤维纱、混纺毛纱，现在棉纤维、真丝纤维、麻纤维等天然纤维纱线也开始在毛衫中应用，各种花式纱线、高新纤维纱线在羊毛衫生产中也逐渐流行起来。

一、羊毛衫用纱的种类

（一）编结绒线

编结绒线又称手编绒线，一般用于手工编织，也可用于粗机号的横机编织。编结绒线是指股数为两股或两股以上，但合股线密度在 166.7tex 以上（6 公支以下）的绒线。其中合股后线密度在 166.7~400tex（6~2.5 公支）的绒线称为细绒线，合股后线密度在 400tex 及以上（2.5 公支及以下）的绒线称为粗绒线，一般为四合股产品。粗绒线按所用羊毛原料的品质，又可分为高级粗绒线（简称高粗）和中级粗绒线（简称中粗）。使用品质支数 56 支（或二级）及以上改良毛为原料的为高级粗绒线，使用品质支数 56 支以下改良毛为原料的为中级粗绒线。毛混纺绒线也有相应的区分。纯化纤则仅有粗、细绒线两类。

（二）精纺与粗纺绒线

用纤维平均长度在 75mm 以上的羊毛或毛型化纤经精梳毛纺系统加工而成的绒线称为精纺绒线，又称精梳绒线。精纺绒线条干均匀、光洁、强力高，宜于生产布面平整、纹路清晰的针织毛衫产品，在绒线总产量中占有较大比重。用平均长度为 55mm 左右的毛型纤维经粗梳毛纺系统纺制而成的绒线称粗纺绒线，又称粗梳绒线，它含有较多的短纤维、纱中纤维平行伸直度差，所以条干均匀度差、强力较低。粗纺绒线的原料以羊毛和毛型化纤为主，并大量使用山羊绒、驼绒、兔毛和精梳短毛。另外还有以马海毛、兔毛为原料的粗纺绒线。粗纺绒线用于横机毛衫产品，经缩绒整理后产品毛感强，手感柔软，布面丰满、蓬松，保暖性好，穿着舒适，风格独特，深受消费者的喜爱。

（三）半精纺绒线

采用棉纺技术与毛纺技术融合，形成一种新型的多组分混合半精纺工艺纺制的绒线，称半精纺绒线。半精纺绒线的原料涵盖了山羊绒、羊毛、兔毛、绢丝、棉、麻等天然纤维，大豆蛋白纤维、牛奶蛋白纤维、竹纤维、粘胶纤维等再生纤维以及涤纶、腈纶、锦纶等合成纤维，可实现棉、毛、丝麻等天然纤维及与其他再生纤维、合成纤维多组分混纺，做到优势互补、突现个性。随着羊毛衫向外衣化、时装化、个性化、高档化的发展，半精纺绒线的应用越来越广泛。

（四）针织绒线

针织绒线是指线密度在166.7tex（6公支）以下的单股或双股专供针织横机加工使用的绒线，又称开司米毛线，是羊毛衫生产使用量最大的纱线。针织绒线又分精纺针织绒线、粗纺针织绒线、合纤针织绒线和特种针织绒线。

1. 精纺针织绒线

精纺针织绒线又称精纺（针织）毛纱，精纺针织绒线多在50tex以下（20公支以上），有合股纱线、单纱或多根纱线。它的基本原料是绵羊毛，纤维细而长，卷曲度高，鳞片较多，具有较高的纤维强度和良好的弹性、热塑性、缩绒性等，毛衫一般不经缩绒处理，产品布面平整、挺括，针纹清晰，手感柔软，表面丰满。其他动物纤维很少用于精纺，因为纤维线密度或长度不适合精梳毛纺系统纺纱。

2. 粗纺针织绒线

粗纺针织绒线又称粗纺（针织）纱，粗纺针织绒线多在62.5tex（16公支）左右，有合股纱、单纱或双纱，大部分是用较短的绒毛类纤维纺制而成。常用的纱线有羊绒纱、马海毛纱、兔毛纱、羊仔毛纱、驼毛（绒）纱、牦牛绒（毛）纱、雪兰毛纱等。

（1）羊绒纱。以从山羊身上梳抓下来的长毛之下覆盖的细密绒毛为原绒，经分梳除去粗毛、皮屑等杂质后所得的纯细净绒为羊绒，经特殊纺纱系统纺制而成。国际上称为克什米尔（Cashmere），中国谐音为开司米。羊绒纤维无髓，有不规则弯曲，弯曲数比细羊毛少，纤维团比体积大、相对密度小、富有弹性，纤维表面鳞片少，对酸、碱和热反映比细羊毛敏感，回潮率与羊毛相似，纤维平均长度在3.5~4.5cm，直径为14.5~16μm，较细羊毛短且细得多。羊绒具有轻、暖、柔、糯、滑、光泽好等其他纤维所不及的特性，素有纤维之王、软黄金、纤维宝石等美称，其产量不到世界羊毛总产量的1%，是珍贵的毛衫原料。生产羊绒的国家主要有中国、蒙古、伊朗、巴基斯坦等，中国羊绒产量占世界总产量的50%以上。羊绒具有天然颜色，如白绒、青绒、紫绒，其中白绒白如玉、轻如云，被誉为"白色的金子"，最为名贵。粗纺针织绒线又称羊绒纱，用于羊绒衫、围巾等。目前开发的高级精品细羊绒针织面料，以其轻薄、柔暖、滑糯、保暖、无比舒适的服用性和高雅独特的风格，被用来制作高档服装。

（2）马海毛纱。用马海毛（Mohair，又称安哥拉山羊毛）经毛纺系统纺制而成的纱。马海毛纤维较长，属粗绒异质毛，它带有特殊的波浪弯曲，有天然白色、褐色两种，光泽明亮、弹性好，手感软中有骨，原毛较洁净，但纤维抱合力较差。美国、土耳其和南非是马海毛的三大产地，美国产量与消耗量占世界首位，土耳其毛质较好。马海毛纱宜做蓬松羊毛衫，成衫一般经缩绒处理，也有用拉绒整理的，以显示表面有较长光亮纤维的独特风格。

（3）兔毛纱。兔毛一般是长毛兔身上剪下的，有绒毛和粗毛之分，纤维洁白、光泽好、纤细、蓬松、柔软，体积质量轻、保暖性好，但抱合力差、强力低，纺纱性和缩绒性都较差，不宜纯纺，多采用兔毛/羊毛混纺成纱。兔毛衫经缩绒处理后，具有质轻、绒浓、丰满糯滑的特色。兔毛有普通兔毛和安哥拉兔毛两种，以安哥拉兔毛质量为好。安哥拉兔毛颜色纯白，长度长，富有光泽，粗毛很少，是高级兔毛衫的原料。

（4）羊仔毛纱。羊仔毛又称羊羔毛。羊仔毛细、短、软，精梳羊毛梳下的短毛（长度30mm，品质支数64支）也可代用，常与散毛（长度25~40mm，品质支数58~60支）、羊毛、绒、锦纶等混纺成粗纺羊仔毛纱，编织的羊仔毛衫毛感柔软、蓬松、弹性好。

（5）驼绒纱。驼绒纱是用从骆驼身上用梳子采集的绒毛经毛纺系统纺制而成。驼绒的平均直径为14.5~23μm，平均长度为40~135mm，带天然的杏黄、淡棕色。骆驼有单峰和双峰之分，其中双峰驼绒毛品质最佳。驼绒的性质与山羊绒相近，但缩绒性较差。驼绒纱是毛衫常用的原料，具有蓬松、质轻、柔软、保暖性好等优点。

（6）牦牛绒（毛）纱。牦牛绒纤维细长，含绒量不低于70%，性能与羊毛相似，牦牛绒毛衫是名贵产品。牦牛是高山草原特有的家畜，我国占世界牦牛数目的85%以上。牦牛绒产品的开发才刚刚开始。

（7）雪兰毛纱。又称雪特莱毛（Shetland），原产于英国，产量不多，多以新西兰半细羊毛代用，含少量粗毛，多用于粗纺毛衫，产品手感柔软、富有弹性、光泽好，宜做粗犷风格的毛衫。粗纺针织绒线的共性主要是强度低、条干均匀度差、纺纱线密度较大，以生产男、女开衫、套衫、背心等产品为主。

3. 合成纤维针织绒线

合成纤维针织绒线是指由合成纤维制得的绒线。

（1）腈纶针织绒线。以聚丙烯腈纤维（毛型）为原料，可加工纺制成腈纶膨体纱（俗称腈纶开司米）和正规腈纶纱。腈纶纱线色牢度好，颜色鲜艳，富有光泽，保暖性好且不易虫蛀，有"人造羊毛"之称。常用腈纶针织绒线的线密度为38tex×2（26公支/2）、32tex×2（31公支/2）、24tex（42公支）等。

（2）弹力锦纶丝。羊毛衫使用的多为锦纶66长丝，经加热假捻后成为弹力锦纶丝，它体积质量轻、弹性好、耐腐蚀、不虫蛀，但耐光性差。

（3）黏胶纱。又称人造丝、亮丝，它表面光滑，反光能力强，染色性能好，耐热、吸湿，与天然棉纤维相近，又称人造棉；但该纤维湿强力较低，缩水率大，易变形，弹性与保暖性较差，用黏胶与羊毛混纺制成的精纺黏/毛混纺绒线多用毛衫、毛裤编织。

（4）涤纶。涤纶弹力丝、涤纶短纤纱用作羊毛衫编织的数量较少，较多的是涤/毛混纺纱应用于羊毛衫编织。

4. 特种针织绒线

特种针织绒线品种较多，有闪色绒、珍珠绒、圈圈绒、链条绒、印花绒等，但产量较少，可用作妇女、儿童衣着用纱，有的品种仅供手工绣饰之用。

（五）棉、真丝、麻类纱线

用来编织较新型的羊毛衫产品，有真丝衫、毛麻衫等夏装。

二、羊毛衫用纱的要求

在羊毛衫生产过程中，纱线的结构、性质和质量会直接影响生产过程能否顺利进行以及产品的内在和外观质量。为了保证正常生产和产品质量，羊毛衫用纱应满足以下要求。

（一）线密度偏差和条干均匀度

线密度偏差和条干均匀度是评定纱线品质的重要指标，应控制在一定范围内。条干不匀将使纱线强力下降，织造时增加断头和停台时间，且影响织物的外观质量；纱线的线密度偏差会造成纱线过粗、过细，使羊毛衫产品产生重量偏差。因此，必须严格控制毛纱的线密度偏差和条干均匀度，以提高羊毛衫产品的内在与外观质量。目前，规定精纺毛纱的线密度偏差率小于-4%，粗纺毛纱的线密度偏差率小于-5%。在实际生产过程中对高、中、低档羊毛衫产品具有不同的质量的要求。例如，通常羊绒纱、兔毛纱、驼毛纱的线密度偏差率小于-3%。对条干均匀度的要求是，在织片试验后比照标准试样，不允许有明显的粗细不匀和云斑。

（二）捻度和捻度不匀率

羊毛衫生产中所用的精纺、粗纺毛纱的捻度是影响生产的一个重要因素。加捻是单纤维形成纱线的必要条件，捻度是表示纱线单位长度内所具有的捻回数。公制纱线捻度的单位长度为1m，特克斯制纱线捻度的单位长度为10cm，英制纱线捻度的单位长度为25.4mm（1英寸）。一般情况下，纱线的捻度越大，纱线的强力越大，但当纱线的捻度超过一定范围时，捻度增加，纱线强力反而降低。由于羊毛衫生产用纱要求纱线柔软、光滑，而粗纺纱编织成的羊毛衫一般需经缩绒处理，故要求捻度适当低些。因此，羊毛衫生产中一般不用提高纱线捻度的方法来增加纱线强力。纱线捻度过小则毛纱强力不足，使络纱和织造过程中增加断头率，影响生产的顺利进行，且影响织物的强力；捻度过大，纱线易产生扭结，不利于正常编织。因此，羊毛衫用纱的捻度应适当且均匀。

捻度不匀率一般控制在：精纺毛纱捻度不匀率小于8%；粗纺毛纱捻度不匀率小于10%。

（三）断裂强力与断裂伸长及不匀率

毛纱的强力直接影响到生产过程能否顺利进行和成品的穿着牢度，如果强力不足、强力不匀率高、断裂伸长率低，在编织过程中纱线易断裂，产生织物破洞疵点，影响产品质量。因此，必须对毛纱强力（通常以断裂长度表示）提出要求。一般要求纱线断裂长度为：精纺纯毛纱>5200m，精纺混纺纱及化纤纱>9500m。当毛纱的断裂强度相同或在允许值以内时，则断裂伸长率大的毛纱不易断头。

（四）回潮率

回潮率的大小对毛纱的柔软度、导电性、摩擦性能等有一定的影响，进而影响到毛衫的生产能否顺利进行以及产品成本的高低。回潮率过低，会使纱线变得硬、脆，腈纶等合纤纱因回潮率降低而导电性能下降，产生明显的静电现象，从而降低了纱线的可编织性能，使生产难以顺利进行；回潮率过大，会使毛纱强力降低，且毛纱与成圈机件之间的摩擦力增加，使羊毛衫编织机的负荷增加，编织困难。因此，回潮率的控制与毛纱可加工性和生产成本等密切相关。一般采用在标准状态下〔温度为（20±3）℃，相对湿度为65%±5%〕的回潮率（即公定回潮率）来对羊毛衫用纱的回潮率进行统一的规定：纯毛针织绒线15%，外销纯毛绒线15%，内销纯毛绒线10%，外销黏胶针织绒线13%，内销黏胶针织绒线8%，黏胶纱及长丝13%，棉纱8.5%，亚麻纱12%，苎麻纱10%，绢纺蚕丝11%，腈纶2%，锦纶纱及长丝4.5%，涤纶及长丝0.4%，丙纶纱及长丝0。混纺毛纱的公定回潮率按混纺原料的比例计算而得。

（五）染色的均匀性、色牢度

毛纱染色均匀与否对羊毛衫产品的质量具有十分重要的意义。如果毛纱染色不匀，则成衫可能会产生色花，色档等疵点，直接影响产品的外观质量。因此，对羊毛衫用纱的色差，一般规定不低于三级标准。为了使羊毛衫在服用过程中日晒和水洗时不易脱色，对毛纱的染色牢度也有一定要求。

（六）柔软性与洁度

毛纱的柔软性与光洁度对羊毛衫的编织过程有很大的影响。柔软光洁的毛纱，易于弯曲和形成封闭的线圈，编织阻力较小；相反，柔软性和光洁度差的毛纱，则编织时阻力较大，甚至可能产生漏针、破洞、线圈大小不匀等疵点，影响羊毛衫成品的外在质量。因此，对毛纱的柔软性和光洁度也有一定的要求。络纱时对毛纱进行的上蜡处理是提高毛纱光洁度的有效措施。

三、原料检验

为了保证羊毛衫产品的质量，提高生产效率和原料利用率，进而提高羊毛衫生产的经济效益，必须对进厂的纱线进行检验。凡是未经检验或经检验后不符合编织用纱标准要求的纱线，仓库不得发交生产。在检验中如发现纱线有级别偏差、色差、色花、缸差、线密度偏差等问题，检验人员必须及时向技术部门和生产车间反映，以便及时修改工艺和采取其他措施来保证羊毛衫的成品质量。

毛纱检验的内容包括：线密度偏差、条干均匀度、捻度、捻度不匀率、断裂伸长率、断裂强力及其不匀率、回潮率、色差、色花、色牢度、柔软性、光洁度、洗涤变形、起毛起球等项目。对纱线检验所需的主要仪器为：天平、恒温烘箱、显微镜、缕纱测长机、绞纱强力机、解捻式捻度仪、箱式滚动起球仪等。

纱线在纺纱厂出厂前，已由纺纱厂进行过检验，故羊毛衫厂仅对直接涉及毛纱的编织性能、产品质量和生产成本的大绞纱重量支数偏差、条干均匀度、色差、色花等进行检验。对于有的项目如：捻度、单纱强力、染色牢度等有异议时，可要求纺纱厂提供有关数据，商请复验或送检验局检验。

第二节　毛纱的品号和色号

从毛纺厂出来的毛纱，其采用的原料、纺纱方法及毛纱的支数等一般都由品号来表示；而毛纱的颜色及颜色的深浅则由色号来表示。因此，在批量生产或进行新产品设计时，必须熟悉羊毛衫用纱的品号和色号的表示方法。

一、毛纱的品号

毛纱的品号也称为货号。根据有关部门颁发的绒线质量标准规定，绒线分为编结绒线和针织绒线两类，一般以绒线的纺纱方法和类别、所用原料、股数、支数和用途作为区分毛纱品号的依据。

编结绒线和针织绒线又以纺纱方法不同，分为精纺和粗纺两类。绒线和针织绒的品号由四位阿拉伯数字组成。

（1）第一位数字表示产品的纺纱方法和类别，即产品分类代号，共分六类，其代号如下：

0—精纺绒线（此代号常可省略不写）

1—粗纺绒线

2—精纺针织绒线

3—粗纺针织绒线

4—试制品

H—花色绒线

（2）第二位数字表示该产品所用原料种类，即原料类别代号，共分九类，其代号如下：

0—山羊绒或山羊绒与其他纤维混纺

1—异质毛（也称国毛，其包括大部分国产羊毛）

2—同质毛（也称外毛，其包括进口羊毛和少数国产羊毛）

3—同质毛与黏胶纤维混纺

4—同质毛与异质毛混纺

5—异质毛与黏胶纤维混纺

6—同质毛与合成纤维混纺

7—异质毛与合成纤维混纺

8—纯腈纶

9—其他原料（如合成纤维混纺）

（3）第三、第四位数字代表该产品单股毛纱的名义支数。一般绒线是由多股毛纱并捻而成，目前生产的绒线大多数是由四股毛纱并捻而成的。单股粗绒线一般在6~8.5公支（166.7~117.6tex），单股细绒线一般在16~19公支（62.5~52.6tex）。针织绒大多数是两股纱合捻而成，精纺针织绒线单股支数一般在20公支以上（50tex以下）；粗纺针织绒线单股在

12~21公支（83.3~47.6tex），也有高达26公支（38.5tex）的。目前毛纱品号中的单股毛纱一般仍采用公制支数表示。

单纱线密度是二位整数的细绒线和针织绒线，品号的第三、第四位数字直接表示成品单纱的名义公制支数；单纱线密度由一位整数和一位小数表示的粗绒线，品号的第三、第四位数字是用略去其公制支数小数点的数字来表示的，如单纱支数是8.0公支和7.5公支的粗绒线，其代号分别80和75。

根据上述对绒线和针织绒品号的组成及含义的说明，举例如下：

118——异质毛的全毛精纺细绒线，单股毛纱支数为18公支。合股毛纱支数为4.5公支。

2826——精纺针织绒线，纯化纤纱，单股毛纱支数为26公支。合股毛纱支数为13公支。

1365——同质毛与黏胶纤维混纺的粗纺毛/黏粗绒线，单股毛纱支数为6.5公支。合股毛纱支数为1.6公支。

二、毛纱的色号

目前羊毛衫厂使用的毛纱大多数为色纱，即使是白纱，成衫后所染的颜色，也往往有一个规定的色号来表示其为何种颜色；在同一色谱中也有很多深浅不同的颜色，如红色谱里就有大红、血红、暗红、紫红、枣红、玫瑰红、桃红、浅红、粉红、浅粉红等。由于纤维的特性不同，用同一种染料染色后其颜色也有差异，因此需要有一个统一的代号和称呼来加以区别。目前是采用统一的对色板（简称色板或色卡）来统一对照比色，全称为"中国毛针织品色卡"。该色卡由中国纺织品进出口公司上海外贸总公司和上海市毛麻纺织工业公司共同制订的，全国羊毛衫厂和毛纺厂统一使用，规定毛纱的色号由一位拉丁字母和三位阿拉伯数字组成。

色号的第一位为拉丁字母，表示毛纱所用的原料，各字母代号如下：

N—羊毛品种，代旧色版W和H

WB—腈纶/羊毛50/50，腈纶/羊毛60/40，腈纶/羊毛70/30

KW—腈纶/羊毛90/10

K—腈纶（包括腈纶珠绒，腈纶/锦纶90/10，腈纶/锦纶70/30）

L—羊仔毛（短毛）

R—羊绒

M—牦牛毛

C—驼毛

A—兔毛

AL—50%长兔毛成衫染色

色号的第二位数字为阿拉伯数字，表示毛纱的色谱类别，具体如下：

0—白色谱（漂白和白色）

1—黄色和橙色谱

2—红色和青莲色谱

3—蓝色和藏青色谱

4—绿色谱

5—棕色和驼色谱

6—灰色和黑色谱

7~9—夹花色类

色号的第三、第四位数字表示色谱中具体颜色的深浅编号，也用阿拉伯数字表示。数字越小，表示所染颜色越浅；数字越大，表示所染颜色越深。一般从01到12为从最浅色到最深色，12以上为较深颜色。

例如：

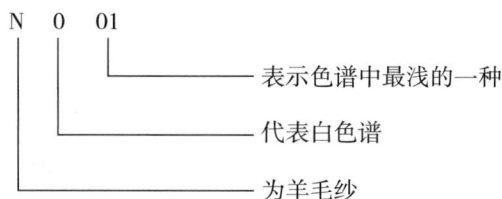

N001在工厂中习惯称为"特白全毛开司米"。

又如：

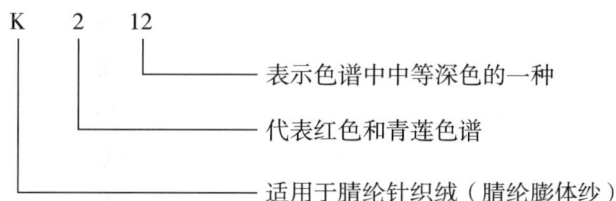

再如：

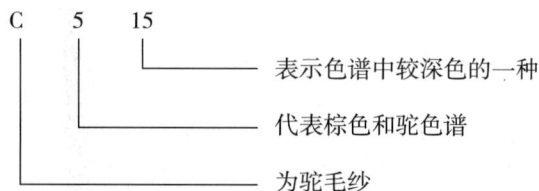

目前，在服饰设计行业中更多地应用国际通用的标准色卡PANTONE色卡，中文译名为潘通（又称为彩通）。该色卡是享誉世界的色彩权威，涵盖印刷、绘图、数码科技等领域的色彩沟通系统，已经成为当今交流色彩信息的国际统一标准语言。每种色彩都有色号及英文名称供快速决定色彩之用。

第三节 准备工序的目的和要求

在羊毛衫企业里，毛纱织前准备工序的主要内容包括络纱、清洁与润滑处理。织前准备工序简称为络纱工序。

一、准备工序的目的

进入羊毛衫厂的毛纱，一般有绞纱和筒子纱两种形式。其中，绞纱是不能直接上机编织的，同时绞纱上还存在着一些疵点和杂质，影响毛衫织物的品质及外观。另外，若毛纱的表面摩擦系数较高、易产生静电且不易弯曲，也会影响毛衫编织的顺利进行。因此，进入羊毛衫厂的毛纱，在编织前必须通过准备工序的处理，即络纱。

准备工序的主要目的：对毛纱进行重新卷绕，使其具有一定的卷装形式；去除毛纱表面的疵点和杂质，如去除毛纱表面的毛皮、草屑、粗细结、大肚纱等以使纱线更光洁；给纱线上油或上蜡，使纱线更加柔软和光滑。络纱工序改善了毛纱的编织性能，有利于提高羊毛衫产品的产量与质量，进而提高生产效率。

二、准备工序的要求

准备工序的要求一般有以下几点：

（1）毛纱应按批号、细度、色别分别放置，不能混淆。

（2）绞纱上框前应多次绷直，使绞纱理直，毛纱在上框前要上蜡。

（3）纱线在络纱后，如果络纱质量不好，须经过二次络纱（也称为倒毛）。

（4）毛纱的卷装形式应适合羊毛衫生产的要求，筒子的容量要尽可能大，并有利于纱线退绕。

（5）改善毛纱的编织性能，使之清洁、光滑、柔软。

（6）络纱时纱线张力的大小要均匀、适当、衡定。

（7）保持毛纱原有的物理机械性能不变，如强力、弹性、延伸性等。

（8）毛纱的结头要小而牢，毛纱一般采用织布结（蚊子结），锦纶丝一般采用筒子结且结长约为3~5mm。

（9）在去除毛纱各种疵点的同时，不能产生新的疵点，如卷装成型不良、油渍等。

（10）在络纱过程中操作要合理，尽量减少工艺过程中的回丝，避免浪费。

第四节　筒子的卷装形式与络纱机械

一、筒子的卷装形式

筒子的卷装形式很多，针织和羊毛衫生产中常用的有圆柱形筒子、圆锥形筒子两种，如图2-1所示。

（一）圆柱形筒子

圆柱形筒子的形状如图2-1（a）所示。纱线一层一层地绕在圆柱形筒管上，纱层厚度相等，筒子上下两个端面略有倾斜。这种筒子主要用于络涤纶低弹丝和锦纶低弹丝等化纤原料。其优点是卷装容量大，但在退绕时纱线张力波动较大。圆柱形筒子可直接用于羊毛衫生产，也可根据需要重新络纱。

（二）圆锥形筒子

圆锥形筒子是羊毛衫生产中采用较广的一种卷绕形式。它的退绕条件好，容纱量较大，而且生产效率比较高。在羊毛衫生产中采用的圆锥形筒子，有等厚度圆锥形筒子和三截头圆锥形筒子两种。

1. 等厚度圆锥形筒子

这种筒子的形状如图 2-1（b）所示。它的锥顶角和筒管的锥顶角相同，纱层截面积呈长方形，上下层间没有位移。这种筒子卷绕纱线的方式属于交叉卷绕，卷绕在筒子上的各层纱线间，纱圈的交叉角较大，故纱层间纱圈的卷绕更加稳固，滑动现象少，并能防止一层中的纱线嵌入到另一层纱线的缝隙中，改善了纱线在加工过程中退绕的条件，保证了编织加工的顺利进行。这种卷绕方式的优点是：卷绕速度快，自动化程度高，操作简便，生产效率高，纱层不易脱落，退绕容易且退绕张力均匀，运送方便，筒子容纱量较大。这种等厚度圆锥形筒子广泛应用于羊毛衫生产中，成为各种毛纺纱、半精纺纱、棉纱等的主要卷装形式。

2. 三截头圆锥形筒子

这种筒子又称为菠萝形筒子，如图 2-1（c）所示。这种筒子的纱层依次地从两端缩短，因此除了筒子中部呈圆锥形外，两端也呈圆锥形，筒子中部的锥顶角等于筒管的锥顶角。这种筒子退绕条件好，退绕张力波动小，主要用于各种长丝，如化纤长丝、真丝等的络纱。

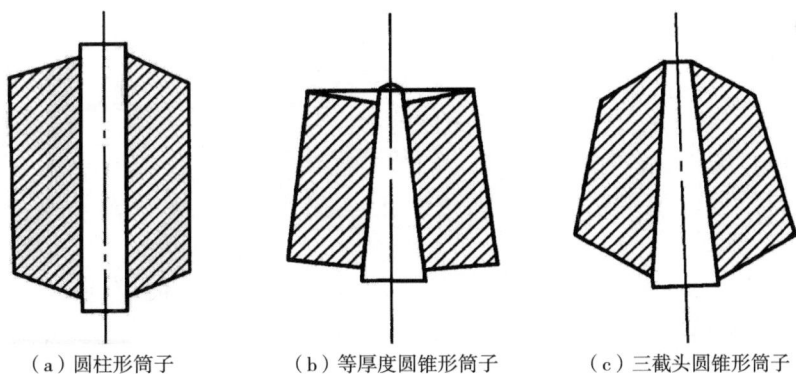

（a）圆柱形筒子　　　　　（b）等厚度圆锥形筒子　　　　　（c）三截头圆锥形筒子

图 2-1　筒子卷装形式

二、络纱机械

准备工序主要由络纱机来完成。络纱机的种类很多，在羊毛衫生产厂中应用的络纱机分为：槽筒式络纱机和菠萝锭络纱机。它们分别用于圆锥形筒子和菠萝形筒子的络纱。络纱机的主要工作机构及其作用如下：

（1）卷绕机构：使筒子回转以卷绕纱线。

（2）导纱机构：引导纱线有规律地卷绕在筒子上。

（3）张力装置：给纱线施加一定的张力。

（4）清纱装置：检查纱线的粗细、消除附在纱线上的疵点、杂质和大结头等。

除有上述四种主要机构外，络纱机还有：动力机构、传动装置、退绕机构和机架等部分。

目前，羊毛衫生产中所用的络纱机主要是槽筒式络纱机，这里就以1332P型槽筒式络纱机为例说明络纱机的工作原理。

图2-2为槽筒式络纱机络筒子纱时的工艺简图。可以看出，纱线由筒管7引出，经过导纱眼6，然后进入张力器5获得一定大小的稳定张力，随后通过清纱器4以清除纱线的表面疵点，再经过张力架3，最后通过槽筒2上的沟槽卷绕到筒子上，形成圆锥形筒子1。这种络纱机的生产效率较高，卷绕速度均匀，卷绕在筒子上的纱线张力较稳定，自动化程度高，操作简便，还具有断纱自停功能。

槽筒式络纱机络取绞纱的工艺简图如图2-3所示。

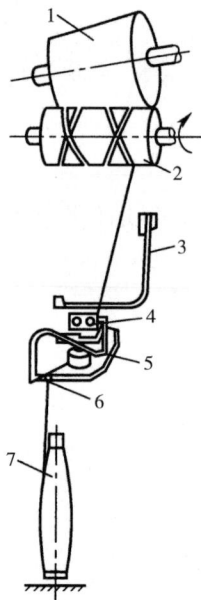

图2-2　槽筒式络纱机工艺简图——
络筒子纱

1—纱筒　2—槽筒　3—张力架　4—清纱器
5—张力器　6—导纱眼　7—筒管

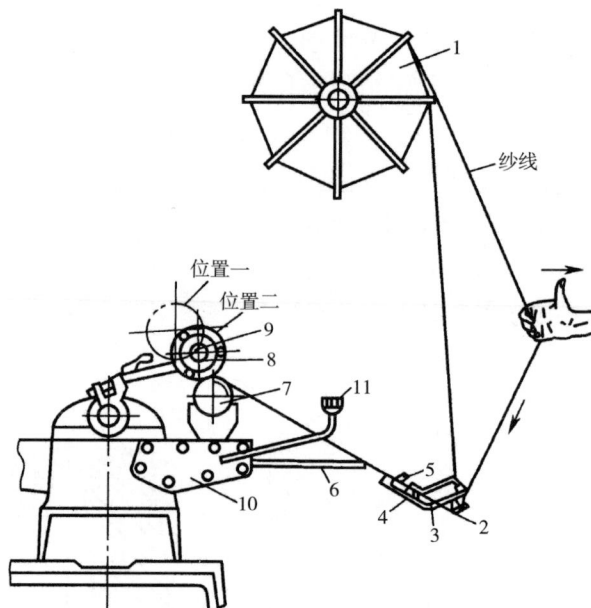

图2-3　槽筒式络纱机工艺简图——络绞纱

1—纱框　2—导纱眼　3—张力架　4—张力器
5—清纱装置　6—探杆　7—胶木槽筒　8—筒管
9—弹簧锭芯　10—断纱自停箱　11—开关手柄

思考题

1. 羊毛衫用纱有哪些要求？

2. 毛纱的品号、色号如何表示？

3. 络纱的目的是什么？络纱时为什么要上蜡？

理论与实践

第三章

羊毛衫织物组织
设计与编织

本章知识点

1. 羊毛衫织物组织的表示方法。
2. 羊毛衫基本组织的设计与编织。
3. 羊毛衫花色组织的设计与编织。
4. 羊毛衫复合组织的设计与编织。

第一节　羊毛衫织物组织的表示方法

羊毛衫属于针织物，其结构单元有线圈、悬弧和浮线。将这些结构单元按不同的方式排列配置，就可以形成品种繁多、组织结构多变的羊毛衫组织。对于不同的组织，根据其使用场合和使用目的不同，常用线圈结构图、意匠图和编织图来表示。

一、线圈结构图

线圈结构图简称为线圈图，是将纱线在织物内的形态用图形表示的一种方法。如图 3-1 所示，分别是纬平针组织的正面和反面线圈结构图。可以看到，线圈结构图可以清楚地表现出纱线在织物中的形态、连接方式和线圈相互穿套的次序等。但线圈结构图的绘制比较麻烦，特别是对于一些比较复杂的组织。因此，线圈结构图仅适用于表示结构比较简单的羊毛衫织物组织，如纬平针、罗纹、双反面等组织。

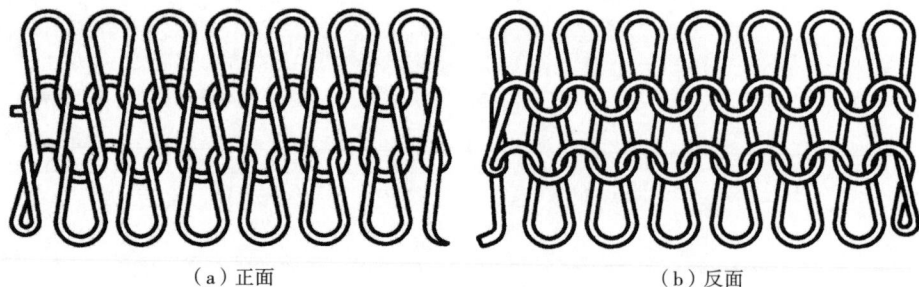

（a）正面　　　　　　　　　　　　　（b）反面

图 3-1　纬平针组织线圈结构图

随着电脑横机技术的发展，与之配套使用的花型设计软件功能越来越强大，设计师可借助这些软件快速设计出各种风格的毛衫织物，为毛衫设计提供了极大方便。电脑横机花型设计软件中的织物视图类似于线圈结构图，它能显示所设计织物的正、反两面的模拟效果，图案逼真，结构清晰，且所设计织物组织结构不受限制。如图 3-2 所示的挑孔织物的正面和反面模拟效果图。

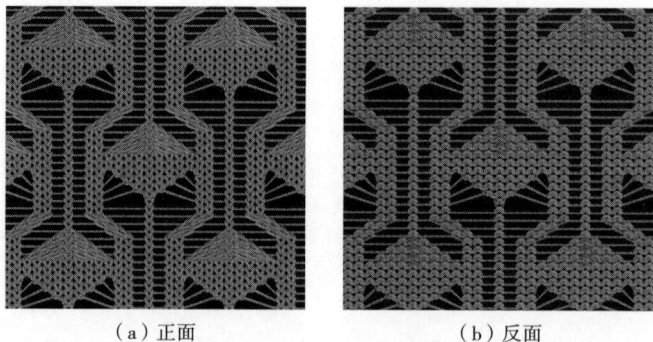

（a）正面　　　　　　　　　　　　　（b）反面

图 3-2　挑孔织物模拟效果图

二、意匠图

意匠图是把针织物结构单元组合的规律，用规定的符号在小方格纸上表示的一种图形。方格纸上的每一方格表示一个针织物结构单元，方格在纵向的组合表示线圈纵行，在横向的组合表示线圈横列。根据表示对象的不同，意匠图可分为结构意匠图和花型意匠图。

（一）结构意匠图

结构意匠图用于表示针织物的结构花纹，它是将针织物的三种结构单元线圈（成圈）、悬弧（集圈）、浮线（不编织），用规定的符号在小方格纸上表示出来。如图3-3（a）所示的织物组织，可用图3-3（b）所示的结构意匠图来表示，其中"⊠"表示成圈，"·"表示集圈，"□"表示浮线。结构意匠图通常用于表示由成圈、集圈和浮线组合而成的单面或双面针织物。

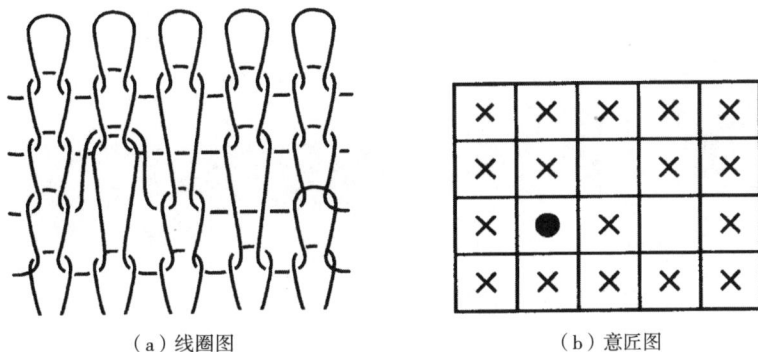

（a）线圈图   （b）意匠图

图3-3　结构意匠图

（二）花型意匠图

花型意匠图一般用来表示提花针织物正面的花型图案。方格纸上每一方格均代表一个正面线圈，用不同的符号表示不同颜色的线圈。如图3-4（a）所示的提花组织，可用图3-4（b）所示的花型意匠图来表示，其中"⊠"表示黑色纱线编织的线圈，"□"表示白色线编织的线圈。

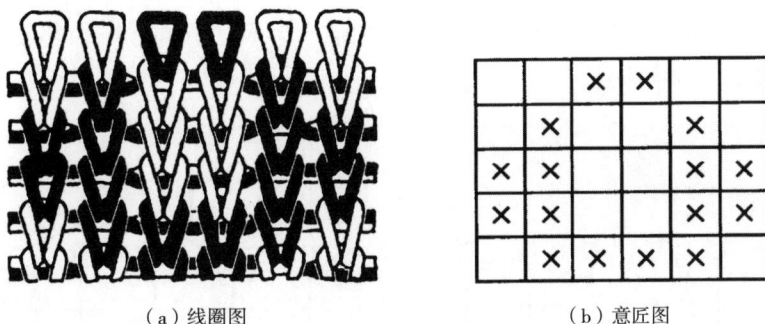

（a）线圈图   （b）意匠图

图3-4　花型意匠图

用花型意匠图的方法来表示针织物的正面花型，图案直观、方便，特别适用于提花针织物的花纹设计与分析。

电脑横机花型设计软件中的标志视图类似于意匠图，分为以模块颜色为背景和以纱线颜色（导纱器颜色）为背景两种视图，如图3-5所示，图中的符号代表织针不同的编织动作。图3-5（a）为以模块颜色为背景的标志视图，图中不同色块代表不同的线圈结构单元，其中黄色和绿色代表移圈线圈及其移圈方向，白色代表浮线，灰色代表成圈线圈；图3-5（b）为以纱线颜色为背景的标志视图，图中不同的颜色表示用不同的纱线进行编织。

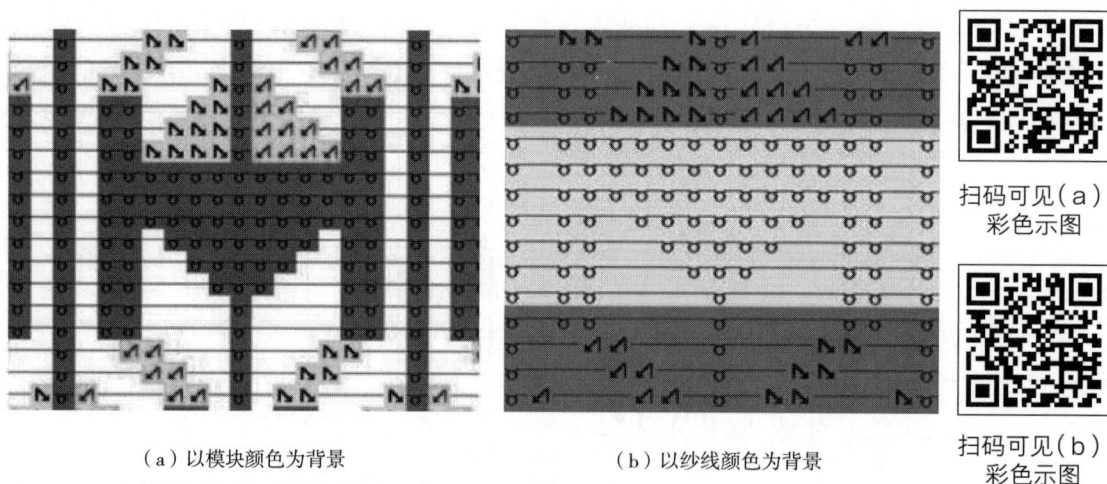

扫码可见（a）
彩色示图

扫码可见（b）
彩色示图

（a）以模块颜色为背景　　　　　　　（b）以纱线颜色为背景

图3-5　电脑横机标志视图

三、编织图

编织图是将织物组织的横断面形态，按织针配置形式、成圈顺序和编织情况，用图形表示的一种方法。如图3-6~图3-9分别为纬平针织物、罗纹织物、双罗纹织物和单面花色织物的编织图。编织图中，符号"↓"表示织针把纱线编织成圈，其中"∣"表示织针，"○"表示线圈；符号"↗"表示织针钩住喂入的纱线，但不编织成圈，纱线在织物内呈悬弧状，即集圈；仅有符号"∣"而没有集圈或成圈符号表示织针不参加编织，即浮线。

编织图适用于表示大多数纬编针织物，特别适用于表示双面针织物和复合组织织物的编织，具有简便、清晰等优点。

图3-6　纬平针织物编织图

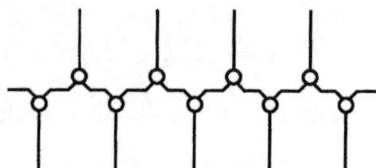

图3-7　罗纹织物编织图

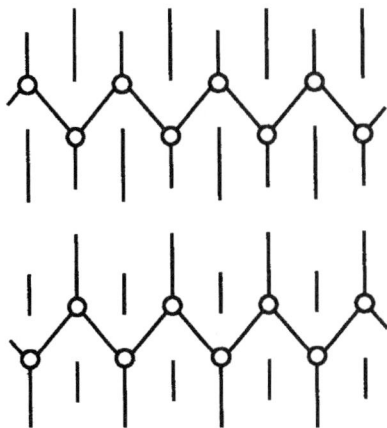

图 3-8 双罗纹针织物编织图 　　　　　　 图 3-9 单面花色织物编织图

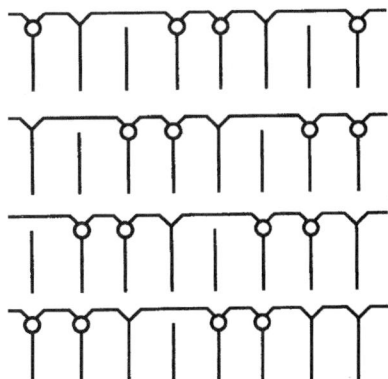

电脑横机花型设计软件中的工艺视图相当于编织图，它采用不同的符号表示织针、成圈、集圈、浮线、翻针等，如用"·"代表织针，用"⚊"和"⚊"分别表示前针床织针成圈和后针床织针成圈，用"⌄"和"⌃"分别表示前针床织针集圈和后针床织针集圈，用"━"表示前、后针床上的织针不编织即浮线，用"⬆"分别表示将前针床织针上的线圈翻到后针床的织针上，"⬇"则相反，等等，如图3-10所示。这种方法不受花型限制，可用于设计任何花型。

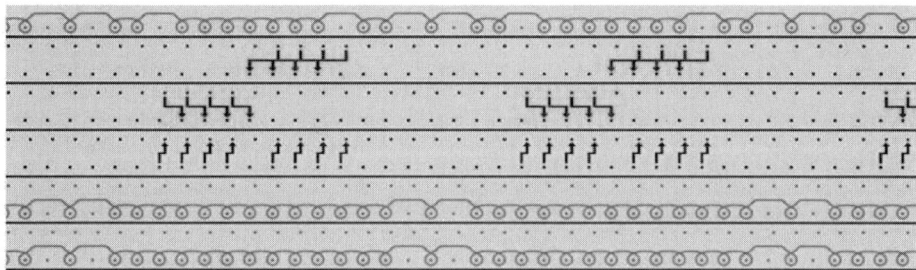

图 3-10 电脑横机工艺视图

第二节 纬平针组织织物设计与编织

纬平针组织是羊毛衫织物中的基本组织，以纬平针组织为基础可以编织多种纬平针织物。

一、单面纬平针织物

单面纬平针织物是由连续的单元线圈相互串套而成，简称单面、单边或平针织物。在针织工艺中，一般将线圈的圈柱压住圈弧的一面称为工艺正面，如图 3-11（a）所示；将圈弧压住圈柱的一面称为工艺反面，如图 3-11（b）所示。

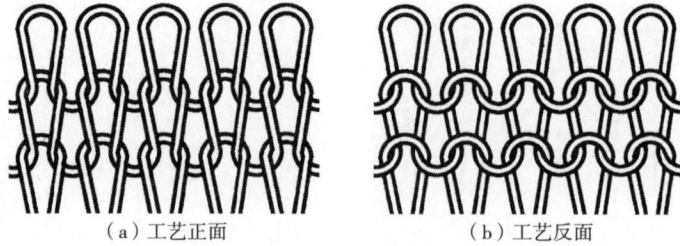

（a）工艺正面   （b）工艺反面

图 3-11   纬平针组织线圈结构图

单面纬平针织物可以在横机的任意一个针床上编织，如图 3-12 所示。编织时，横机的一个针床上的织针保持不动，另一个针床上工作的织针进行编织成圈，如图 3-12（a）为前针床编织纬平针，如图 3-12（b）为后针床编织纬平针。

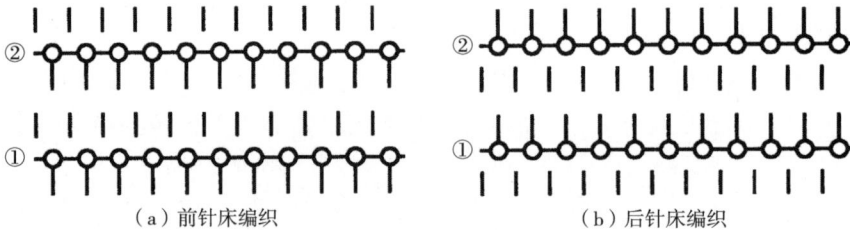

（a）前针床编织   （b）后针床编织

图 3-12   单面纬平针织物编织图

纬平针组织结构简单，织物两面具有不同的外观，正面较为光洁、平整，反面光泽较为暗沉；织物轻、薄、柔软，透气性好，延伸性好，横向延伸性比纵向延伸性大；织物具有卷边性，横向边缘卷向织物的正面，纵向边缘卷向织物的反面；织物具有脱散性，且沿着顺、逆编织方向均可脱散；织物线圈具有歪斜现象，在一定程度上影响了织物的外观效果。纬平针织物应用广泛，可用于各种毛衫设计。

二、双层纬平针织物

双层纬平针织物是横机编织特有的织物，其组织结构是纬平针。编织时，横机的前、后两个针床轮流参加编织，从而在前、后针床上编织出两片互不相连的纬平针织物，在羊毛衫生产中称其为"空转"或"圆筒"，如图 3-13 所示。

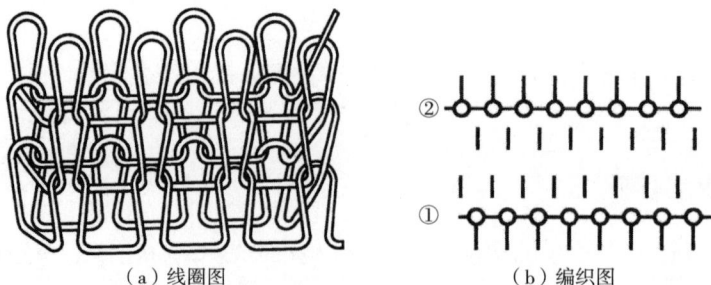

（a）线圈图   （b）编织图

图 3-13   双层纬平针织物

双层纬平针织物正反两面具有相同的外观，表面光洁、平整，性能与单面纬平针织物相同，但比单面纬平针织物厚实，线圈纵向无卷边现象。常用于毛衫的下摆、袖口边缘等。

三、松紧密度织物

松紧密度织物是指各个横列采用不同的密度而织成的单面纬平针织物。在编织纬平针织物时，通过调节成圈三角的弯纱深度，使机头往复编织的两个或多个线圈横列的线圈大小不一致，在织物表面形成明显的凹凸横条效应，如图3-14所示。这种织物与纬平针织物的性能相同，常以织物的工艺反面作为服用正面，用于女装、裙装和T恤类产品的生产，给人一种端庄、雅致的品质感。

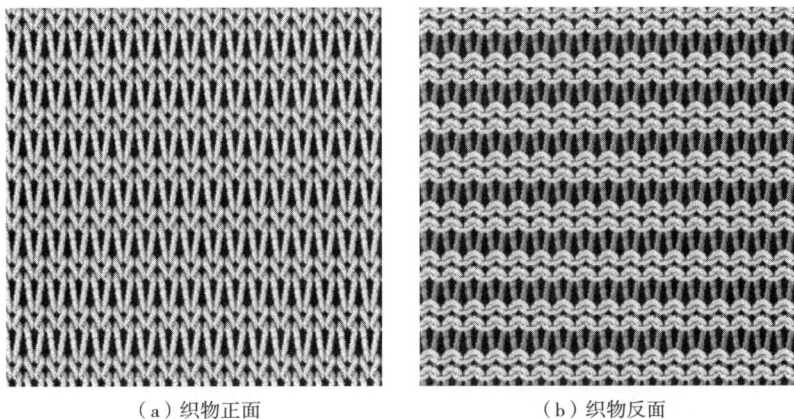

（a）织物正面　　　　　　　　　　（b）织物反面

图3-14　松紧密度织物的横条效应

第三节　罗纹组织织物设计与编织

罗纹组织是羊毛衫双面织物中的基本组织，它是由正面线圈纵行和反面线圈纵行以一定的规律相间配置而成。由于罗纹织物的外观具有明显的凹凸条，毛衫行业将其称为坑条。罗纹织物的种类很多，常用n_1+n_2的形式来表示，其中n_1、n_2分别表示一个完全组织中正面线圈的纵行数和反面线圈的纵行数，如1+1罗纹、2+1罗纹、2+2罗纹等。

在编织罗纹织物时，为了清楚地表达横机上的排针方式，罗纹组织还可以用$n_1 \times n_2$的形式表达，其中n_1表示一个完全组织中一个针床上参加编织的织针数，n_2表示同一个针床上不参加编织的织针数，如1×1罗纹表示同一个针床上1枚针编织1枚针不编织，即1隔1排针编织的罗纹组织。

一、1+1罗纹织物

1+1罗纹织物根据编织时排针方式的不同，可分为1+1单针罗纹和1+1满针罗纹。

（一）1+1单针罗纹

1+1单针罗纹编织时，前、后两个针床的针槽呈相对配置，每个针床上的织针是一隔一起针参加编织，前、后两个针床上工作的织针则呈相间配置，如图3-15所示。

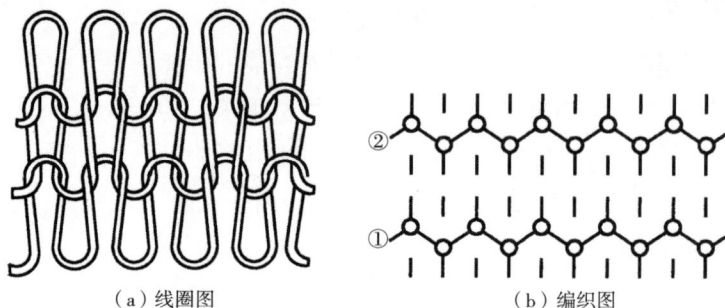

（a）线圈图　　　　　　　　（b）编织图

图3-15　1+1单针罗纹组织

1+1单针罗纹织物正反两面具有相同的外观，织物横向延伸性好，弹性好，不卷边，且只能逆编织方向脱散。常用于毛衫的下摆、袖口、领口等部位。

（二）1+1满针罗纹

1+1满针罗纹组织又称四平组织。编织时，前、后两个针床的针槽相错，工作区域的织针全部起针参加编织，如图3-16所示。

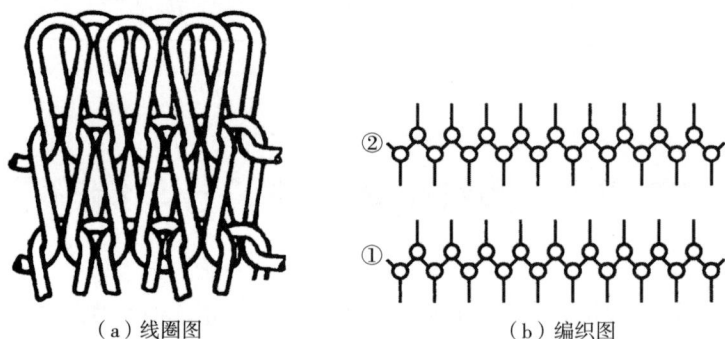

（a）线圈图　　　　　　　　（b）编织图

图3-16　1+1满针罗纹组织

满针罗纹在不受外力横向拉伸的情况下，织物两面都显示为正面线圈，拉伸后可以看到正面线圈间的反面线圈；满针罗纹的横向具有一定的弹性，织物厚实，不卷边，且只能逆编织方向脱散。该织物可用于做加厚毛衫，也可用于毛衫的下摆、袖口、领口、门襟等。

1+1单针罗纹和1+1满针罗纹，由于前、后针床针槽的对位和织针的排列情况不同，使得两种织物的密度、弹性、厚度等都有所不同。由于1+1满针罗纹的织针是满针排列，而1+1单针罗纹的织针是一隔一排列，所以1+1满针罗纹的工作针数是1+1单针罗纹的两倍，在其他条件都相同的情况下，1+1满针罗纹比1+1单针罗纹致密、厚度较厚、织物幅宽大、手感松软，横向弹性小，尺寸稳定性及保形性好，一般用作领口、门襟等部位。而 1+1 单针罗纹横向收缩性好，弹性好，纹理清晰，主要用作袖口、领口、下摆等部位。

二、其他罗纹组织

罗纹组织种类很多，除了 1+1 罗纹组织外，还有 2+2、3+3、4+3 等罗纹组织。如图 3-17~图 3-19 所示分别2+2 罗纹组织（2×1 罗纹）、2+2 罗纹组织（2×2 罗纹）和1+3 罗纹组织。

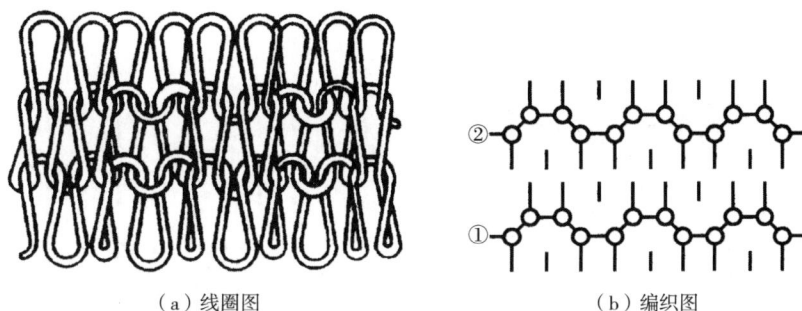

（a）线圈图　　　　（b）编织图

图 3-17　2+2 罗纹组织（2×1 罗纹）

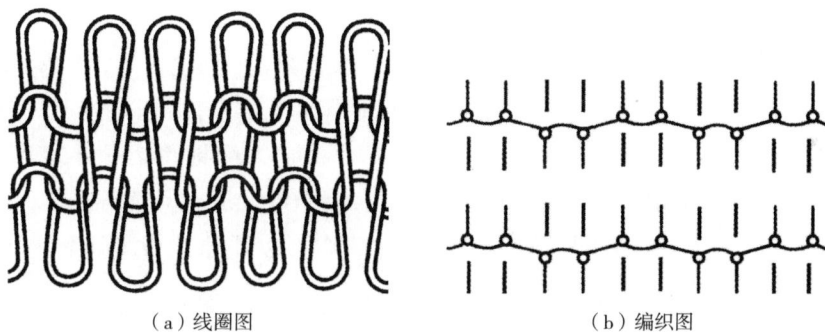

（a）线圈图　　　　（b）编织图

图 3-18　2+2 罗纹组织（2×2 罗纹）

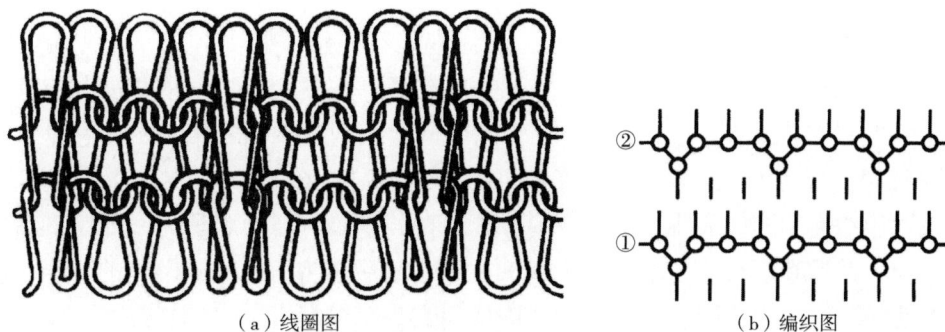

（a）线圈图　　　　（b）编织图

图 3-19　1+3 罗纹组织

这类罗纹织物的横向延伸性和弹性取决于其正、反面线圈纵行数的不同配置，完全组织越小，织物的横向延伸性和弹性也就越好。2+2罗纹组织的横向延伸性较大，穿着紧身，适用于女装毛衫，最易衬托女性的形体美感。

三、双罗纹组织

双罗纹组织又称棉毛组织，它是由两个罗纹组织彼此叠加复合而成，即在一个罗纹组织的线圈纵行之间配置着另一个罗纹组织的线圈纵行，如图3-20所示。

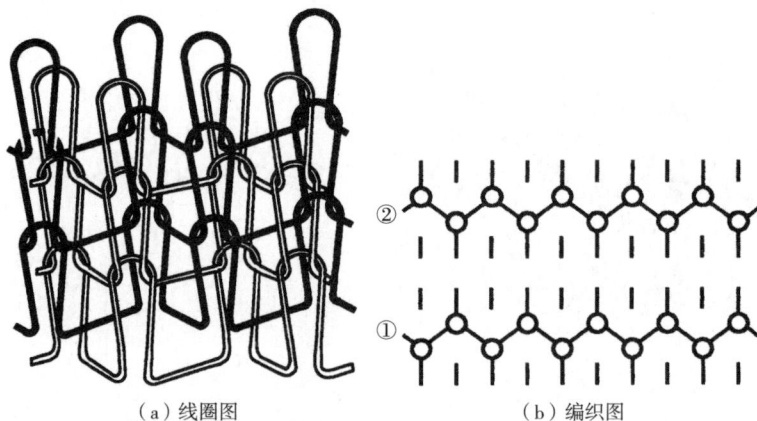

|（a）线圈图|（b）编织图|

图 3-20　双罗纹组织

双罗纹织物两面都显示线圈的正面，因此又称为双正面织物。由于是由两个1+1罗纹组织叠加而成，所以同一横列上相邻的两个线圈相差半个圈高。这种织物结构紧密，脱散性小，横向、纵向延伸性小，平整挺括，尺寸稳定，织物厚实，保暖性好。当采用不同颜色的纱线、不同的上机编织方法时，可以编织出小纵条、横条花纹，纵横条相配合可形成小方格、跳棋格等多种花型。双罗纹织物可以用于男女初冬、初春等内、外毛衫。

第四节　双反面组织织物设计与编织

双反面组织是羊毛衫织物组织中的一种基本组织，它是由正面线圈横列与反面线圈横列相互交替配置而成。图3-21所示分别为双反面组织的线圈图和编织图，它是由一个正面线圈横列与一个反面线圈横列交替配置而成的1+1双反面组织。

双反面组织编织时，先由前针床织针编织正面线圈横列，再将所有线圈翻到后针床对应的织针上，然后在后针床上编织反面线圈横列，最后再将所有线圈翻到前针床对应的织针上，如此循环，正面线圈横列和反面线圈横列交替编织而成。如图3-22所示为1+1双反面组织在电脑横机上编织的工艺视图和织物视图。

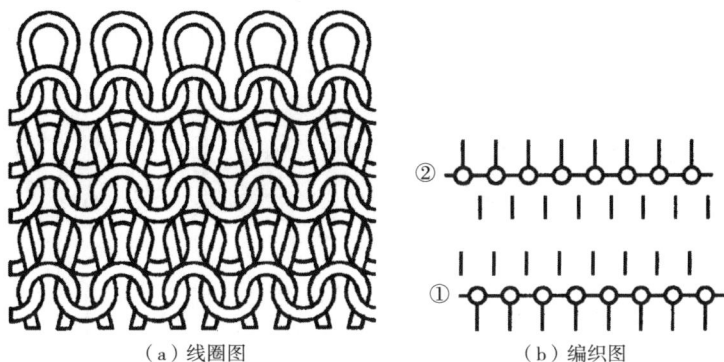

（a）线圈图　　　　　　　　　　（b）编织图

图 3-21　双反面组织

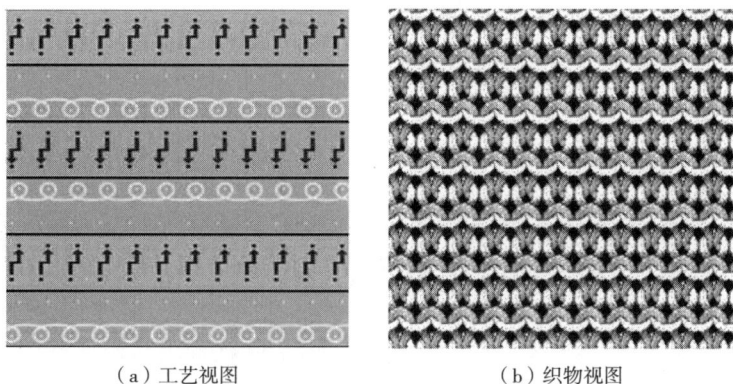

（a）工艺视图　　　　　　　　　　（b）织物视图

图 3-22　双反面组织编织的工艺视图和织物视图

双反面组织中，由于纱线弹性的存在，线圈中弯曲的纱线力图伸直，使得反面线圈横列的针编弧向后倾斜显示在织物反面，正面线圈横列的针编弧向前倾斜显示在织物正面，而圈柱凹陷在里面，使织物的正、反两面呈现出纬平针组织反面的外观。由于针编弧的倾斜，使得双反面织物的纵向缩短，织物的厚度和纵向密度增加，纵向延伸性和弹性增加。双反面组织的卷边性因正面线圈横列与反面线圈横列的不同组合而不同，当正、反面线圈横列数相同时，织物不具有卷边性。双反面组织常用于童装和各类毛衫时装设计。

第五节　集圈组织织物设计与编织

一、集圈组织的概念

集圈组织是在针织物的某些线圈上，除了套有一个封闭的旧线圈外，还套有一个或几个未封闭的悬弧的一种针织物组织，其结构单元为线圈和悬弧。根据形成集圈的针数的多少及悬弧不脱圈的次数，集圈组织可分为单针单列集圈、单针双列集圈、双针单列集圈、双针多列集圈等。图 3-23 为各种集圈组织的线圈结构图。

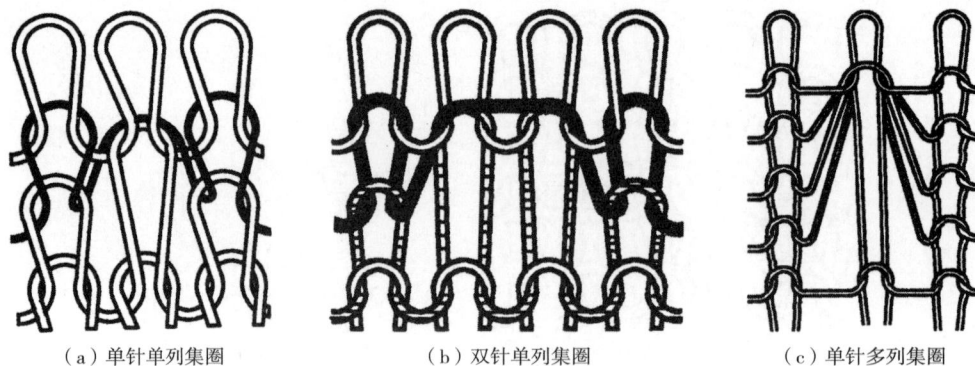

（a）单针单列集圈　　　　　　　（b）双针单列集圈　　　　　　　（c）单针多列集圈

图 3-23　各种集圈组织的线圈结构图

二、集圈组织分类与编织

集圈组织根据其编织基础组织的不同可分为单面集圈和双面集圈。

（一）单面集圈组织

单面集圈组织是在单面平针组织的基础上进行集圈编织形成的。利用集圈单元在平针织物中的排列可形成各种结构的花色效应，如凹凸、网孔、蜂窝等效应。图3-24为一种具有凹凸效应的单面集圈织物，它是由规律分布的单针四列集圈形成的。图3-25所示的蜂窝效应单面集圈织物属于单针单列集圈，集圈在织物上呈跳棋格分布，使得处于织物反面的悬弧相互连接构成明显的蜂窝效应。单面集圈织物与平针织物相比，横向尺寸变大，纵向尺寸变小，厚度增加，常用于男、女毛衫及帽子的编织。

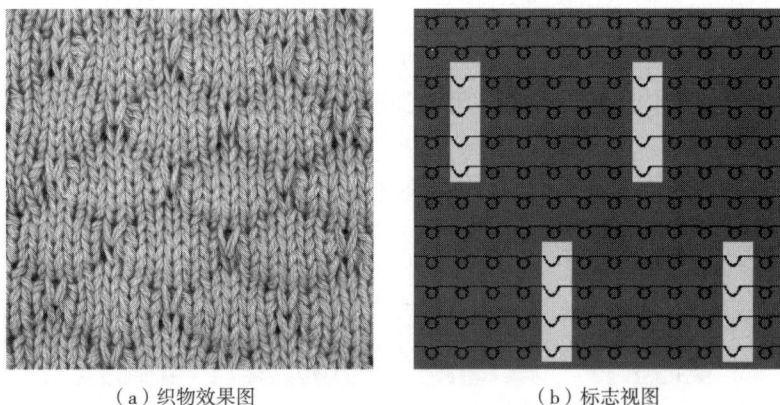

（a）织物效果图　　　　　　　　　（b）标志视图

图 3-24　凹凸效应单面集圈织物

（二）双面集圈组织

双面集圈组织是在双面组织的基础上进行集圈形成的，集圈可以在一个针床上进行，也可以在两个针床上进行。常用的双面集圈组织有畦编和半畦编，它们的基础组织是1×1罗纹组织或满针罗纹组织。

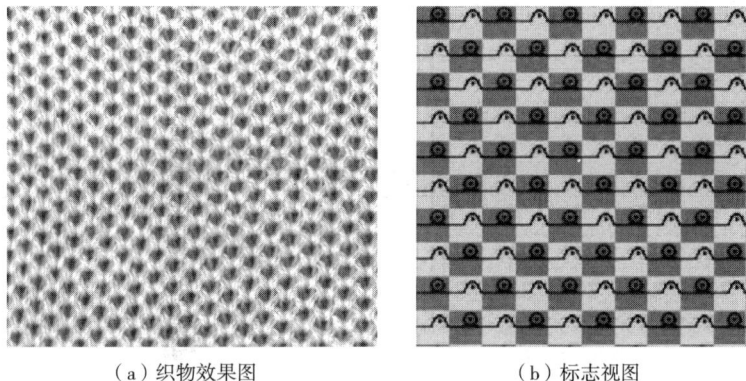

（a）织物效果图　　　　　　　　　（b）标志视图

图 3-25　蜂窝效应单面集圈织物

1. 畦编组织

畦编组织俗称双元宝或双鱼鳞组织，由两个针床的织针轮流编织成圈和集圈，两个横列完成一个编织循环，织物两面均为单针单列集圈，如图3-26所示。

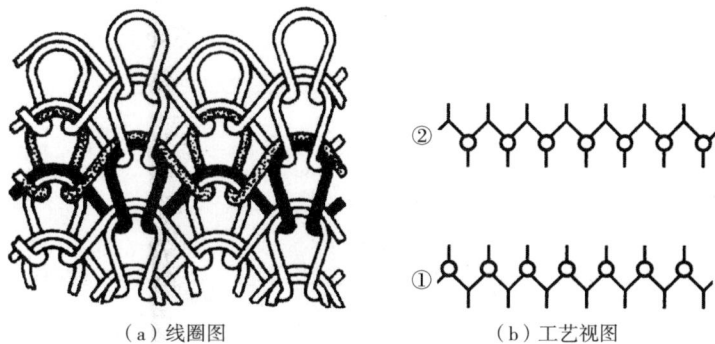

（a）线圈图　　　　　　　　　（b）工艺视图

图 3-26　畦编组织

畦编织物两面都是成圈、集圈交替编织，正、反两面具有相同的线圈结构和外观效应，如图3-27所示。

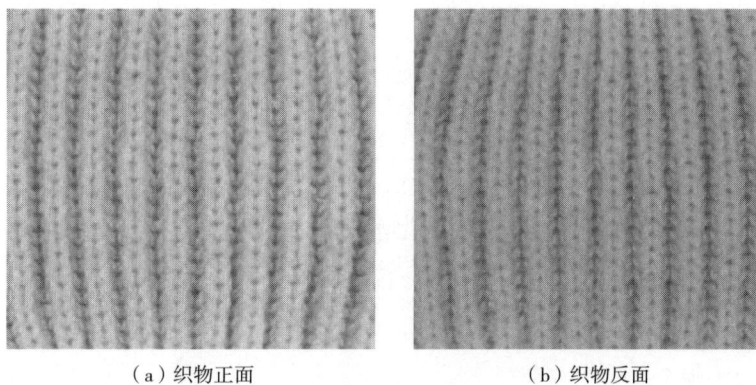

（a）织物正面　　　　　　　　　（b）织物反面

图 3-27　畦编织物效果图

2. 半畦编组织

半畦编组织俗称单元宝或单鱼鳞组织，它是由一个横列的四平组织和一个横列的集圈组织组成，两个横列完成一个循环，如图3-28所示。

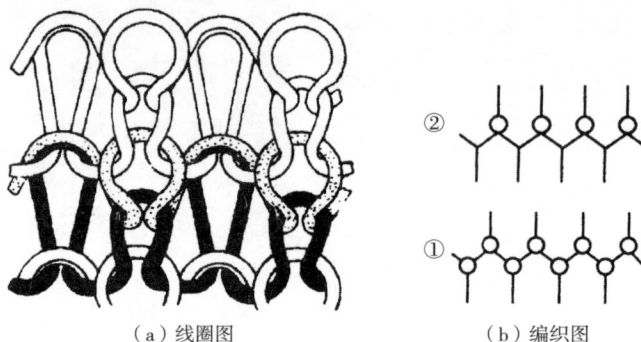

（a）线圈图　　　　　　　　（b）编织图

图3-28　半畦编组织

半畦编组织只在织物的一面形成集圈，正、反面两面结构不同，织物外观效果也不同，如图3-29所示。由于集圈线圈被拉长，与其相邻的线圈被抽紧、凹进去，使得与集圈相邻的线圈呈圆形鱼鳞状。

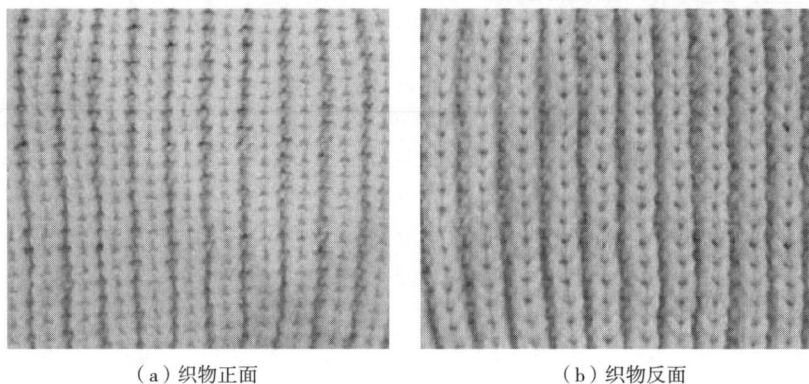

（a）织物正面　　　　　　　　（b）织物反面

图3-29　半畦编织物图

由于悬弧的存在，双面集圈织物丰满、厚实、保暖、手感柔软、蓬松，下机后集圈悬弧力图伸直，织物宽度增加，常用于男女毛衫设计。

第六节　移圈组织织物设计与编织

一、移圈组织的概念

移圈组织是在毛衫基本组织的基础上，按照花纹的要求，将某些织针上的线圈转移到与其相邻的织针上从而形成相应的花式效应的一种针织组织。移圈组织是横机编织中一种较有特色的组织结构，通过在不同地组织上的不同移圈方式，可以在织物表面形成孔眼、凹凸、波浪、扭绳等不同的肌理效果。毛衫移圈织物分为挑花与绞花两类，如图3-30所示。

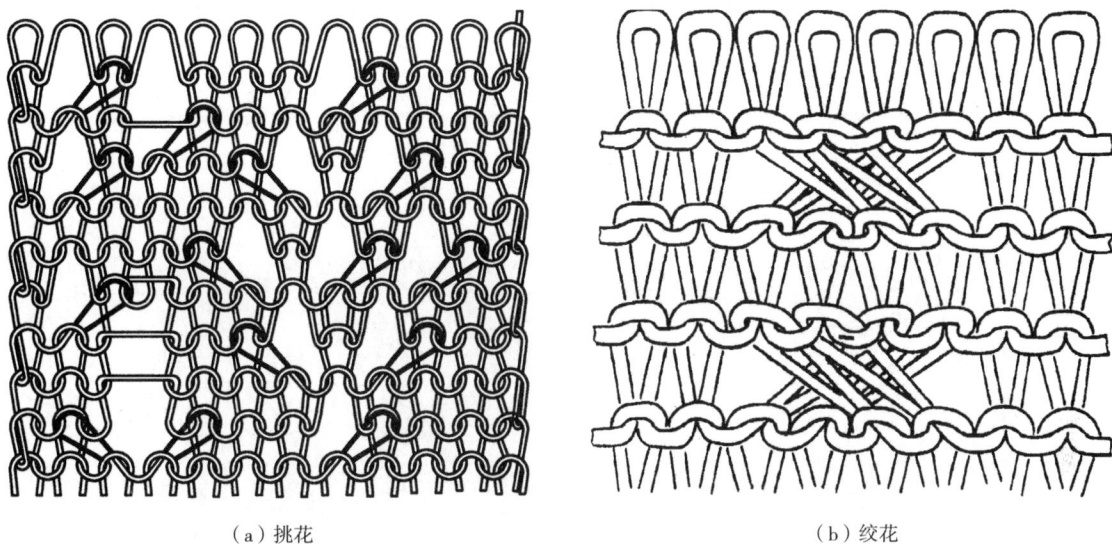

（a）挑花　　　　　　　　（b）绞花

图3-30　移圈组织

二、挑花织物

挑花织物又称起孔织物、空花织物。它是在毛衫基本组织的基础上，根据花纹要求，在不同的针上、不同方向上进行移圈。当一个线圈移位到相邻的线圈上之后，在原来位置上出现一个孔眼，适当排列孔眼的位置，就可以在织物表面由孔眼构成各种花纹或几何图案。挑花织物根据地组织的不同有单面和双面之分。

（一）单面挑花织物

单面挑花织物是在纬平针组织的基础上编织而成的。当线圈从一根织针上转移到相邻的织针上时，移圈处的线圈纵行中断，外观呈现孔眼效应，如图3-31所示。影响挑花织物花纹效果的因素主要有孔眼的分布方式、移圈方向和移圈针数。

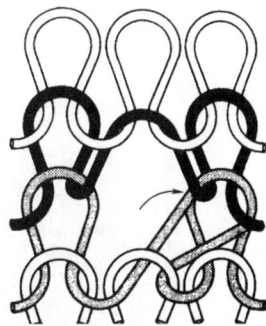

图3-31　单面挑花织物

1.孔眼的分布方式

孔眼的分布方式有隔行挑孔和连续挑孔两种，其所形成的孔眼形态如图3-32和图3-33所示。图3-34、图3-35分别为隔行挑花织物和连续挑花织物，从中可以清楚地看出，隔行挑花所形成的孔眼比较圆润、饱满，连续挑花所形成的孔眼则近似方形。

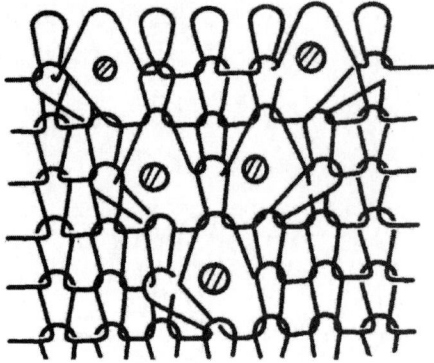

图 3-32　隔行挑花

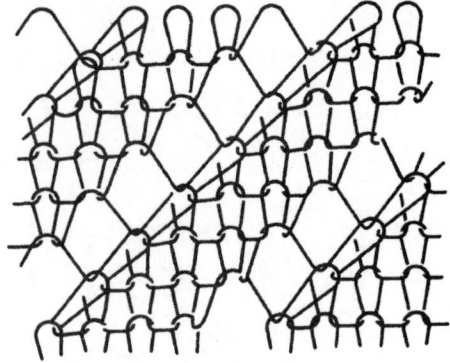

图 3-33　连续挑花

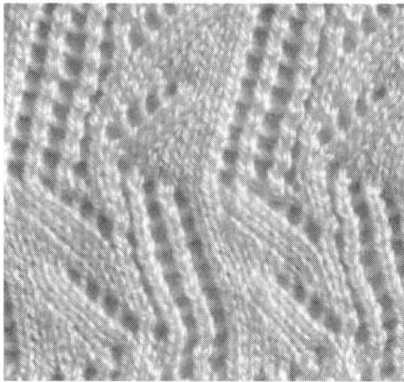

图 3-34　隔行挑花织物

图 3-35　连续挑花织物

2. 移圈方向

移圈方向有顺向移圈和逆向移圈。顺向移圈时，孔眼的斜置方向与移圈线圈的倾斜方向相同，孔眼效应增强，花纹清晰，如图 3-34、图 3-35 所示；逆向移圈时，孔眼的斜置方向与移圈线圈的倾斜方向相反，孔眼效应减弱，图 3-36 为电脑横机上的标志视图和织物效果图。

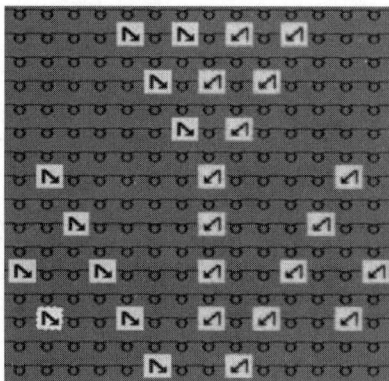

（a）标志视图

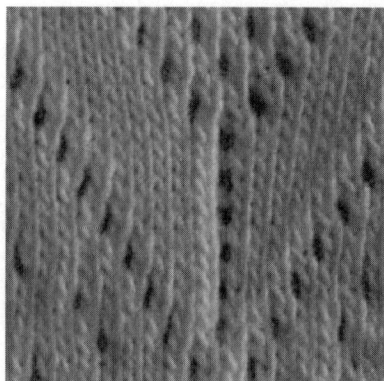

（b）织物效果图

图 3-36　逆向移圈挑花织物线圈图

3.移圈针数

移圈可以是单针移圈，也可以是多针移圈。单针移圈时，一次只移一针，孔眼跟重叠线圈相邻，如图3-37所示；多针移圈时，一次有多针向同一个方向移动，使孔眼与重叠线圈不相邻，中间的线圈发生倾斜且倾斜方向与移圈方向一致，在织物表面出现孔眼和斜向纹理效果，如图3-38所示。

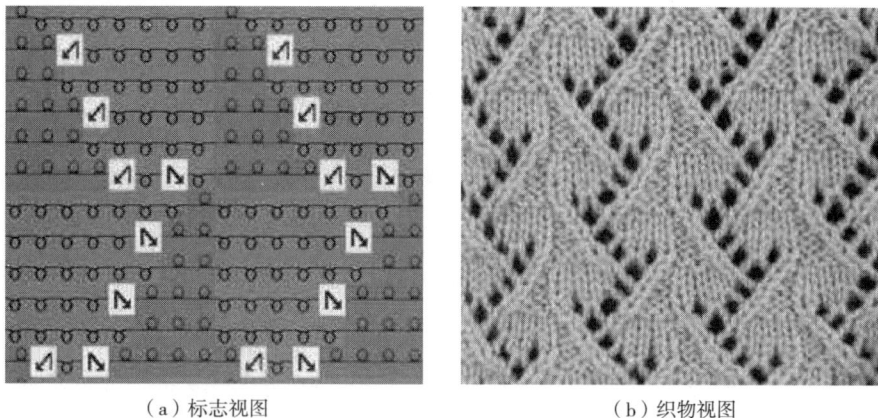

| （a）标志视图 | （b）织物视图 |

图 3-37　单针移圈挑花织物线圈图

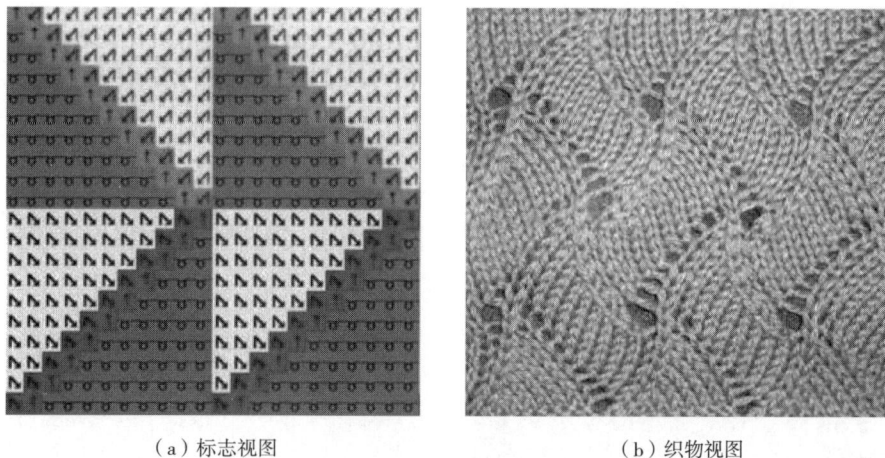

| （a）标志视图 | （b）织物视图 |

图 3-38　多针移圈挑花织物线圈图

（二）双面挑花织物

双面挑花组织可以在针织物的一面进行移圈，即将一个针床上的某些线圈移到同一个针床的相邻织针上，形成凹凸孔眼外观效应；也可以在针织物两面进行移圈，即将一个针床上的线圈移到另一个针床的织针上，或者将两个针床上的线圈分别移到各自针床的相邻的织针上，形成孔眼外观效应。图3-39是一个针床针上的线圈转移到另一个针床的针上形成的双面挑花织物，前、后针床采用不同颜色的纱线编织，将前针床织针上的线圈移到后针床后，织物表面露出地纱颜色。

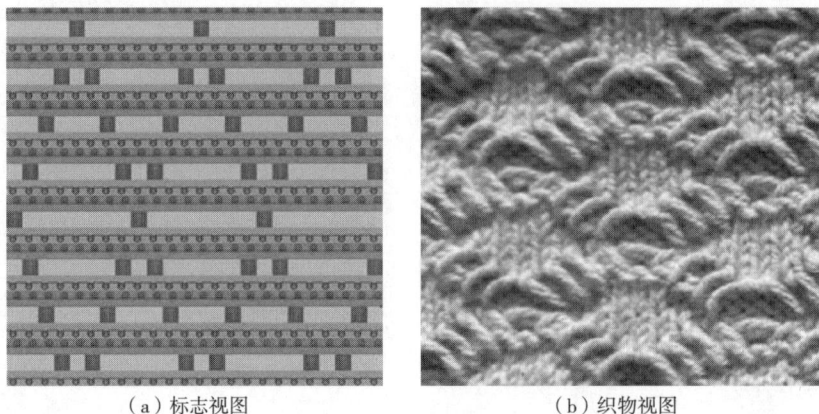

| （a）标志视图 | （b）织物视图 |

图3-39　双面挑花织物

三、绞花织物

绞花类移圈织物又称扭花织物、拧花织物、麻花织物等，它是根据花型设计的要求，将两枚或多枚相邻织针上的线圈相互移圈，使这些线圈的圈柱相互交叉，形成具有扭曲图案花型的一种织物。绞花织物的种类很多，根据地组织的不同，可分为单面绞花织物和双面绞花织物；根据相互移位的线圈纵行数不同，可分为 1×1、2×2、3×3 等绞花。绞花织物花型粗犷，立体感强，是常见的粗针型毛衫花型。

（一）单面绞花织物

单面绞花织物是在纬平针组织的基础上形成的，因线圈的相互移位交叉，在织物表面形成凸起的扭花效果。合理布局绞花在织物表面的分布，形成不同花纹图案的织物外观。如图3-40所示为 2×2 单面绞花织物。

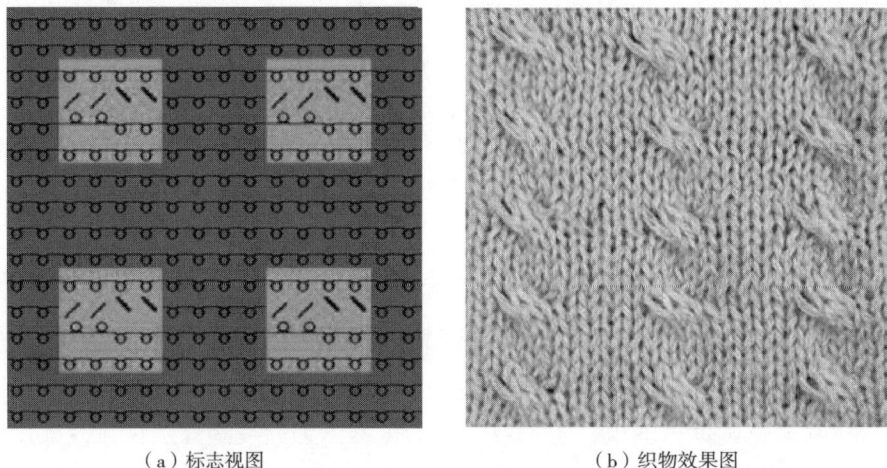

| （a）标志视图 | （b）织物效果图 |

图3-40　2×2 单面绞花织物

（二）双面绞花织物

双面绞花织物是在双面组织的基础上形成的，其地组织为各种罗纹组织。编织时，绞花在罗纹组织的正面线圈上进行，绞花的两侧为反面线圈，这样更容易突出绞花扭绳的立体效果。如图3-41所示为3×3双面绞花织物。

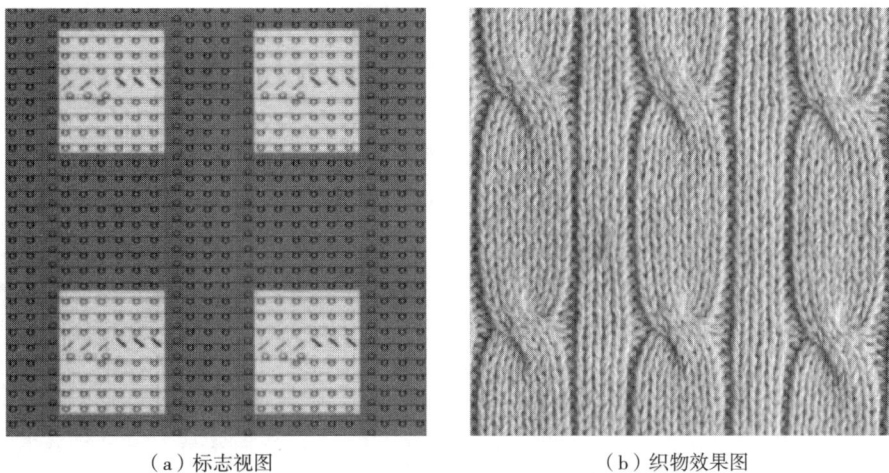

（a）标志视图　　　　　　（b）织物效果图

图3-41　3×3双面绞花织物

（三）阿兰花织物

阿兰花是一种特殊的绞花组织。编织时，先利用移圈的方式使相邻纵行上的线圈相互交换位置形成绞花，然后使绞花在织物纵行方向上向左或向右发生一定针数的横向位移，从而在织物的表面形成凸起的倾斜线圈纵行，组成菱形、网格等各种结构花型。如图3-42所示为一种菱形花纹的阿兰花织物。

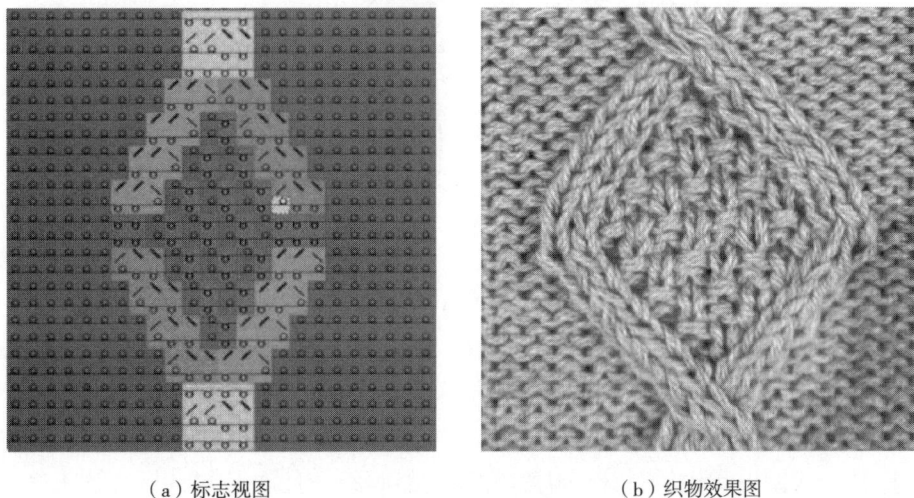

（a）标志视图　　　　　　（b）织物效果图

图3-42　菱形花纹的阿兰花织物

第七节　波纹组织织物设计与编织

波纹组织又称扳花组织，它是在双面组织的基础上，通过前后针床之间位置的相对移动，使线圈倾斜在织物表面形成波纹状的外观效应，如图3-43所示。波纹组织可以在四平组织、畦编组织和半畦编组织的基础上编织，也可以在四平抽条的基础上编织四平抽条扳花等。波纹组织的编织在手摇横机上通过手工扳动摇床手柄实现。在电脑横机上编织波纹组织，制板时要通过控制列对每一行的摇床方向和针数进行详细的设置。

图3-43　波纹组织

一、四平波纹组织

四平波纹织物是在四平组织即满针罗纹组织的基础上编织的。针床移动的频率可以是半转移动一次（半转一扳），也可以是一转移动一次（一转一扳），每次可以向一个方向移动一个针距，也可以向一个方向移动两个针距。如图3-44所示的四平波纹织物，编织时半转一扳，连续向一个方向移动四个针距，然后再反方向连续移动四个针距所形成的。由于向一个方向连续摇床，在织物的边缘会出现单面纬平针。

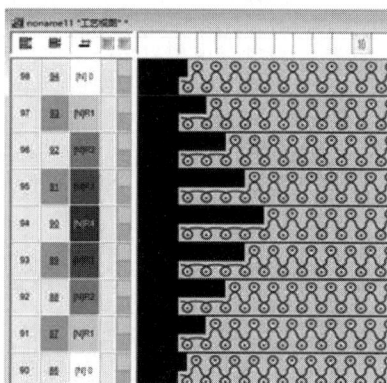

（a）工艺视图

（b）织物视图

图3-44　四平波纹织物

二、畦编波纹组织

畦编波纹织物是在畦编组织的基础上通过移动针床形成的。其编织原理是：如果前针床集圈、后针床成圈后移动后针床，则后针床线圈倾斜，且倾斜方向与后针床移动方向一致；如果前针床成圈、后针床集圈后移动后针床，则前针床线圈倾斜，且倾斜方向与后针床移动方向相反。因此，要在织物的某一面上得到波纹效果，就要在这一面成圈编织时移动针床。如果一转一扳，织物仅在一面有倾斜效果；如果半转一扳，两面都可以产生波纹效果。如图 3-45 所示为畦编波纹织物，编织时，半转一扳，第一行向右摇一个针距，第二行向左摇一个针距针床回到原位，如此重复，然后反向操作。

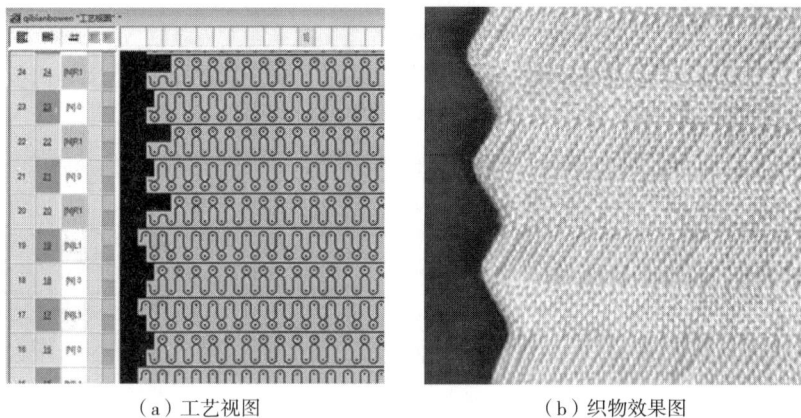

（a）工艺视图

（b）织物效果图

图 3-45 畦编波纹织物

在畦编组织的基础上，还可以编织凹凸立体波纹织物，其摇床方式与畦编波纹织物相同，但编织方法有所不同。编织时，需要将织物宽度分成几个编织区域，如果第一个编织区域前针床集圈、后针床成圈，那么第二个编织区域前针床成圈、后针床集圈，如此在针床方向循环排列，连续编织n个横列；然后，第一个编织区域前针床成圈、后针床集圈，第二个编织区域前针床集圈、后针床成圈，如此在针床方向循环排列，连续编织n个横列；如此循环重复。如图 3-46（a）为畦编凹凸立体波纹织物在电脑横机上编织的标志视图，图3-46（b）为其织物效果图。

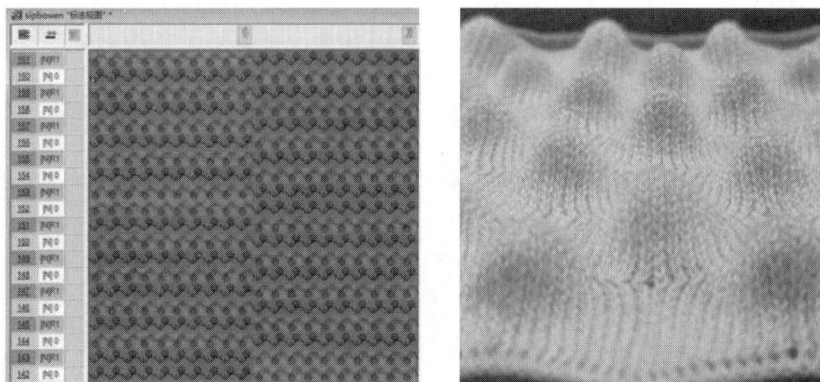

（a）标志视图

（b）织物效果图

图 3-46 畦编凹凸立体波纹织物

三、半畦编波纹组织

半畦编扳花是在半畦编组织的基础上通过移动针床形成波纹效果。移动针床可以在四平横列编织完后进行，也可以在集圈横列编织完后进行。通常采用集圈横列后移动针床，波纹效果更明显，如图3-47所示的半畦编波纹织物。

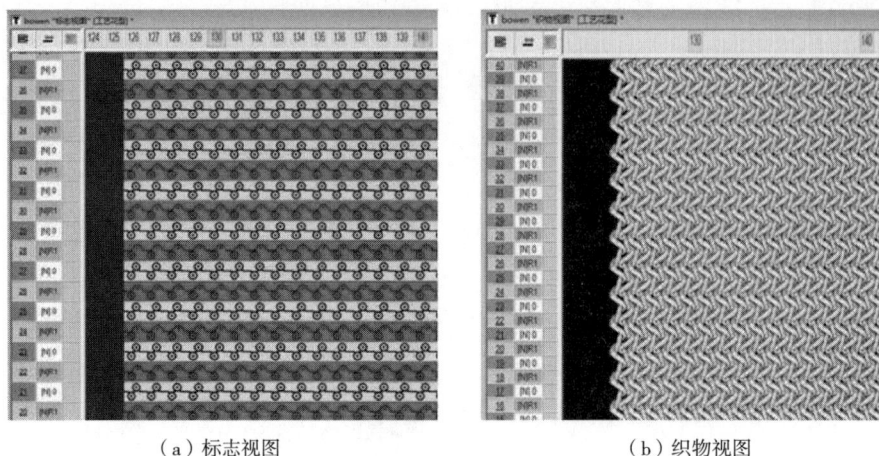

（a）标志视图　　　　　　　　　　　（b）织物视图

图3-47　半畦编波纹织物

四、四平抽条波纹组织

在四平组织即满针罗纹组织的基础上，将前针床有规律地进行抽针，经移针床后，在反面地组织上由正面线圈纵行形成波纹状地外观效果。图3-48为一种四平抽条波纹织物，编织时，每编织一转针床单向移动一个针距，共移动三次，然后再换向移动三次回到原位，依次循环。

波纹组织的变化可以通过地组织结构的选用，改变摇床频率、摇床针距数量、摇床方向，再结合色纱的运用来进行。如图3-49所示为一变化四平抽条波纹组织，地组织为后针床编织单面纬平针组织，前针床配置四平线圈形成拉长的线圈，摇床后拉长线圈发生倾斜，并且摇床方向左右变化，拉长线圈在织物表面形成了清晰的折线效果。

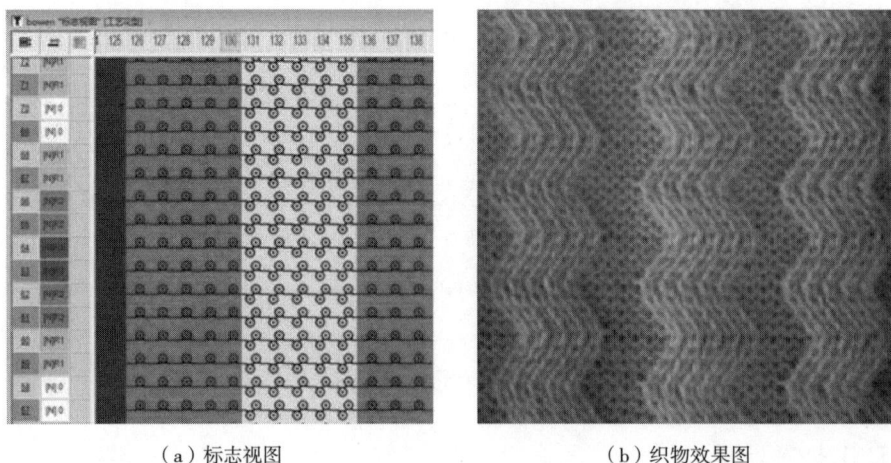

（a）标志视图　　　　　　　　　　　（b）织物效果图

图3-48　四平抽条波纹织物

（a）工艺视图　　　　　　　　　　（b）织物视图

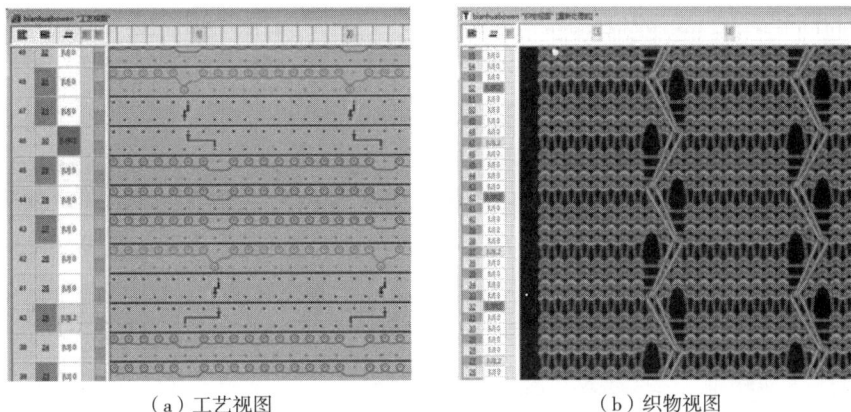

图 3-49　变化四平抽条波纹织物

第八节　添纱组织织物设计与编织

一、添纱组织的概念

添纱组织是指织物的全部线圈或部分线圈由两根纱线形成，两根纱线所形成的线圈按照要求分别处于织物的正面和反面的一种花色组织，如图 3-50 所示。

添纱组织可以使织物的正、反两面具有不同的色彩和性质，如丝盖棉针织物等，处于织物正面的为面纱，处于织物反面的为地纱；也可以结合正、反针编织，通过添纱在织物表面形成色彩花纹，如图 3-51 所示，图中 1 代表面纱，2 代表地纱；当利用两根不同捻向的纱线编织添纱织物时，还可以消除针织物线圈外斜的现象。

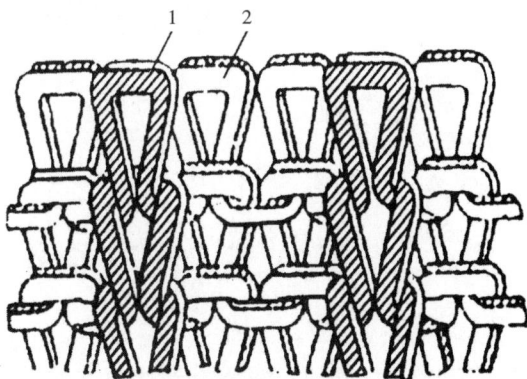

图 3-50　添纱组织线圈图　　　　图 3-51　添纱组织形成的正反针色彩花纹

1—面纱　2—地纱

二、添纱组织编织

添纱组织的成圈过程与基本组织相同。为了使面纱能够很好地覆盖住地纱而显露在织物正面，不出现反丝现象，在编织添纱组织时，必须采用特殊的喂纱装置，以便同时喂入地纱和面纱，并保证使面纱显露在织物正面，地纱显露在织物反面。面纱和地纱的垫纱角度不同，面纱垫纱横角较小，靠近针背，地纱垫纱横角较大，近针钩外侧，从而保证了面纱和地纱的正确配置关系。

　　添纱组织在手摇横机上编织时需要用到双眼导纱器，如图 3-52 所示，即在一个导纱器上有两个穿纱孔，1 为基孔穿入面纱，2 为辅孔穿入地纱，运行时面纱始终在前面，地纱始终在后面。添纱组织在电脑横机上编织时，除了可以用专门的添纱导纱器外，也可以采用一个成圈系统中带入两把导纱器同时进行编织，形成添纱结构，此时，不管机头向哪个方向运行，必须保证一把导纱器始终在另一把导纱器的前面。不仅如此，新型的电脑横机如STOLL的ADF横机，编织添纱组织时，地纱和面纱导纱器的位置可以根据花型的需要互换位置，可以在纬平针组织的基础上利用添纱编织出提花织物的图案效果，如图 3-53 所示。

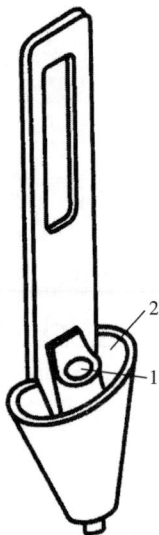

（a）正面　　　　　　　　　　　（b）反面

图 3-52　添纱导纱器
1—基孔　2—辅孔

图 3-53　添纱组织形成的纬平针色彩花纹

第九节　提花组织织物设计与编织

　　提花组织是按花纹要求将纱线垫放在所选择的某些针上编织成圈，在未垫放新纱线的织针上不成圈，纱线呈浮线处于这些不参加编织的织针后面的一种花色组织。提花组织可以分为单面提花组织和双面提花组织。

一、单面提花组织

　　单面提花组织是在单面组织的基础上形成的，其结构单元为线圈和浮线，又称为浮线提花。编织时，将纱线垫放到按照花纹要求所选择的织针上编织成圈，在未被选择的织针上不垫纱，而是以浮线状态呈现在织物的背面。单面提花组织根据组织结构中线圈大小的均匀程度，分为单面均匀提花组织和单面不均匀提花组织。单面均匀提花组织中所有线圈的大小基本相同，如图 3-54 所示。图 3-54 是一种单面双色提花组织，每一个横列有两种不同颜色的纱线编织，正面每个线圈的大小基本相同，组织结构均匀，在每个线圈的背面都有一根浮线。单面不均匀提花组织中线圈的大小不完全相同，如图 3-55 所示。由图 3-55 可以看出，这种单面双色提花组织中线圈大小不一，正面是由正常的平针线圈和拉长的提花线圈组成，反面只有在拉长的提花线圈后面才有浮线，每个纵行上的线圈数不完全相等。

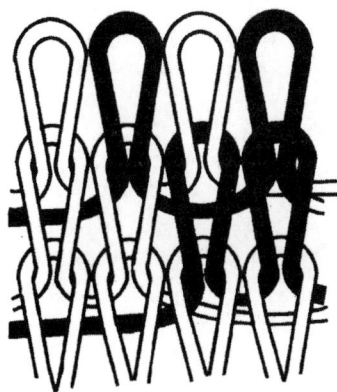

图 3-54 单面均匀提花组织的线圈结构图

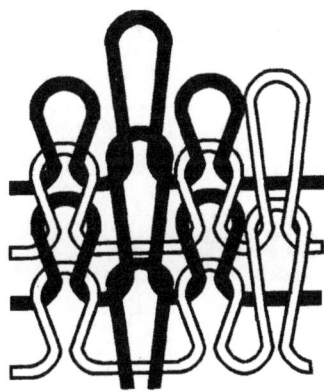

图 3-55 单面不均匀提花组织的线圈结构图

在单面提花织物中，浮线不宜太长，一般 3~5 个针距。浮线过长将会改变垫纱角度，导致纱线垫不到针钩里造成漏针；另外，织物反面浮线过长容易引起勾丝，影响服用。因此，单面提花织物适合小花型提花，如图 3-56 所示。如果花型较大，可以在长浮线的地方按照一定的间隔编织集圈，以确保垫纱角度可靠和浮线长度减小，而集圈处于提花线圈的背面不会影响织物正面的花纹效果，但织物的平整度会受到影响。

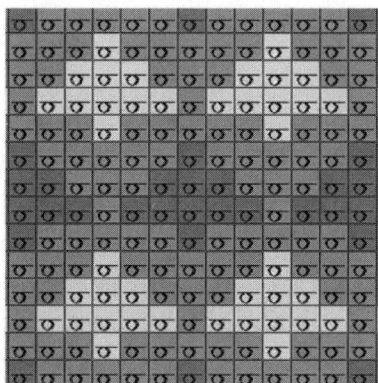

（a）标志视图

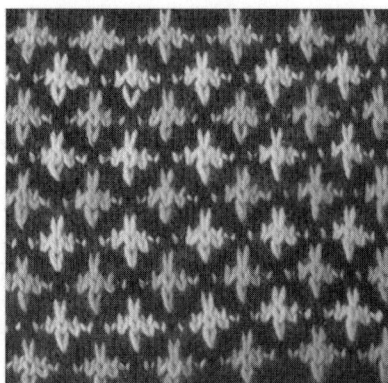

（b）织物视图

图 3-56 单面均匀提花织物

单面不均匀提花织物线圈结构不匀，织物表面具有色彩和凹凸效应，如图 3-57 所示。不均匀提花组织常采用单色纱线编织，在织物中，因拉长的提花线圈在连续不编织后被抽紧，使正常编织的平针线圈凸起，从而在织物表面形成凹凸效应。线圈拉长的程度与连续不编织（即不脱圈）的次数有关。通常用"线圈指数"来表示编织过程中某一线圈连续不脱圈的次数，线圈指数越大，织物凹凸效应越明显。编织不均匀提花织物时，织物张力和纱线张力应较小而均匀，同一枚针上连续不编织的次数也不能太多，否则容易产生破洞。

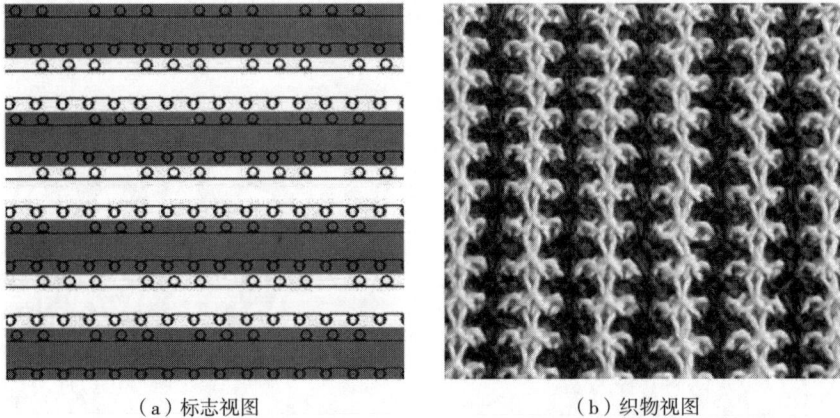

（a）标志视图　　　　　　　　　　　（b）织物视图

图 3-57　单面不均匀提花织物

单面提花织物的横向延伸性小，脱散性小，织物较厚，有良好的花色效应，广泛用于各类毛衫的设计中。

二、双面提花组织

双面提花组织是在双面组织的基础上编织而成的，其花纹图案可以在织物的一面形成，也可以在织物的两面形成。在实际生产中，大多采用在织物的正面按花纹要求提花，作为织物的效应面，织物的反面则按一定的结构进行编织。按反面结构的不同，双面提花分为横条提花、芝麻点提花、空气层提花、露底提花等。

（一）横条提花织物

横条提花织物的反面为单色横条循环。编织时，一般前针床编织织物正面，后针床编织织物反面；所有纱线在织物正面按花型要求出针编织，在织物反面则全部出针且一种色纱编织一个线圈横列。这种提花织物正、反面线圈的纵向密度不同，色纱数越多，正、反面线圈的纵向密度差异越大。二色横条提花织物的正、反面线圈的纵向密度比为 1∶2，三色横条提花织物的正、反面线圈的纵向密度比为 1∶3。因此，设计与编织横条双面提花织物时，色纱数不宜过多，一般 2~3 色为宜，以确保织物正面花纹的清晰度，避免产生色彩"露底"现象。图 3-58 为一横条双面提花织物。

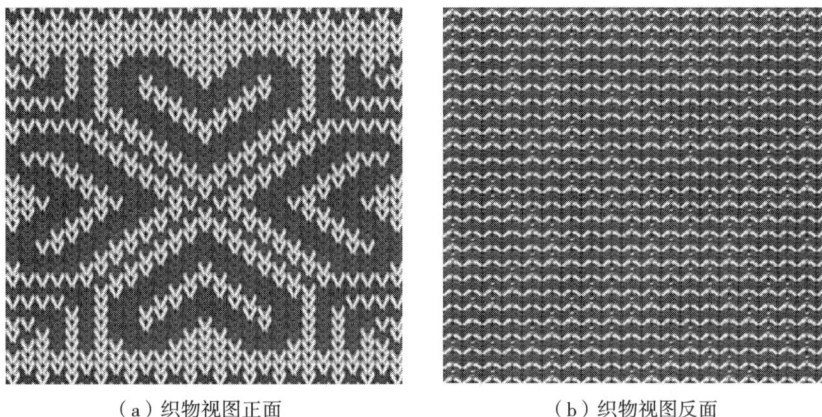

(a) 织物视图正面　　　　　　　　　　　　　(b) 织物视图反面

图 3-58　横条双面提花织物

(二)芝麻点提花织物

芝麻点提花织物的反面各色线圈呈跳棋格式配置，均匀分布。编织时，所有纱线在正面按花型要求出针编织，在反面则每种色纱采用一隔一垫纱编织，两种色纱编织一个反面线圈横列。这种织物的正、反面线圈纵密存在差异，其差异大小随色纱数不同而不同。当色纱数为2时，正反面线圈纵密比为1∶1；色纱数为3时，正反面线圈纵密比为2∶3。由于织物反面不同色纱线圈分布均匀，透露在织物正面的色彩效应比较均匀，基本无"露底"现象。图3-59为一两色芝麻点提花组织织物。

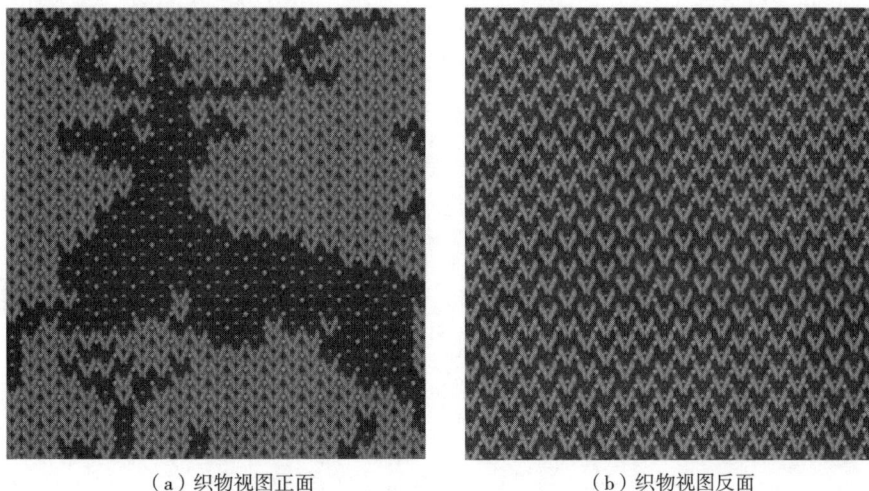

(a) 织物视图正面　　　　　　　　　　　　　(b) 织物视图反面

图 3-59　两色芝麻点提花组织织物

(三)空气层提花织物

空气层提花织物两面均按照花纹要求选针编织，即前针床选针编织时，后针床不编织；前针床不编织处，后针床编织。当编织两色提花时，正、反面花型相同但颜色相反，形成正反面颜色互补的色彩效应，如图3-60所示的空气层提花织物。

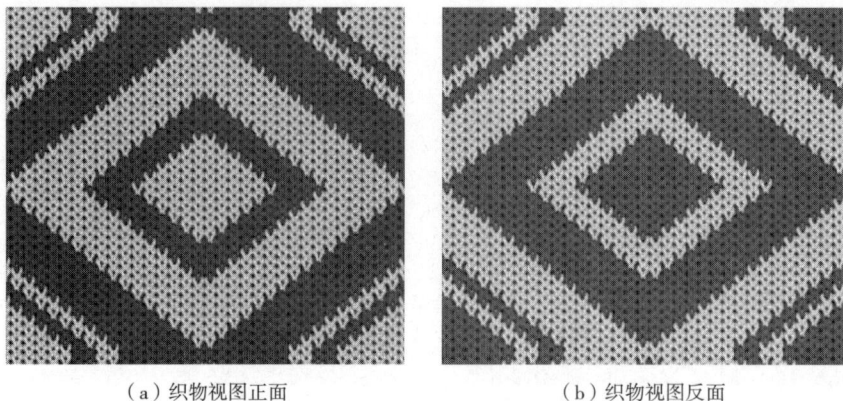

（a）织物视图正面　　　　　　　　（b）织物视图反面

图 3-60　空气层双面提花织物

（四）露底提花织物

露底提花又称翻针提花，是指在双面提花的基础上，让部分织针只在反面编织，织物同时具有双面和单面两种结构，呈现凹凸外观效果。编织时，根据花型图案要求，部分前针床线圈翻针至后针床，使这部分区域呈单面编织，即在织物的正面花型部分显露了地组织的反面线圈组织。图3-61为一反面为芝麻点的露底提花织物。

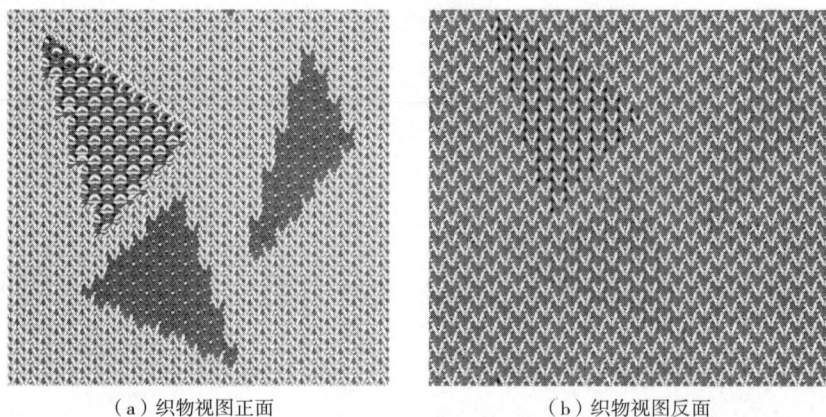

（a）织物视图正面　　　　　　　　（b）织物视图反面

图 3-61　露底提花织物

三、嵌花织物

嵌花（英文"intarsia"，汉语译音"引塔夏"）又称无虚线提花，它是用不同颜色或不同种类的纱线编织而成的纯色区域相互连接镶拼而成的花色织物。编织时，每种色纱的导纱器只在自己的颜色区域内垫纱编织成圈，然后停下，下一个导纱器将在它自己的颜色区域内继续垫纱编织这一横列；机头返回时将再依次带动导纱器编织下一个横列。相邻的不同色块区域之间采用集圈的方式连接。因此，嵌花织物的每个纯色区域都具有完好的边缘，花纹清晰，织物表面没有色纱重叠，织物反面没有浮线，织物的横向弹性和延伸性不受影响。

　　实际生产中，嵌花织物多在单面组织的基础上编织而成，如图3-62所示的单面嵌花织物。这种织物编织时，同一横列从左到右有几个色纱区域，就需要几把导纱器，而横机上的导纱器个数有限，因此，设计嵌花织物时要充分考虑到设备的配置、嵌花颜色区域的数量。另外还要注意，嵌花图案中，每个颜色区域的横列数尽量采用偶数行，否则织物背面会出现一行浮线；同一色块的相邻横列之间的针数变化不易过大。嵌花织物的编织，也可以通过改变不同色块的组织结构来丰富织物的纹理。

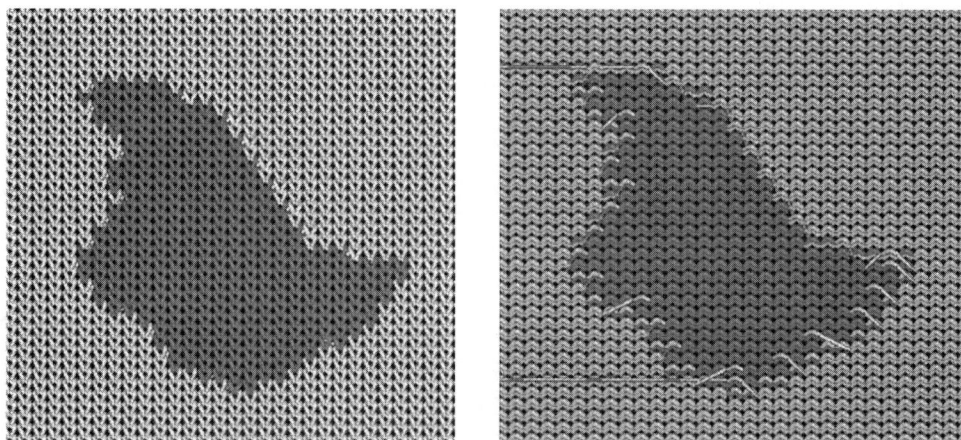

（a）织物视图正面　　　　　　　　　　　　　　（b）织物视图反面

图3-62　单面嵌花织物

　　对于同一横列上颜色区域较多的嵌花织物，生产实际中常采用嵌花提花的方式编织，如图3-63所示。从图3-63可以看出，花型区域采用了背面网眼1×1提花，其他区域仍然是单面编织，织物正面具有嵌花花型的外观效果。

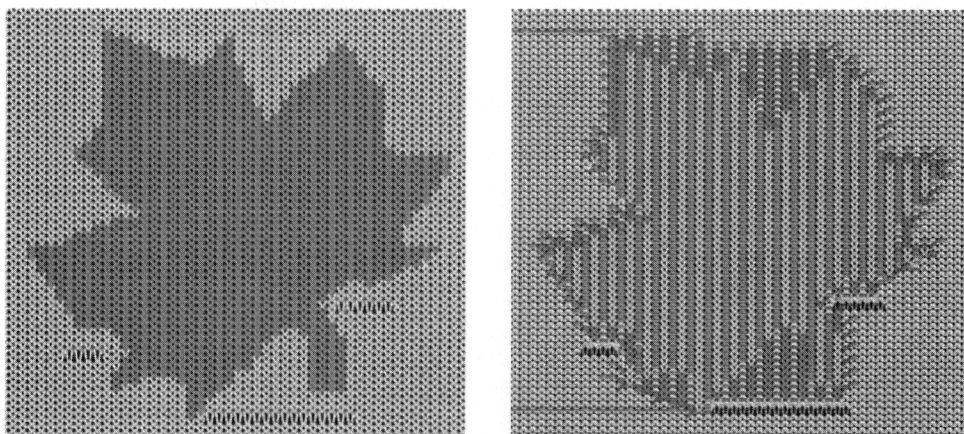

（a）织物视图正面　　　　　　　　　　　　　　（b）织物视图反面

图3-63　嵌花提花织物

第十节　复合组织设计与编织

由两种或两种以上的纬编组织复合而成的组织称为复合组织。复合组织可以由不同的基本组织复合而成，也可以由不同的变化组织复合而成，还可以由不同的花色组织复合而成，甚至由基本组织、变化组织与花色组织复合而成。下面是几种常用的复合组织。

一、罗纹空气层组织

罗纹空气层组织又称四平空转组织，它是由一个横列的满针罗纹和一个横列的双层平针组织复合而成，如图3-64所示。从图3-64可以看出，织物的正反两面具有完全相同的外观效果，由于满针罗纹横列与双层平针横列的交替配置，织物表面呈现出明显的横条效应。四平空转织物结构紧密，横向延伸性小，尺寸稳定性好，织物厚实、挺括、丰满。

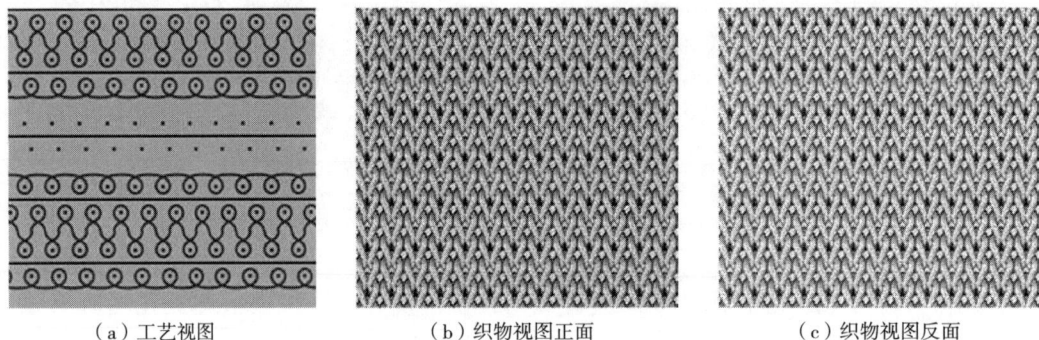

(a) 工艺视图　　(b) 织物视图正面　　(c) 织物视图反面

图3-64　罗纹空气层织物

二、罗纹半空气层组织

罗纹半空气层组织又称三平组织。它是由一个横列的满针罗纹和一个横列的纬平针组织复合而成，如图3-65所示。从图3-65可以看出，三平组织的一面为一个满针罗纹横列和一个纬平针组织横列交替配置，另一面则完全由满针罗纹线圈组成。由于织物的正、反两面的线圈横列数不同，正、反面线圈横列比为1∶2，使得织物两面具有不同的外观，织物正面呈现出明显的横楞效应，反面则线圈大小均匀，布面平整。

三、双罗纹空气层组织

双罗纹空气层组织又呈棉毛空气层组织，它是由一个双罗纹组织和一个双层平针组织复合而成，如图3-66所示。图3-66所示的双罗纹空气层织物，结构较紧密厚实，保暖性好，横向延伸性较小，并富有良好的弹性；满针罗纹横列在织物表面形成明显的横向凸出条纹；织物正反两面结构相同，具有完全相同的外观效果。

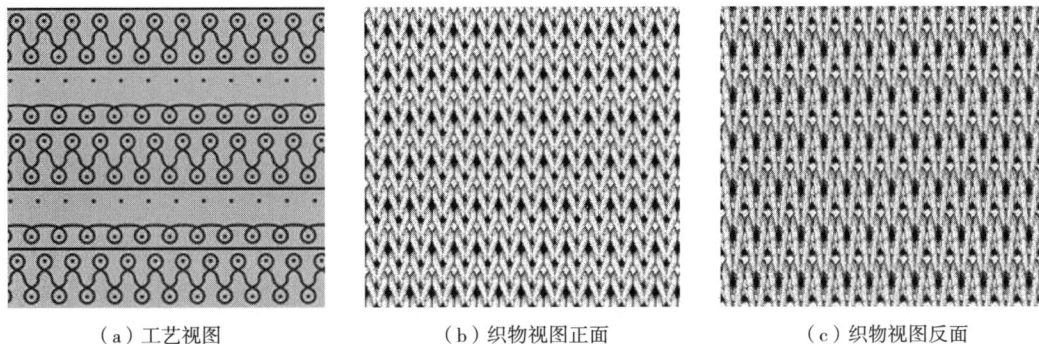

| （a）工艺视图 | （b）织物视图正面 | （c）织物视图反面 |

图 3-65　罗纹半空气层织物

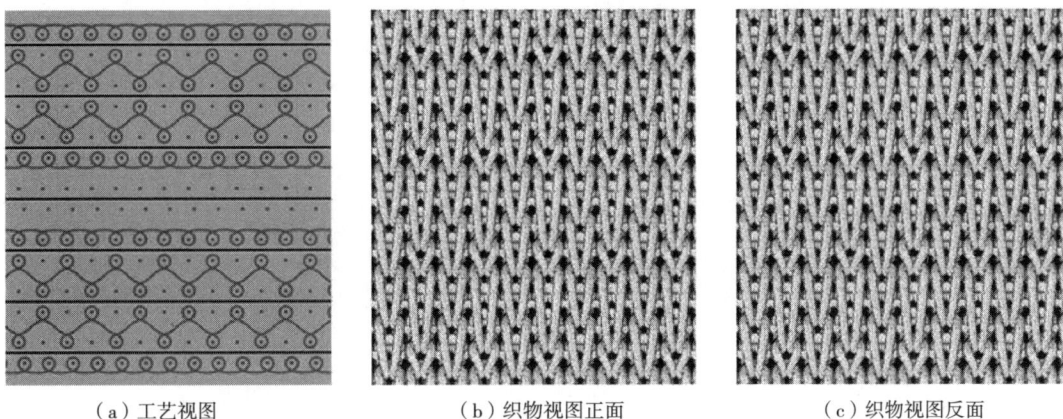

| （a）工艺视图 | （b）织物视图正面 | （c）织物视图反面 |

图 3-66　双罗纹空气层织物

四、变化罗纹—变化平针复合组织

变化罗纹—变化平针复合组织是由不完全罗纹组织与变化纬平针组织复合而成。如图 3-67 所示，它是由一个不完全罗纹组织横列和一个变化的平针组织横列交替编织而成。这种织物表面平整，结构紧密，横密增加，纵密减小，延伸性小。

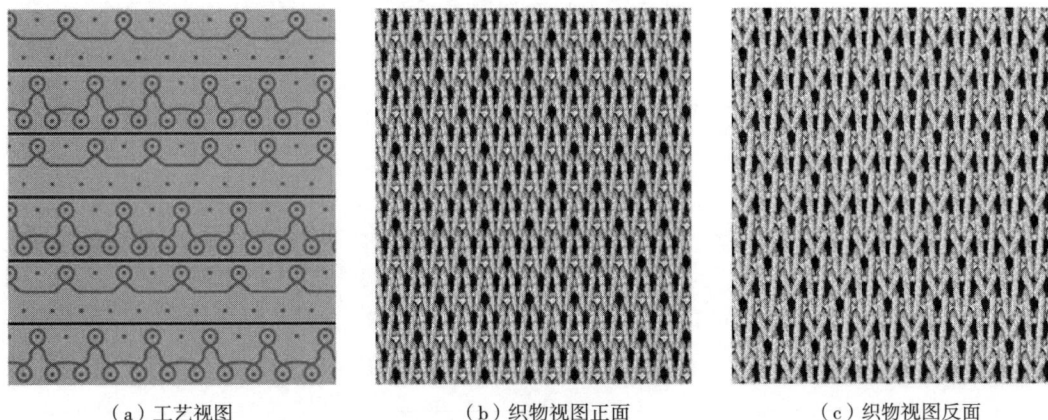

| （a）工艺视图 | （b）织物视图正面 | （c）织物视图反面 |

图 3-67　变化罗纹—变化平针织物

五、其他复合组织

复合组织也可以由基本组织与各种花色组织复合而成。这种织物往往能够综合各种基础组织的优点，改善织物的性能，扩大织物花色品种，丰富织物外观肌理效果，尤其是电脑横机技术的不断发展，使这种复合组织的编织得以实现。如图3-68为正反针、绞花与阿兰花复合而成的花式织物；图3-69为挑孔、绞花复合而成的花式织物。

图3-68　正反针、绞花、阿兰花复合织物

图3-69　挑孔、绞花复合织物

思考题

1. 羊毛衫织物组织的表示方法有哪几种？请举例说明。

2. 羊毛衫基本组织有哪几种？请用意匠图表示出来。

3. 用编织图画出任意两种羊毛衫变化组织织物。

4. 羊毛衫织物花色组织都有哪些？设计一种花色组织织物，并对其进行织物效应分析。

理论与实践

第四章
羊毛衫编织工艺设计

本章知识点

1. 羊毛衫编织工艺设计原则与内容。
2. 羊毛衫编织工艺设计流程与方法。
3. 横机机号与纱线线密度的关系。
4. 衣片收、放针规律设计。
5. 不同款式毛衫编织工艺设计。
6. 毛衫编织操作工艺图的绘制。

羊毛衫编织工艺设计是羊毛衫产品设计中的重要环节，编织工艺的正确与否，直接影响到羊毛衫的款式、规格、质量、用毛率、劳动生产率等，进而影响产品的生产成本和经济效益。

第一节　羊毛衫编织工艺设计原则与内容

羊毛衫编织工艺设计要综合考虑产品的款式、规格尺寸、测量方法、编织机械、织物组织、密度、回潮率、成衣与染整工艺方法及成品重量要求等诸多因素，制订合理的编织操作工艺和生产流程，从而提高毛衫产品的质量，降低生产成本。

一、编织工艺设计原则

（一）按产品的经济价值分档设计产品

毛衫工艺设计应按产品的经济价值分档。对于羊绒衫、牦牛绒衫、驼绒衫等经济价值高的产品，要精心设计编织工艺；对于混纺毛衫、腈纶衫等低档产品，编织工艺可适当简化，设计重在款式变化。

（二）节约原材料的耗用量，降低生产成本

在工艺设计时，要精心设计、精心计算，以减少原材料损耗，降低生产成本。

（三）结合生产实际情况，制订最佳工艺路线

在制订工艺路线时，要综合考虑生产原料、设备、操作水平、前后道各工序的有效衔接等，制订出最短、最合理的工艺路线。

（四）提高劳动生产率

设计编织工艺时，应在保证产品质量的前提下，便于挡车工操作，缩短停台时间，减少编织疵点，以提高劳动生产效率。

（五）严格执行中试制度

毛衫在设计、试样后，应经小批量生产核实并修正工艺，方可正式投入批量生产，以保证产品质量，提高工艺的正确性、合理性和经济性。

总之，毛衫编织工艺设计既要保证产品质量，又要考虑节约用料，提高生产效率，进而降低生产成本，提高产品的经济效益。

二、编织工艺设计内容

毛衫产品工艺设计内容较广，具体包括以下几个方面：

（一）产品分析

（1）根据产品款式、配色、风格，选用纱线原料及纱线细度、织物组织结构等。

（2）确定编织机器的类型和机号。

（3）确定产品的规格尺寸。

（4）确定生产工艺流程。

（5）考虑缝制条件，选用缝纫设备及缝合质量要求。

（6）考虑染色及后整理工艺，并考虑对其的质量要求。

（7）考虑产品所采用的修饰工艺及所需的辅助材料。

（8）考虑产品所采用的商标及包装方式等。

（二）计算编织工艺

（1）实验试织密度小样，确定织物的回缩率和成品密度。

（2）计算毛衫的编织操作工艺。

（3）确定毛衫编织操作工艺单。

（三）计算产品用料

（1）通过实验密度小样测定织物单位线圈重量。

（2）根据毛衫编织工艺操作单，计算各衣片的线圈数。

（3）根据各衣片的线圈数和织物单位线圈重量计算单件毛衫的理论重量。

（四）制订缝纫工艺流程和质量要求

（1）确定选定缝纫设备的型号和规格。

（2）确定产品缝纫工艺流程。

（3）制订各工序缝纫质量要求。

（五）制订染色和后整理工艺及其质量要求

（1）对于需成衣染色产品，确定合理、经济的染色工艺。

（2）根据生产原料和产品质量要求，制订最佳的缩绒工艺及其他后整理工艺。

（3）制订对产品染色和后整理的质量要求。

（六）确定产品出厂的重量、商标及包装形式

（1）确定单件毛衫产品的重量（克）及其允许的公差范围。

（2）确定毛衫产品所使用的商标、商标装订位置和装订工艺方法。

（3）确定毛衫产品采用的具体包装形式，如折叠包装、纸盒包装等；确定毛衫产品的折叠方法和折叠尺寸；确定毛衫产品包装所用塑料袋或纸盒的材质、规格尺寸等；确定毛衫产品折叠时所采用的衬垫纸板、防潮纸等辅助材料。

（七）技术资料汇总

将产品的技术资料汇总、装订、登记，并存档保管。

毛衫编织工艺设计只是整个毛衫工艺设计中的一部分，上面所述（一）至（三）为毛衫编织工艺设计的内容，也是本章内容的重点。

第二节　羊毛衫编织工艺设计流程与方法

一、横机机号与纱线线密度的选定

在机号确定的情况下，横机可以加工的纱线线密度是有一定范围的。为了保证编织的顺利进行，横机所加工的纱线线密度的上限是由织针与针槽壁间的间隙决定的。如果纱线直径超过这个间隙，在编织过程中就会造成断头。因此，要根据毛衫产品的组织结构、原料及纱线线密度，合理选用所用横机的机号，这不仅与织物的弹性、手感、尺寸稳定性等服用性能有很大的关系，而且对提高产品质量和编织效率意义重大。

在编织纬平针织物和罗纹织物时，横机机号和纱线线密度之间遵循如下关系式：

$$Tt = \frac{1000K}{G^2} \qquad\qquad (4-1)$$

式中：Tt——毛纱线密度，tex；

　　　G——机号，针/2.54cm；

　　　K——适宜加工毛纱线密度常数。一般取 7~11，其中腈纶膨体纱的K值为 8，羊毛衫的K值为 9 最为合适。

例1：已知采用41.7tex×2的羊绒纱编织纬平针织物，求最适宜加工的横机机号。

解：
$$Tt = \frac{1000K}{G^2}$$

所以
$$G = \sqrt{\frac{1000K}{Tt}}$$

$Tt = 41.7 \times 2 = 83.4$（tex），$K$取9，

所以
$$G = \sqrt{\frac{1000 \times 9}{83.4}} \approx 10.4$$

即最适宜用机号为 10 针/2.54cm。

例2：已知横机机号为14针/2.54cm，求其编织平针织物时纱线的线密度范围和最适宜编织的纱线（纯毛纱）线密度。

解：当G取7时，$Tt = 1000 \times 7/14^2 \approx 35.7$

　　　当G取9时，$Tt = 1000 \times 9/14^2 \approx 45.9$

当 G 取 7 时，$Tt = 1000 \times 11/14^2 \approx 56.1$

因此，所编织纱线的线密度范围为 35.7~56.1tex，最适宜编织的纱线（纯毛纱）线密度为 45.9tex。

二、织物密度的确定

毛衫织物的密度分横密和纵密。横密主要受横机机号的影响，机号越大，横密越大；纵密主要受弯纱深度的影响，弯纱深度越深，纵密越小。

毛衫工艺计算所用的密度是指成品密度，即将毛衫衣片经过缝制和后整理等工序后，达到毛衫服装成品时的密度。成品密度是毛衫工艺计算的主要参数，应根据所选用的毛纱原料、纱线线密度、机号、单件毛衫的重量要求、织物的手感等因素来确定最佳的成品密度。

在实际生产中，毛衫企业常采用拉密法控制毛衫织物的毛坯密度，进而控制毛衫的规格尺寸和单件重量，以确保产品质量。拉密法分为横向拉密和纵向拉密。横向拉密是将下机衣片 10 个线圈纵行横向拉足时测量其横向尺寸，横向尺寸相同的衣片，毛坯密度也相同，此法称为 10 只拉密法；纵向拉密法是将下机衣片 20 个线圈横列纵向拉足时测量其纵向尺寸，纵向尺寸相同的衣片，其毛坯密度也相同，此法称为 20 只拉密法。

三、羊毛衫编织工艺设计流程

羊毛衫编织工艺设计流程如图 4-1 所示。

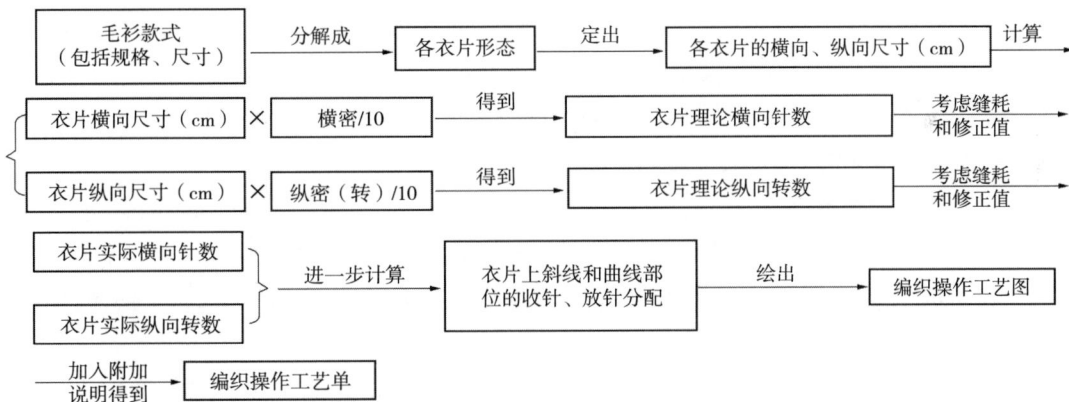

图 4-1　羊毛衫编织工艺设计流程图

四、羊毛衫编织工艺设计方法

毛衫编织工艺设计的依据是毛衫平面款式图、规格尺寸表、成品丈量方法和成品密度等编织工艺参数，同时，还要考虑缝制工序所需的损耗。计算编织工艺前，需要将平面款式图分解成若干个有一定廓型的衣片及附件，并确定每个衣片各部位的尺寸。工艺计算时，一般先计算衣片横向各部位的针数，然后再计算衣片纵向各部位的转数，最后计算衣片上的曲线、斜线部位的收针和放针分配。各衣片的工艺计算顺序，一般按照后片、前片、袖片、附件的顺序进行。

（一）羊毛衫编织工艺计算方法

毛衫编织工艺计算方法并不唯一，只要能生产出符合需要的产品都是正确的。因此，根据毛衫款式的不同，可以采用不同的工艺计算方法。

1. 尺寸设计法

这种方法适用于款式较为简单的常规毛衫。这类毛衫衣片结构简单，可根据各部位尺寸和工艺参数直接进行工艺计算，最后绘制出毛衫编织操作工艺图。

2. 样板设计法

这种方法适用于款式较为复杂的时尚款型。时尚毛衫款式复杂多变，需要通过服装结构制图、立体裁剪获得各衣片的样板和结构尺寸，再根据样板各部位的尺寸和工艺参数进行工艺计算，最后绘制出毛衫编织操作工艺图。

无论采用哪一种设计方法，毛衫编织工艺设计主要包括以下三个方面：

（1）计算横向针数：横向针数＝横向尺寸×横密/10+缝合因素。

（2）计算纵向转数：纵向转数＝纵向尺寸×纵密（转）/10+缝合因素。

（3）计算斜线、曲线部位的收、放针分配规律：总的收（放）针针数、总的收（放）针转数、每次收（放）针的针数、收（放）次数、每次收（放）针的转数，最后写出收（放）针规律表达式。

（二）衣片收、放针分配

毛衫衣片外轮廓形状由水平线段、垂直线段、斜线段和曲线段组成。其中曲线段可以看成是由多条不同斜率的斜线段相互连接而成的折线，组成曲线的斜线段越短，折线与曲线的符合度就越高。但是，折线分段越多，编织规律就越多越复杂，编织效率也就越低。因此，工艺设计时要综合考虑折线分段数和曲线形状。

1. 收、放针分配表示方法

收、放针分配规律常用的表示方法为 $n_1 \pm n_2 \times n_3$，其中，n_1 表示每次收、放针的转数；"+"号表示放针，"–"号表示收针；n_2 表示每次收、放针的针数；"×"表示循环，n_3 表示收、放针的次数。

例如，收针分配式 1-2×3，表示 1 转收 2 针收 3 次，即先摇 1 转，然后衣片两边各收 2 针，如此重复 3 次，如图 4-2 所示，箭头表示机头方向，箭头上面两端的两条小竖线表示收 2 针。有时在衣片的一些部位需要先收（先收针），如挂肩收针。先收就是第一次收针时不摇，直接收针，如图 4-3 所示的收针分配示意图为 1-2×3（先收）。从图 4-2 可以看出，

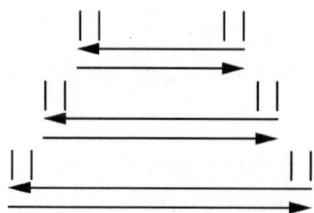

图 4-2　1-2×3（先摇）收针分配示意图

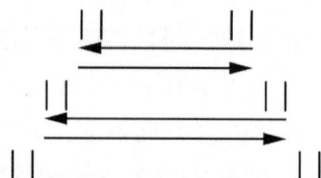

图 4-3　1-2×3（先收）收针分配示意图

总的收针针数为$n_2 \times n_3 = 2 \times 3 = 6$针，总的收针转数为$n_1 \times n_3 = 1 \times 3 = 3$转；从图4-3可以看出，总的收针针数为$n_2 \times n_3 = 2 \times 3 = 6$针，总的收针转数为$n_1 \times (n_3 - 1) = 1 \times (3 - 1) = 2$转。

2. 收、放针分配原则

毛衫衣片是成型编织，它是通过收、放针的工艺手法来改变衣片的横向针数，从而改变其横向尺寸；通过纵向转数改变衣片的长度尺寸。其工艺设计的重点是收、放针分配规律设计。设计时，既要考虑衣片的形状，也要考虑机器编织的可行性，同时兼顾生产效率。因此，收、放针设计应遵循以下原则：

（1）依据收、放针的部位、机号及产品外观要求设计每次收、放针的针数。

（2）每次收、放针的针数均为整数。

（3）每次收、放针的转数为整数或0.5转的整数倍。

（4）有夹花收针（暗收针）时，每次收针的针数应尽量相同，避免夹花大小不一，影响美观。

（5）在不影响衣片外观形状的前提下，尽量减少收、放针规律的变化，确保较高的生产效率。

3. 收、放针分配计算方法

工艺设计时，在$n_1 \pm n_2 \times n_3$中，n_2往往根据收针或放针的部位、机号以及产品外观的要求而定，收、放针规律设计其实就是计算确定n_1和n_3。

（1）每次收、放针针数（n_2）设计。

①对于收腰产品，腰节的上、下部位用于收、放针的转数比要收、放针的针数多很多，一般将每次收、放针针数设计为1针。

②夹（挂肩）部位每次收针针数，机号为6G及以下的一般为1针，7G~11G一般为2针，12G及以上一般为2~3针。每次收针针数要考虑编织速度、成衣效果、纱线性能、编织难度等因素。

③领部每次收针针数常根据领型弧线和机号而定，一般为1~3针。每次收针数太多会造成收针困难，甚至在织物边缘出现较大的皱结，影响领部的成型效果。

④对于斜肩产品，由于肩线斜度比较平坦，肩部收针针数比转数多得多，所以，每次收针的转数设计为1转，每次收针的针数＝肩收针针数÷肩收针转数。如果采用局部编织，则每次收针针数在4~7针。

（2）收针次数（n_3）和每次收针转数（n_1）的设计。

①直接分配法。直接分配法是将收针或放针的针数和转数进行直接分配，得出的分配式为一段式的分配法。

例：某段收针转数为12转，每次收2针，共收10针。如果采用先收后摇的方式，应如何进行收针分配？

解：已知$n_2 = 2$，$n_2 \times n_3 = 10$，$n_1 \times (n_3 - 1) = 12$

所以，收针次数$n_3 = 10 \div n_2 = 10 \div 2 = 5$（次）

每次收针转数$n_1 = 12 \div (n_3 - 1) = 12 \div (5 - 1) = 3$（转）

因此，收针分配式为：3-2×5（先收）

②变换分配法。变换分配法是指当收针或放针针数和转数不能直接分配为一段式时，可以将针数、转数人为地加上或减去一定数 δ，以便使其能按直接分配法进行分配。在用直接分配法分配完成后，再将此人为加上或减去的数 δ 考虑进去，将此一段式分配变为二段式或多段式分配的方法。

例1：某段收针转数为 12 转，每次收 2 针，共收 10 针。如果采用先摇后收的收针方式，应如何进行收针分配？

解：已知 $n_2=2$，$n_2 \times n_3=10$，$n_1 \times n_3=12$

所以，收针次数 $n_3=10 \div n_2=10 \div 2=5$（次）

　　　每次收针转数 $n_1=12 \div n_3=12 \div 5=2\cdots\cdots2$，即余 2 转，取 $\delta_1=2$ 转

如果人为地将余数 δ_1 从总的收针转数中减去，那么一段分配式为：$2-2 \times 5$

然后考虑到 $\delta_1=2$，先将 $2-2 \times 5$ 变换为：$2-2 \times$（$5-2$），$2-2 \times 2$，再将 $\delta_1=2$ 转加进去，得 $2-2 \times 3$，（$2+1$）-2×2

最终收针分配式为：$2-2 \times 3$，$3-2 \times 2$

例2：某段收针转数为 12 转，每次收 2 针，共收 11 针。如果采用先摇后收的方式，应如何进行收针分配？

解：已知 $n_2=2$，$n_2 \times n_3=11$，$n_1 \times n_3=12$

所以，收针次数 $n_3=11 \div n_2=11 \div 2=5\cdots\cdots1$，即余 1 针，取 $\delta_1=1$ 针

　　　每次收针转数 $n_1=14 \div n_3=12 \div 5=2\cdots\cdots2$，即余 4 转，取 $\delta_2=2$ 转

那么，一段分配式为：$2-2 \times 5$

先考虑 $\delta_1=1$，将一段式分配式 $2-2 \times 5$ 进行变换，得：$2-3 \times 1$，$2-2 \times 4$

再考虑 $\delta_2=2$，将二段式 $2-3 \times 1$，$2-2 \times 4$ 进行如下变换：$2-3 \times 1$，$2-2 \times$（$4-2$），$2-2 \times 2$，再将 δ_2 加进去，得 $2-3 \times 1$，$2-2 \times 2$，（$2+1$）-2×2

最终收针分配式为：$2-3 \times 1$，$2-2 \times 2$，$3-2 \times 2$

综上所述，用变换分配法计算收针分配式时，一般按下列步骤进行：计算收针次数 n_3，确定 δ_1 值；计算每次收针转数 n_1，确定 δ_2 值；写出一段式分配式；考虑 δ_1、δ_2 的值，变换得出二段或多段分配式。

③方程式分配法。方程式分配法是先按工艺要求，将收针或放针的分配方式，用含有 x、y、z 等未知数的式子表示，然后再根据所需要收针或放针的针数、转数列出方程，并通过解方程得出未知数 x、y、z 等的值，将这些未知数的值代入含这些未知数的分配式中，便得到了实际收针或放针的分配方式。

例：毛衫袖片单侧边缘需放针 31 针，每次放 1 针，放针转数为 120 转。假如采用先摇后放的方式，请计算其放针分配式。

解：已知 $n_2=1$，$n_2 \times n_3=31$，$n_1 \times n_3=120$

所以，放针次数 $n_3=31 \div n_2=31 \div 1=31$（次）

　　　每次放针转数 $n_1=120 \div n_3=120 \div 31=3\cdots\cdots27$（转）

因此，$3<n_1<4$，最终的放针分配式可以写成如下形式：$3+1 \times y$，$4+1 \times x$

根据总的放针针数和转数，列出方程式：$4x+3y=120$，$x+y=31$

解方程组得：$x = 27$，$y = 4$

最终放针分配式为：$3+1 \times 4$，$4+1 \times 27$

用程式分配法计算收、放针分配，一般按下列步骤为：计算收、放针次数n_3；计算每次收、放针转数n_1；写出含有未知数的分配式；列方程解出未知数；写出二段或多段收、放针分配式。

④拼凑分配法。拼凑分配法是指当收针或放针的针数和转数不能直接分配为一段式时，将针数、转数进行随机拼凑，得出分配式为二段式或多段式的分配方法。拼凑分配法常用在领部、袖山弧线等部位的收针分配。使用这种方法需要一定的工艺设计经验。

在实际生产中，为得到满意的、符合毛衫外观形态要求的收针曲线，往往是几种收放针分配方法结合使用，如下例所示。

例：毛衫袖片工艺设计中，袖山收针数为43针，袖山高转数为38转，计算袖山收针分配（在机号为7针的横机上编织）。

解：已知衣片在机号为7针的横机上编织，每次收针数设计为2针。

袖山高转数为38转，即袖山收针转数为38转。

袖山收针开始段取约2cm的平收针，这里取6针平收。

为得到袖山S形曲线，袖尾设计快收$1-2 \times 3$。

那么，后面参与收针分配的针数为$43-6-2 \times 3 = 31$（针），转数为$38-1 \times 3 = 35$（转）。

采用每次收2针，则收针次数为$31 \div 2 = 15$（次），余1针。

每次收针转数为$35 \div 15 = 2$（转），余5转。

所以，一段式收针分配为：$2-2 \times 15$。

考虑余下的5转，得到二段式分配式：$2-2 \times 10$，$3-2 \times 5$。

将余下的1针加在最后的快收$1-2 \times 3$上，得到二段式分配式：$1-2 \times 2$，$1-3 \times 1$。

因此，袖山总的收针分配为：平收6针，$2-2 \times 10$，$3-2 \times 5$，$1-2 \times 2$，$1-3 \times 1$。

袖尾结束处需要至少1转平摇，袖夹总的收针分配式变换为：平收6针，$2-2 \times 9$，$1 \times 2-1$，$3-2 \times 5$，$1-2 \times 2$，$1-3 \times 1$，平1转。

为得到美观的S形袖山曲线，袖夹收针分配式再次进行调整为：平收6针，$2-2 \times 5$，$3-2 \times 5$，$2-2 \times 4$，$1-2 \times 3$，$1-3 \times 1$，平1转。

第三节 不同袖型羊毛衫编织工艺设计

毛衫按袖子与大身的结合方式可分为装袖型、插肩袖型两种。装袖毛衫具有明显的肩线和袖窿线；插肩袖型毛衫的肩线和袖窿线连接合并在一起形成插肩线，其袖山头成为毛衫领圈的一部分。两种袖型的毛衫结构不同，其衣片形状也不同。装袖毛衫和插肩袖毛衫的衣片外廓型及各部位名称分别如图4-4、图4-5所示，由多种肩型（斜肩、背肩、插肩、马鞍肩）、领型（圆领、V领）、腰型（收腰型、直筒、收摆型、放摆型）、下摆罗纹（直型、自然收缩型）组合表示。

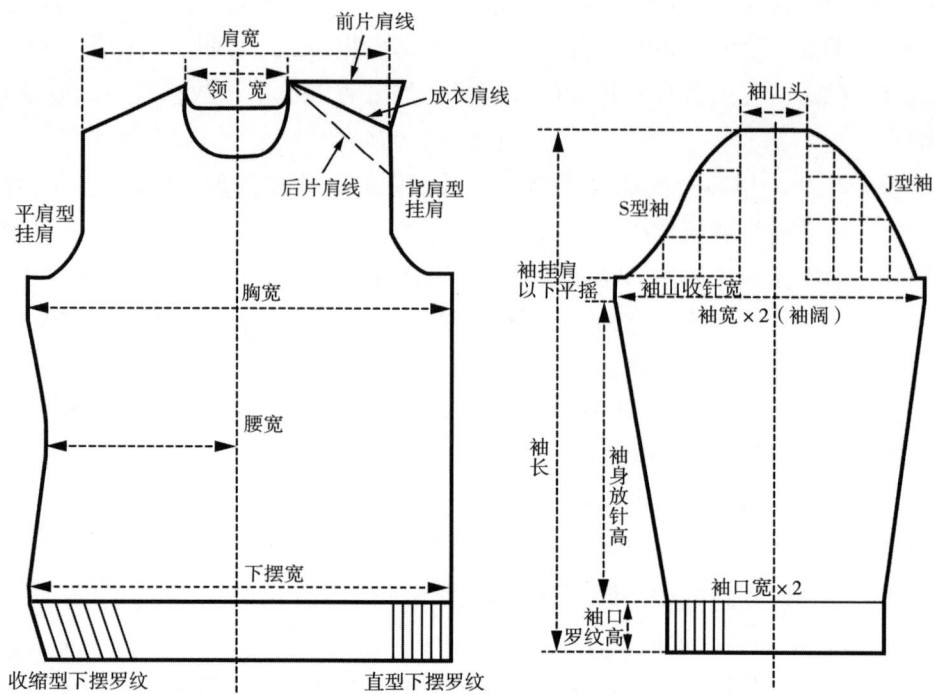

图 4-4 装袖型毛衫衣片各部位形状与名称示意图

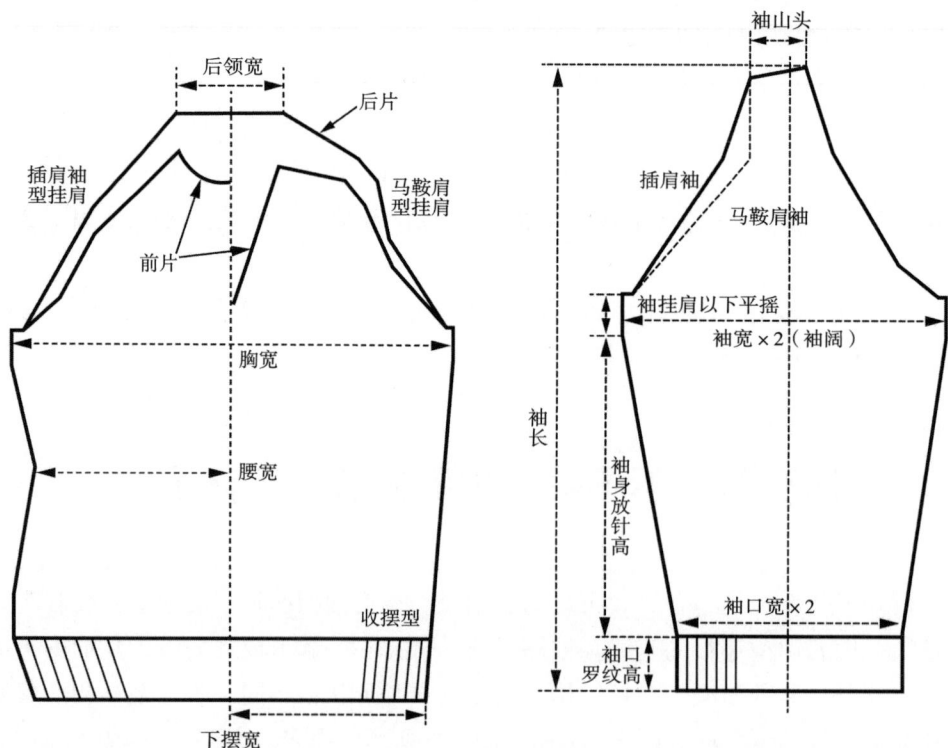

图 4-5 插肩袖型毛衫衣片各部位形状与名称示意图

毛衫编织工艺设计，一般按照后片、前片和袖片的顺序进行。工艺设计时，先计算横向针数，再计算纵向转数，然后计算收放针的针数、转数和分配规律。下面分别介绍装袖型毛衫和插肩袖型毛衫的编织工艺设计。

一、装袖毛衫编织工艺设计

（一）大身衣片各部位针数设计

1. 胸宽针数设计

为了获得毛衫较好的外观质量和造型，以及使摆缝缝迹便于整理，习惯使毛衫两边的摆缝折向后片，为此前片胸宽尺寸大于后片，折后的宽度称为后折宽，一般取1~1.5cm（两边共计）。工艺设计时，后折宽可根据毛衫织物的厚度取不同的值。

（1）套衫类：

前胸宽针数 =（胸宽+后折宽）× 横密+摆缝耗 × 2

后胸宽针数 =（胸宽−后折宽）× 横密+摆缝耗 × 2

摆缝耗是指衣片缝合时摆缝边的缝耗，一般取0.5cm，折合成针数为1~4针，其中细针机取3~4针，粗针机取1~2针。横密指每厘米的线圈数，下同。

（2）开衫类：对于开衫类毛衫，由于门襟的存在，前片胸宽针数的计算方法与套衫类不同。

①装门襟：

前胸宽针数 =（胸宽−门襟宽+后折宽）× 横密+（装门襟缝耗+摆缝耗）× 2

②连门襟：

前胸宽针数 =（胸宽+门襟宽+后折宽）× 横密+（装门襟丝带缝耗+摆缝耗）× 2

2. 腰宽针数计算

腰宽针数 = 胸宽针数−（胸宽−腰宽）× 横密

3. 下摆宽针数设计

（1）直接度量下摆尺寸：

下摆宽针数 = 胸宽针数−（胸宽−下摆宽）× 横密

（2）度量下摆罗纹尺寸：

下摆宽针数 = 下摆宽 × 下摆修正系数 × 横密

下摆修正系数根据罗纹类型、罗纹高度、加弹方式等因素取值，取值为1.1~1.2。

4. 肩宽针数设计

肩宽针数 = 肩宽 × 肩宽修正系数 × 横密

肩宽修正系数是考虑毛衫衣片在套缝和后整理过程中，毛衫肩宽受袖子拉力的影响尺寸变大，进而影响毛衫的外观质量，因此需要对毛衫的肩宽进行修正。肩宽修正系数适用于装袖型毛衫的肩部修正，其值可根据袖型来定，无袖型或夹肩带类为1，有袖类为0.93~0.97，根据不同的机型、袖长以及织物结构、密度的情况来设计取值。

对于装袖型毛衫，一般情况下前、后片的肩宽针数基本相等，对于不同的穿衣要求可进行相应的设计。

5.领宽针数设计

毛衫领宽的测量方法有两种：线至线（含罗纹）与里档量（不含罗纹）。款式分为套衫与开衫。套衫的前后片领宽相等，开衫有门襟，前领宽小于后领宽。

（1）套衫类：

①线至线测量：

领宽针数 =（领宽 × 领宽修正系数-领缝耗 × 2）× 横密

②里档测量：

领宽针数 =［领宽 × 领宽修正系数+（领边宽-领缝耗）× 2］× 横密

领缝耗是指上领的缝份，根据针型不同取值 0.5~1cm，也可直接设定针数。领宽受组织、密度、上袖和领型等因素的影响会变宽，应进行预缩修正，领宽修正系数取 0.93~1。

（2）开衫类

开衫类计算前领宽针数时，要考虑门襟宽度、上门襟缝耗、上领缝耗等因素。

①线至线测量：

前领宽针数 =（领宽 × 领宽修正系数-门襟宽-领缝耗宽 × 2 +门襟缝耗 × 2）× 横密 = 后片领宽针数-（门襟宽-门襟缝耗 × 2）× 横密

②里档测量：

领宽针数 =［领宽 × 领宽修正系数-门襟宽+（领边宽-领缝耗）× 2］× 横密

（二）大身衣片各部位转数设计

设计大身衣片各部位的转数，需要明确各部位的名称和含义，如图 4-6 所示为衣片各部位解析图。

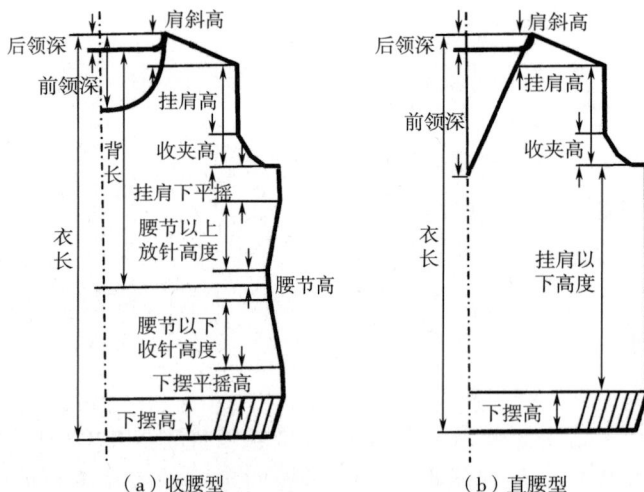

图 4-6　衣片各部位解析图

1.衣长转数

毛衫的下摆一般为罗纹组织或双层平针（圆筒），由于下摆与大身的组织不同，所以计算衣长转数时不包括下摆罗纹或双层平针的转数。

（1）衣长总转数是指前、后片衣长转数的平均值。肩缝耗是指衣片缝合时，肩缝处的缝耗。肩缝耗与其他纵向的缝耗一样，大小也根据缝迹种类而定，一般取0.5cm，折合为1~2转。

衣长总转数 =（衣长-下摆罗纹高）×纵密+肩缝耗

（2）衣长转数：

前片衣长转数 = 衣长总转数+前后片衣长差÷2×纵密+肩缝耗

后片衣长转数 = 衣长总转数-前后片衣长差÷2×纵密+肩缝耗

前后片衣长差是指前后衣片的长度差值。通常前片尺寸比后片尺寸长1~1.5cm，以使肩缝折向后片，肩缝后搭0.5~1cm，肩缝易整理且美观。

2. 收腰型下摆以上平摇转数

下摆以上平摇转数 = 下摆平摇高×纵密

下摆平摇高度根据款式一般取3~5cm。

3. 收腰型腰以下收针转数

腰以下收针转数 =（衣长-下摆罗纹高-腰距-腰节高÷2-下摆平摇高）×纵密

4. 腰距

腰距是指成衣内肩点到腰节的垂直距离。人体测量中后颈点到腰节的距离称为背长，如160cm人体背长取值为38cm，其他按身高取值，见表4-1。

表 4-1　身长与背长参数　单位：cm

身高	150	155	160	165	170	175
背长	36	37	38	39	40	41

5. 收腰型腰节平摇转数

腰节平摇转数 = 腰节平摇高×纵密

6. 收腰型腰节以上放针转数

腰节以上放针转数 = 腰节以上放针高度×纵密 =（腰节高-肩斜高-挂肩高-挂肩以下平摇高-腰节平摇高 ÷2）×纵密

7. 挂肩（夹阔）以下平摇转数计算

挂肩以下平摇转数 = 挂肩以下平摇高×纵密

挂肩以下平摇是为了保持腋下的尺寸稳定以满足胸宽尺寸度量的要求。胸宽尺寸一般在袖窿点（挂肩）下2~2.5cm处度量，平摇高度取值为3~5cm。

8. 挂肩高转数

挂肩高是指外肩点至袖窿点的垂直距离，通常用勾股定理求出，或用近似换算法设定：

$$挂肩高 = \sqrt{挂肩^2 - [(胸宽-肩宽)÷2]^2}$$

或者，

挂肩高 = 挂肩尺寸-（1~2）cm

挂肩高转数 = 挂肩高×纵密

9. 肩斜高转数

肩斜高是指内肩点到外肩点的垂直距离。设计中分为成衣肩斜高、衣片肩斜高。

肩斜高转数 = 肩斜高×纵密

（1）平肩平袖型：

前后片肩斜高 = 单肩宽×肩斜系数 =（肩宽-领宽）÷2×肩斜系数

肩斜系数为肩斜高与单肩宽的比值，一般取值为0.375。

（2）背肩型：

后片肩斜高 = 单肩宽×肩斜系数×2 =（肩宽-领宽）÷2×0.75

背肩型毛衫其后片肩斜高约为成品肩斜高的2倍，其前片肩斜高为0。

10. 挂肩以下转数

挂肩以下转数 = 衣长转数-肩斜高转数-挂肩高转数

挂肩以下转数是指袖窿点以下的转数（不含下摆罗纹）。

（三）大身衣片各部位收放针工艺设计

1. 腰节以下收针设计

收针设计方法适用于收腰型、放摆型款式。

（1）腰节以下每侧收针数：

腰节以下每侧收针数 =（下摆针数-腰宽针数）÷2

（2）每次收针针数设计：对于腰节以下收针，通常是收针转数多收针针数少，一般设为每次收1针，收针分配式为 $n_1-1×n_3$ 形式。

（3）腰节以下收针次数：

n_3 = 腰节以下每侧收针数÷每次收针针数

（4）每次收针的转数：

n_1 = 腰节以下收针转数 ÷（腰节以下收针次数-1）

若 n_1 不是整数，则按两段式收针。根据此处人体曲线特征，收针规律为先慢后快。另外，此处为下摆平摇后的收针，一般采用先收的收针方式，即先收针后摇转。

2. 腰节以上放针设计

放针设计方法适用于收腰型、收摆型的款式。收摆型放针自下摆至挂肩下平摇段。

（1）腰节以上每侧放针针数：

腰节以上每侧放针针数 =（胸宽针数-腰宽针数）÷2

（2）每次放针针数设计：根据机器的编织特点，设每次放针针数为1针，放针分配式为 $n_1+1×n_3$ 形式。

（3）腰节以上放针次数：

n_3 = 腰节以上每侧放针针数÷1

（4）每次放针转数：

n_1 = 腰节以上放针转数 ÷（腰节以上放针次数−1）

注意：此处为腰节平摇后的放针，一般采用先放的方式，即先放针后摇转。

3. 挂肩（夹圈）部位收针设计

挂肩部位收针情况如图4-7所示，AD段为平收针，DEFG段为分段斜收针，GB段为挂肩无放针时的平摇，GK段为挂肩有放针设计时的平摇，KB段为放针段。

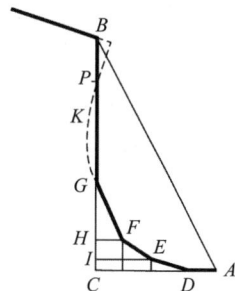

图4-7 挂肩收针分配示意图

（1）挂肩平收针设计：为了穿着舒适，使夹圈的圆弧度接近U形曲线，袖窿底部设计一段平收针，图中AD段为平收针长度，取值为1~3cm，根据不同款式和规格尺寸来定。

挂肩平收针针数 = 平收针长度×横密+缝耗针数

考虑到成本和款式效果，某些款式毛衫此处可不做平收针处理。

（2）挂肩斜收针设计：在工艺设计中，一般先设计后片的收针规律，再在此基础上设计前片。前片尺寸一般大于后片（有后折宽时），两者肩宽针数相等、挂肩收针数不等。

（3）后片挂肩收针转数设计：

挂肩收针转数 = 挂肩收针高度×横密

后片挂肩收针高度一般为挂肩高的三分之一左右，即图4-7中的G点为挂肩高BC的三分之一。

（4）后片挂肩收针针数计算：

后片挂肩收针针数 =（胸宽针数−肩宽针数）÷2

（5）后片挂肩斜收针次数计算：

后片挂肩斜收针次数 =（后片挂肩收针针数−挂肩平收针数）÷ 每次收针数。

（6）每次收针数设计：每次收针针数要根据机号、收针速度（效率）和外观要求来确定，一般粗针机每次收1针，中型机号每次收2针，12针及以上细机号每次收2或3针。挂肩收针段曲线呈下平上陡状（先快后慢），挂肩处有夹花收针时，每次收针针数尽量相同。

（7）后片挂肩每次收针转数：

①无平收针设计时，在挂肩处采用先收针。

后片挂肩每次收针转数 = 后片挂肩收针转数 ÷（后片挂肩收针次数−1）

②有平收针设计时，为先摇转再收针。

后片挂肩每次收针转数 = 后片挂肩收针转数 ÷ 后片挂肩收针次数

对于有一定经验的工艺设计人员，可以根据上述方法直接计算出挂肩处的收针分配式，然后根据挂肩曲线的特征进行调整，最终收针分配遵循先快后慢的原则。

对于初学者，可以采用作图法和比例折线法进行挂肩处收针规律设计。

（8）收针规律设计：

①作图法：按服装制图法在纸上按1∶1尺寸画出袖窿收针高与收针宽度，做出收针曲线图，在收针曲线上取2~3个点，将曲线分成3~4段折线。过点作水平、垂直辅助线，

形成多个直角三角形。在图中直接量取各直角三角形的高与宽的尺寸，转换成针数与转数，算出各段的收针规律，按先后顺序以先平后陡的轨迹排列，即得出收针规律。

②比例折线法：将GD曲线分成三段折线，如图4-7所示，取CG收针转数按比例$CI : IH : HG = 2 : 3 : 4$，针数分为三等份，形成三个直角三角形，转换成针数与转数后，算出DE、EF、FG的收针规律，按先平后陡的原则汇总成收针规律。或采用三七法，将GD分成2段折线，取纵向二段比例为$3 : 7$，横向比例为$1 : 1$组成两个三角形，可快捷解出3~4个收针规律，略做调整即可，简便适用。

③经验法：后身挂肩部位针数一般设计成2~3段折线，如图4-7所示的DE、EF、FG。先确定每次收针针数：每次收针针数 = 收针针数 ÷ 收针转数。其结果是：一般粗针机每次收1针，7~11针机每次收2针，12针及以上的每次收2~3针。每次收针针数的设计要考虑机号、编织效率和外观要求，尽量取一个定值。

挂肩收针曲线的规律是先平后陡（先快后慢），各机号的经验收针分配规律如下：

7针横机的两段式收针分配：$1-2 \times n_{31}$，$2-2 \times n_{32}$

7针横机的三段式收针分配：$1-2 \times n_{31}$，$2-2 \times n_{32}$，$3-2 \times n_{33}$

14针横机的两段式收针分配：$2-3 \times n_{31}$，$3-3 \times n_{32}$

14针横机的三段式收针分配：$2-3 \times n_{31}$，$3-3 \times n_{32}$，$4-3 \times n_{33}$

（9）前片的挂肩收针设计：前片由于后折通常比后片多1~1.5cm的针数，为保证前、后片肩宽针数相同，一般前片收针次数比后片多1~2次，收针转数比后片多2~6转或相等。前片的挂肩收针设计通常是在后片的基础上进行收针次数调整而不做单独设计，当然，在工艺精度要求较高时，也可以进行重新计算设计。一般情况下，前片比后片多出的针数可以在挂肩收针分配的第一、第二段中增加收针次数，将多出的针数收完。

4. 挂肩以上平摇设计

（1）挂肩以上无放针时的平摇设计。挂肩收针结束后进行平摇直至外肩点。平摇段形成的直线在装袖后由于袖子的拉力肩部会变宽，视觉上会形成劈势的弧线。

挂肩平摇转数 = 挂肩高转数-挂肩收针转数

（2）挂肩以上有放针时的平摇设计。如果采用无袖型、肩带加固型或有上胸宽设计时，则在挂肩高度的上部三分之一部段进行放针处理，采用每次放1针，放针宽度为0.5~1cm，如图4-8所示。

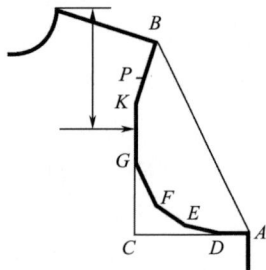

放针针数 = 放针宽度×横密

放针转数 = 放针高度×纵密

放针次数 = 放针针数 ÷ 1

每次放针转数 = 放针转数 ÷（放针次数-1）

图4-8　挂肩放针设计示意图

放针结束后至少平摇2转，以保证放针的稳定性。

5. 挂肩缝合记号点设计

为了绱袖准确，在挂肩的平摇段至少设计一个记号点，用来与袖子对位。平肩、背肩型毛衫的袖子为平袖型，即袖山顶部有平位，与袖山的收针段之间有一个明显的转折点，利用此点作为缝袖对位点，如图 4-8 中的 P 点。衣片编织到 P 点位置时，在最边缘的两个线圈做一个 1×1 绞花，称为记号点。

记号点 P 位置转数计算：

BP 的转数 = 袖山头宽度 ÷2× 纵密

GP 转数 = 挂肩平摇转数 $-BP$ 的转数。

P 点位置转数也可以根据袖山高计算得到，即计算图 4-8 中 CP 对应的转数，称为与袖山高对应的转数。

$$袖山高对应的转数 = \sqrt{挂肩^2 - 袖宽^2} \times 纵密$$

6. 肩部收针设计

肩部收针设计是指计算肩部收针针数、收针转数、收针规律及肩部编织方式。

（1）肩部收针针数：

肩部收针针数 =（肩宽针数－领宽针数）÷2

（2）肩部收针转数：

肩部收针转数 = 肩斜高 × 纵密 = 单肩宽 × 肩斜系数 × 纵密

对于斜肩平袖型毛衫，前、后片肩斜高相等，肩斜系数取 0.375；肩斜高也可以根据经验直接取值：男毛衫 4~6cm，女毛衫 3~5cm，童毛衫 2~4cm。

对于背肩型（西装膊）毛衫，其前片肩斜高为 0，后片肩斜高约为成品肩斜高的 2 倍，肩斜系数取 0.75；也可以根据经验直接取值：男毛衫 8~10cm，女毛衫 7~9cm，童毛衫 5~7cm。

（3）肩部收针次数：

肩部收针次数 = 肩部收针针数 ÷ 每次收针针数

（4）肩部收针设计：

①斜肩平袖型产品肩部收针设计：肩部收针针数相对收针转数较多，通常采用一转收一次，先收。

收针次数 = 收针转数+1

每次收针针数 = 肩部收针针数 ÷ 收针次数 =（肩宽针数－领宽针数）÷2÷ 收针次数

当不能整除时，分成较为接近的两段式收针，收针时应先慢后快。

②背肩型产品肩部收针设计：背肩型前片的肩斜高度为 0，没有肩斜，肩线呈水平线状，编织结束时直接用废纱封口；后片的肩斜比较陡，收针时先根据机型和收花的效果确定每次收针针数，然后采用有边或无边方式直接收针。

收针次数 = 肩收针针数 ÷ 每次收针针数

每次收针转数 = 肩收针转数 ÷（收针次数－1）

当转数不能整除时，分成较为接近的两段式收针，两段收针应先慢后快。

7. 前开领成型工艺设计

领子成型工艺设计的主要依据是领宽、领深与领型，典型的领型有圆领、V领等。

（1）前领宽针数：

①套衫：

前领宽针数 =（前领宽-领边缝耗×2）×横密

一般前领宽尺寸与后领宽尺寸近似相等，领边缝耗取 0.5~1cm，领宽测量方法为线至线测量。

②开衫：

领宽针数 =（前领宽-门襟宽-领边缝耗×2）×横密

一般前领宽尺寸与后领宽尺寸近似相等。对于大身前片为开领的款式，衣片领宽尺寸一般为：男衫 13~17cm，女衫 12~16cm，童衫 10~14cm。其中V领取小值，圆领、翻领取大值。没有凹势的领口如一字领等，衣片领宽尺寸一般比有凹势的领口大8~12cm。

（2）前领深转数：

①圆领：具体的领深尺寸要根据平面款式图表示的测量方法来确定。

A. 线至线测量：

前领深转数 =（前领深尺寸+前、后片衣长差 ÷2）×纵密

B. 里档测量：

前领深转数 =（前领深尺寸+领罗纹宽+后领深+前、后片衣长差 ÷2）×纵密

②V领：

领深转数 =（领深尺寸+前、后片衣长差 ÷2）×纵密

其他领型的领深，可根据具体的领深测量方法来考虑。

（3）前片圆领收针设计：根据圆领领深的变化分为浅圆领、圆领、U形领。领深尺寸约等于二分之一领宽时称为正圆领；当领深大于领宽的一半时称为U形领，高出部分设计为平摇；领深小于领宽的一半时称为浅圆领。

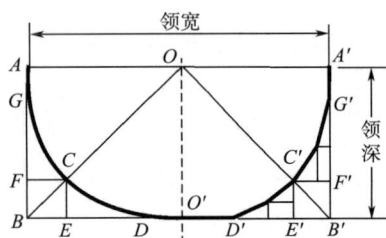

图 4-9　圆领收针取点示意图

图 4-9 为圆领收针取点示意图。图中 AA' 为领宽，AB 为领深，OB 为半领宽的对角线，OO' 为领对称线，圆领的领弧线与对角线相交于C点（圆领的凹势点）。对于挖领领型 $BC = 1/4OB$；翻领领型 $BC = 1/3OB$。挖领圆领开领设计方法如下：

①领底平收针设计：领底弧形平坦，取 DD' 为领底平收针段，取值约为三分之一领宽。

②取凹势点 C：取对角线上 C 点为圆领凹势点，过 C 点作水平辅助线交 AB 于 F 点，作垂直辅助线交 BB' 于 E 点，得直角三角形 $\triangle DEC$ 与 $\triangle CFG$。AG 为前领深平摇段，AG 取值约为领深得三分之一，即 $AB1/3$。

③计算各段的转数与针数：其中 OB 为角平分线，C 点位于 OB 长的四分之一处，得

$BF = AB \div 4$

$BE = BO' \div 4$

根据纵、横密计算 BF、FG、GA、BE、ED、DD' 对应的转数与针数。

收针方法：根据 $\triangle DEC$ 与 $\triangle CFG$ 进行收针设计。例如，在 $\triangle DEC$ 中，DE 的长度表示针数，EC 长度表示转数，根据每次收针针数可计算处 DC 段对应的一或二段式收针分配式。

同理，可计算出 *CG* 段对应的一或二段式收针分配式。然后整体再进行统一修正，遵循先平后陡的整体收针规律，至少能得到 3~4 段收针规律。如果要提高领型的收针精确度，可在领型弧线上设定 2~3 个点，按上述方法划分各点的水平、垂直辅助线得到多个直角三角形，解出各段收针规律，再进行修正。

（4）翻领领型凹势点 *C* 取为 *OB* 三分之一点，方法与挖领相同。

（5）V 领领型开领收针设计。V 领领型可视作一个 △*OAB*，如图 4-10 所示，领弧线 *BA* 为一条直线。根据服装特点领弧线 *BA* 下端三分之一处 *E* 点应有一个凹势，取值为 0.5~1cm；领子上端有 *DF* 平摇段，取 3~5cm。根据 *E* 点的位置有线段 *BE*、*EF*，按直角三角形方法求出线段 *BE*、*FE* 的针数和转数，然后计算出其收针分配式。收针分配按先快后慢的规律排列。

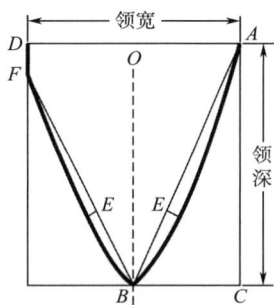

图 4-10 V 领收针取点示意图

8. 后领开领成型工艺设计

后领深较小，一般为 2~2.5cm，后领深较大时其开领方法同前片圆领的开领方法。后开领的领底平位相对较宽，领圈弧线较平坦。为了提高编织效率，通常采用持圈收针法（局部编织），收针后直接用废纱封口，落布完成开领。也可以在后领底平位部位采用挂废纱的方式直接编织，两侧采用收针的方式分别收针。

（1）后领宽针数设计：

后领宽针数 = 前领宽针数

（2）后领深转数：

后领深转数 =（后领深尺寸 − 前、后衣长差 ÷ 2）× 纵密

（3）后领开领收针设计：

①后领平位收针针数设计：

后领平位收针针数 = 后领宽针数 × 后领平收针系数

后领收针曲线比较平坦，后领平收针系数设计为后领宽针数的 70%~80%。

②收针设计：

后领每侧收针针数 =（后领宽针数 − 后领平位收针针数）÷ 2

后领收针转数 = 后领深转数 − 平摇转数

每次收针转数 = 后领收针转数 ÷ 收针次数

后领深平摇转数一般取 1~3 转，可根据机型、后领深而定。

（四）大身衣片下摆罗纹设计

下摆罗纹编织完成后，翻针即成为大身部分（双面类不用翻针），罗纹与大身交界线上的针数即为大身下摆罗纹的开针数。有些款式要求下摆罗纹宽度与下摆宽度的差异较小，需要增加下摆罗纹的开针数，翻针后必须经过缩针才能与大身针数相符。

下摆罗纹常采用 1×1 罗纹、2×1 罗纹、2×2 罗纹、圆筒四种组织结构，编织工艺设

计时常根据成衣下摆尺寸、大身的横密计算出下摆总针数，再换算成下摆罗纹的排针数。

1. 下摆为 1×1 罗纹组织

1×1 罗纹编织时采用1隔1排针，循环数为2，下摆开针数应根据编织的习惯、织物组织和缝合的要求进行修正。罗纹排针方式有面包底、底包面、斜角等。排针时，正面针床比反面针床多排一针的，称为面包底，如图 4-11 所示。下摆 1×1 罗纹一般正面比反面多1条，下摆开针数大多修正为奇数，以便于计算。

（1）直接换算法：下摆罗纹的开针数等于大身下摆的针数。

下摆罗纹开针数 = 下摆宽度 × 大身横密 + 缝耗针数 × 2

（2）快放针法：又称连放针、跑马针，是指1转放1针的放针方法。编织套衫时，为使产品穿着舒适或使下摆具有强烈收缩感，常用快放针工艺以快速增大下摆尺寸，此时罗纹排针数通常比大身少排4~6针，即每边快放针数为2~3针，在翻针后采用1转放1针，连放2~3次。

下摆罗纹开针数 = 下摆宽度 × 横密 + 缝耗针数 × 2 - 每边快放针数 × 2

（3）缩针法：下摆罗纹编织后会发生收缩，缩率大时会使下摆皱缩、两侧凸出而不美观。因此，编织时可以增加下摆罗纹的开针数，翻针后再向内均匀收缩针数，以减小罗纹与身片的宽度差异。

下摆罗纹开针数 = 下摆罗纹宽度 × 大身横密 × 加放率 + 缝耗针数 × 2

加放率是指成衣规格表中采用的下摆尺寸为下摆罗纹的尺寸，下摆罗纹尺寸转换至大身下摆尺寸所需的加放度。不同的原料、下摆组织、编织密度、下摆罗纹高度以及是否加弹力丝等均会造成较大的差异。加放率在设计中以经验取值。

$$|O|O|O|O|O|O|O|O|O|O|O|\quad\text{反面（反板）}$$
$$|O|O|O|O|O|O|O|O|O|O|O|O|\quad\text{正面（正板）}$$

图 4-11　1×1 罗纹面包底排针示意图

2. 下摆为 2×1 罗纹组织

2×1 罗纹编织时为2隔1排针，循环数为3：

前、后针床罗纹条数 = 开针数 ÷ 3

开针数的计算值应修正为3的整数倍，使条数完整。图 4-12 为 2×1 罗纹的面包底排针方式。

下摆开针数 = 下摆宽度 × 横密 + 缝耗 × 2

$$O||\ O||\ O||\ O||\ O||\ O||O\quad\text{反面（反板）}$$
$$|O||O||O||O||O||O||O|\quad\text{正面（正板）}$$

图 4-12　2×1 罗纹面包底排针示意图

3. 下摆 2×2 罗纹组织

2×2 罗纹编织时为2隔2排针，循环数为4：

前、后针床罗纹条数 = 开针数 ÷ 4

因此其开针数应修正为4的整数倍，或正、反面排针进行配合。图4-13为其面包底排针方式。

下摆开针数 = 下摆宽度 × 横密 + 缝耗针数 × 2

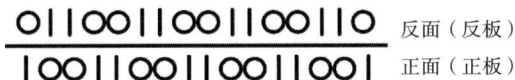

图 4-13　2×2罗纹组织排针图

4. 圆筒下摆

毛衫除了用罗纹下摆以外，还常用圆筒组织做下摆，圆筒下摆高度一般为1~3cm。排针方式有针对针（针槽相对）和针对齿（针槽相错）两种方式，无论哪一种方式，前、后针床上的排针数相同。圆筒组织的排针方式如图4-14所示。

下摆开针数 = 下摆宽度 × 横密 + 缝耗 × 2

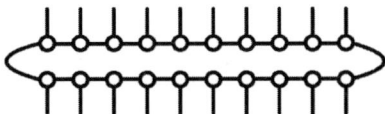

图 4-14　圆筒组织排针图

5. 空转设计

为了使下摆罗纹边缘圆顺、光洁、紧实、美观又有弹性，在起底横列编织后需要进行空转编织，常采用的空转形式有0.5、1、1.5转等。细针机多采用1.5转、粗针机常采用1转。编织空转1.5转时，织物正面多织0.5转，使边口略微凸起，视觉饱满。

6. 下摆罗纹转数计算

下摆罗纹转数 = 罗纹长度 × 罗纹纵密

圆筒下摆转数 = 圆筒长度 × 圆筒纵密

（五）袖片各部位针数计算

1. 袖宽针数设计

袖宽针数 = 袖肥 × 2 × 袖宽修正系数 × 横密 + 袖边缝耗 × 2

袖片编织时的排针数比衣片少，在编织过程中，袖片所受的牵拉力使袖片纵向变形较大，再加上在缝合、缩绒等工序中袖子所受到的纵向拉力，最终使袖子成品产生"横紧、直松"现象，即袖子的横密比衣片横密大1%~5%，纵密比衣片纵密小2%~8%。为了使袖子满足成品规格的要求，在袖片工艺设计中，常取袖子横向密度比衣片的横向密度大1%~5%，而袖子纵向密度比衣片的纵向密度小2%~8%来进行设计与计算。或者使用与大身相同的密度，在尺寸上进行修正，将袖宽加大1%~5%，袖长减少2%~8%。修正系数取值的大小与机号、纱线原料和编织密度有关，应视具体情况而定。

袖边缝耗是指袖片在两侧缝合时的缝耗。

2. 袖口针数设计

袖口尺寸的确定方法有设计法与成衣测量法两种。

（1）设计法：指袖罗纹与袖片交接处测量的尺寸，其数值是在大拇指骨第二节处，绕掌一周所测得的尺寸。若成衣尺寸表中列出了此项测量尺寸，则可据此尺寸直接计算袖口针数和罗纹开针数。

袖口针数 = 袖口尺寸 × 2 × 袖口修正系数 × 横密+袖边缝耗 × 2

（2）成衣测量法：指成衣后由于罗纹的收缩难以在罗纹与大身交界处准确测定，以罗纹口或在罗纹中段进行测定袖口宽的方法，即将所得尺寸按经验系数（袖口修正系数）放大后得到袖口尺寸。

袖口针数 = 袖口尺寸 × 2 × 袖口罗纹修正系数 × 横密+袖边缝耗 × 2

袖口罗纹修正系数受到大身组织、袖口罗纹类型、是否加弹力丝等因素影响，取值范围为1.25~1.35。

3. 袖山头针数设计

袖山头宽度的确定方法有计算法和经验法两种。

①计算法。如图4-8中的挂肩缝合记号点 P，前后片上 P 点与外肩点之间的距离之和与袖山头宽度对应，由此得出：

袖山头针数 =（前片挂肩缝合记号点转数+后片挂肩缝合记号点转数-肩缝耗 × 2）÷ 大身纵密 × 袖子横密+袖边缝耗 × 2

②经验法。袖山头宽度根据人体肩膀厚度、编织效率、袖山收针要求等因素进行设计，成人服装取值范围为7~9cm，其他根据号型进行适当调整。

袖山头针数 = 袖山头宽度 × 横密+袖边缝耗 × 2

（六）袖片各部位转数计算

1. 袖长转数计算

袖长转数 =（袖长-袖口罗纹高）× 袖长修正系数 × 纵密+上袖缝耗

袖长修正系数取值与机号、纱线原料和编织密度有关，应根据具体情况而定，一般取值范围为92%~98%。上袖缝耗取1~2转。

2. 袖山高转数设计

袖片的挂肩、袖宽、袖山高组成一个直角三角形，通过勾股定理可以计算出袖山高。

袖山高转数 = 袖山高 × 纵密 = $\sqrt{挂肩^2 - 袖宽^2}$ × 纵密

3. 袖挂肩下平摇设计

为保持袖子的肥度和度量的要求，袖挂肩下需要设计一段平摇，通常平摇高度设为3~5cm，实际应根据具体尺寸、款式确定。

袖挂肩下平摇转数 = 袖挂肩下平摇高度 × 纵密

4. 袖片放针转数设计

袖片放针转数 = 袖长转数-袖山高转数-袖挂肩下平摇转数-袖口快放针转数-上袖缝耗

（七）袖片各部位收、放针设计

1. 袖山收针设计

袖山的收针设计要依据袖型来定。这里以平肩平袖型毛衫为例，袖山收针设计需要确定袖山高转数、收针针数、每次收针数，同时还要考虑上袖效果等因素。

（1）袖山高设计。袖片编织时，袖山圆弧的顶部弧度小，收针转数少，收针数多，根据线圈的转移性，可将普通装袖的袖山顶部设计成平顶，称为袖山头。

袖山高通过挂肩、袖宽、袖山高组成的直角三角形进行计算。

$$袖山高 = \sqrt{挂肩^2 - 袖宽^2}$$

这样对位缝合时会出现松紧现象，通常将袖山高加1~2cm。

根据服装结构知识，袖型与袖山的高度、袖宽、挂肩尺寸有关。挂肩一定，袖宽越小，袖山高越大，衣服越合体；袖宽越大，袖山高越小，衣服越宽松；当挂肩尺寸与袖宽尺寸相等时，袖山高为0，袖型为直夹型。

（2）袖山收针转数计算：

袖山收针转数 = 收针高度×纵密 =（袖山高+修正系数）×纵密 =（$\sqrt{挂肩^2 - 袖宽^2}$ +修正系数）×纵密（修正系数取1~2cm）

（3）袖山头宽度设计。袖山头宽度根据人体肩膀厚度、编织效率、袖山收针要求等因素进行设计，成人服装取值范围为7~9cm，其他根据号型进行适当调整。通常用挂肩高×缝合系数来表示，缝合系数一般取值为35%~45%，表示袖山头与挂肩的缝合度，可根据不同的实际情况具体设计。

袖山头针数 = 袖山头宽度×横密+袖边缝耗×2

　　　　　　= 挂肩高×缝合系数×横密+袖边缝耗×2

也可以根据挂肩与袖山缝合记号点的位置计算出袖山头针数：

袖山头针数 =（前片挂肩缝合记号点转数+后片挂肩缝合记号点转数−肩缝耗×2）÷大身纵密×袖子横密+袖边缝耗×2

（4）袖山收针针数计算。

袖山收针针数 =（袖宽针数−袖山头针数）÷2

（5）平袖型袖山收针设计。平袖型袖山收针方式有一段式直线收针（入夹袖）和多段式折线收针（弯夹袖），如图4-15所示。

①一段式直线收针（入夹袖）。这种袖山的收针方式为直线收针，收针规律为一段式，如图4-15（a）所示，与其对应的大身挂肩收针规律也为一段式，缝袖成型后称为入夹袖。

②多段式折线收针（弯夹袖）。这种袖山由多段斜率不同的折线组合而成，其收针规律为多段式。收针规律采用先平后陡再平的排列方式，称为S形袖；收针规律采用先陡后平的排列方式，称为J形袖，如图4-15（b）所示。

③S形袖山收针设计。企业工艺师一般根据毛衫款式凭经验用拼凑法直接编写收针规律；或者通过服装制图得到袖子的样板，然后再在袖山弧线上取点，分段计算收针分配式。下面介绍袖山三段式收针设计方法。

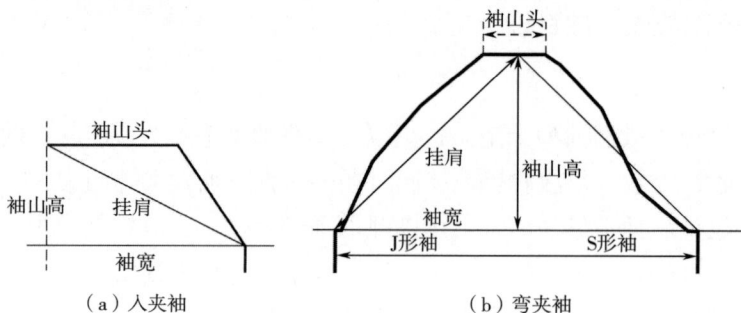

图 4-15　平袖型袖山示意图

A. 确定每次收针针数：考虑到毛衫外观的视觉美感，袖山每次收针针数与大身挂肩每次收针针数相同。

B. 如图 4-16 左侧所示，各段收针针数、收针转数分配为：将每边袖挂肩收针针数、收针转数分为三段，横向三段收针针数的比例参考值为 $AK : KL : LB = 3 : 2 : 3$，纵向三段收针转数的比例参考值为 $CG : MH : HL = 2 : 3 : 2$，按比例计算出相应的针数、转数，并修正为整数，然后分别计算出 AN、NM、MC 三段的收针规律，最后自下而上按先平后陡的顺序排列，即得到了S形袖的收针规律。

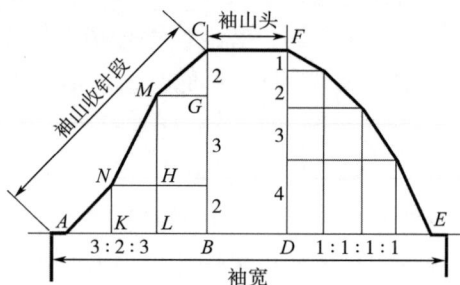

图 4-16　弯夹袖袖山收针示意图

C. 收针段调整：若有夹花收针要求时，下部、中间段设为有边收针，最高处调整 1~2 个较平的收针段，使袖山头削角收窄，以保证缝袖后平滑，使袖山弧线更美观。调整段位于最上方，收针高度为 1~2cm，此段为无夹花收针（无边收针）。

④J形袖袖山设计。同S形袖的收针方法，如图 4-16 右侧所示，将 DE 段收针针数四等分，DF 段收针转数从下向上按 $4 : 3 : 2 : 1$ 分为四段，分别计算出各段的收针规律，然后自下向上按先陡后平的顺序排列，在袖山头两侧调整收针规律进行削角处理即可。

2. 袖身放针设计

袖身放针是指袖口罗纹以上至袖挂肩以下平摇段之间的部段。

（1）袖片放针针数计算。

放针针数 =（袖宽针数-袖口针数）÷2

（2）每次放针针数设计。由于袖片的放针转数比放针针数大很多，而在横机编织中，同时放2针或多针比较困难，因此在普通放针部段大多采用每次放1针的方法。

（3）放针次数计算。袖身放针方式有三种：快放针+普通放针，普通放针（先放），普通放针（先摇）。

快放针是指罗纹结束后织袖身时先1转放1针连续2~3次的操作方法。剩余针数与转数按普通放针的方法进行放针规律计算。

放针次数=［（袖宽针数–袖口针数）÷2–每边快放针数］÷每次放针针数

（4）袖身放针转数计算。

袖身放针转数=袖长总转数–袖山收针转数–袖挂肩以下平摇转数–快放针转数–缅袖缝耗

（5）袖身每次放针转数计算。

①快放针+普通放针：

袖身每次放针转数=袖身放针转数÷放针次数

②普通放针（先放）：

袖身每次放针转数=袖身放针转数÷（放针次数–1）

③普通放针（先摇）：

袖身每次放针转数=袖身放针转数÷放针次数

以上式子除不尽时可分为两段式放针，放针轨迹先平后陡（先急后缓）。

衣片编织工艺设计结束后，需要绘制出毛衫编织操作工艺图，表明各部位的针数、转数、收放针规律，然后对各个部位的数据进行验算校对，以确保横向针数、纵向转数分别能形成一个闭环数据链。若发现有误，应分段检查核对。

（八）毛衫附件工艺设计

毛衫附件主要有领条、门襟、嵌条、挂肩带、口袋边等。附件工艺设计包括计算附件的开针数、转数以及记号眼位置等，具体内容根据款式要求来定。附件工艺计算正确与否，直接影响毛衫产品的外观形态、质量和规格，要精心考虑，合理设计。

1. 圆领

（1）领条开针数：

领条开针数=领圈周长×领条横密+缝耗

领圈周长可以通过测量领口样板得到。领条横密是指将领条经过回缩处理后，横向拉开1.1~1.3倍，根据不同罗纹纹理效果的要求确定长度，针数与拉开长度的比值即为横密。套口时，先将前后领底平位封口，领圈各段长度转换成对应的罗纹针数，按记号点进行套口。

（2）记号点设计：圆领套衫的记号点设计在左肩缝、后领正中、右肩缝、前领底平位的界点，领条的接头位置在左肩缝处或左肩缝靠后1.5~2cm处。开衫的记号点设计在左、右肩缝处和后领正中处。

2. V领（套衫）

（1）领条开针数：

领条开针数=（领深尺寸×2+领宽+领条宽）×领条横密+缝耗

（2）记号点设计：V领的记号点设计在左、右肩缝处，高档产品可以增设前领中间点用拉线做记号。

3. 平翻领

（1）平翻领开针数：

平翻领开针数 = 领圈周长 × 领条横密

（2）记号点设计：平翻领的记号点设计在左、右肩缝处和前领底平位的左、右界点。

4. 挂肩带

（1）挂肩带开针数：

挂肩带开针数 =（挂肩尺寸 × 2+凹势修正因素）× 挂肩带横密+缝耗

凹势修正因素一般取1~2cm。

（2）记号点设计。挂肩带记号点设计在肩缝处。

5. V领开衫门襟

（1）门襟开针数：

①门襟、领子为满针罗纹，直用。

门襟开针数 = 门襟宽 × 门襟横密+缝耗

门襟长度 =（衣长 × 2+后领宽+门襟宽+领缝耗）×（1+门襟回缩率）

回缩率取值一般为7%~8%。

②门襟、领子为罗纹组织，横用。

门襟开针数 = 门襟长度 × 门襟横密

门襟长度 = 衣长 × 2+后领宽+门襟宽+缝耗

（2）记号点设计。根据门襟的长度设计多个记号点。

6. 附件的转数

附件的转数 = 附件的长度 × 附件的纵密+缝耗

毛衫附件的工艺，通常采用计算与实测相结合的方法来进行。经成衣缝合的附件，必须符合毛衫的品质要求。如圆领成型要圆顺，弹性好，脱穿方便；V领的领尖要尖，要正，左右对称；开衫的门襟要平、直、挺；翻领要挺括、服帖。总之，毛衫附件工艺要保证毛衫的内在和外在质量。

（九）编织工艺计算说明

（1）上述的工艺计算方法是指常规大类品种的情况，在进行具体计算时，需根据毛衫款式的具体情况与要求来进行设计计算。

（2）工艺计算的顺序视具体工艺而定，一般先计算后片，再计算前片和袖片。

（3）工艺计算时要考虑抽条、绞花、挑孔、绣花等组织修正因素的不同对成品尺寸产生的影响。

（4）工艺计算时，一般先计算衣片各部位的横向针数，再计算纵向转数，最后对收针、放针部位的收针、放针针数和转数进行计算和分配。

（5）为便于对称操作，一般取针数为单数，特殊情况例外。

（6）在有下摆、腰节、肩部平摇部位的收针（或放针），均为先收针（或先放针）再摇转数，其他部位的收针（或放针）是先摇后收针（或放针）。

（7）计算所得的针数和转数要做适当的修正，以达到所需的整数，以便于工艺计算。

（8）为了便于成衣缝合，使毛衫成型良好，应在袖山头、前后身挂肩、领条、门襟等部位设置一定数量的缝合记号点。

（9）在编织操作工艺单中，要注明衣片下机的尺寸、重量（g）以及10支拉密等作为半成品质量控制的依据。

（10）工艺设计计算出的工艺要经过头样试织、修正工艺、修改样试织、再修改工艺等过程，才能达到符合要求的编织工艺。

二、插肩袖成型工艺设计

插肩袖毛衫的特点是肩袖合一插入领圈中，袖山头成为领圈的一部分。身片与肩袖缝合后，在前胸与后背分别形成一条缝合线，其形状为直线、弧线或折线。缝合线显示为直线或弧线形的称为插肩袖型或尖膊袖型，其正、背面视觉效果如图4-17所示。缝合线为折线且顶部有一段平位的称为马鞍肩型袖型，其正、背面平面视图如图4-18所示。插肩型服装搭配的领型主要有圆领和V领。

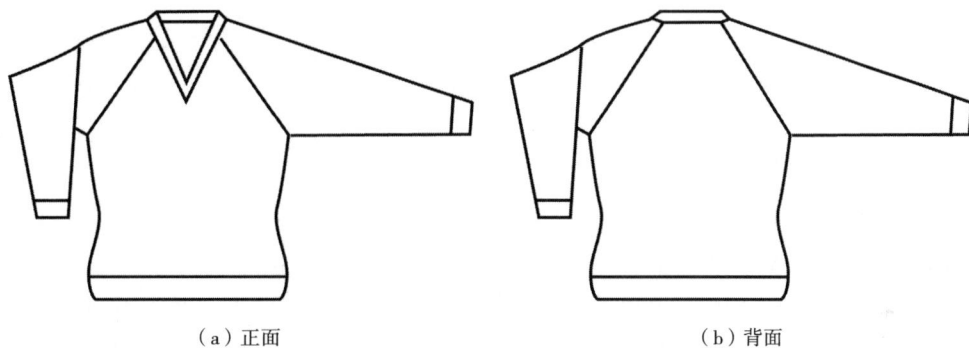

（a）正面 （b）背面

图 4-17 插肩袖型服装平面款式图

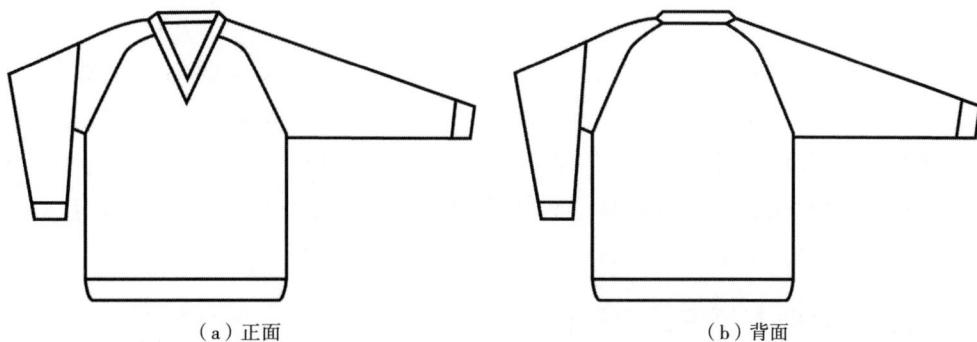

（a）正面 （b）背面

图 4-18 马鞍肩型服装平面款式图

（一）插肩型服装的设计原理

插肩袖型服装与装袖型服装的不同之处在于肩袖一体，袖与大身的缝合线由肩侧转移到胸部的前、后面，在领圈与袖窿点之间形成一条连线。插肩袖成型工艺设计的要点是对袖与大身分割线的设计，即分割线"形"的设计与领分割点"位置"的设计。

1. 插肩型分割线形的设计

插肩型服装的肩袖与大身分割线的线形主要有直线型、弧线型与马鞍型三大类型，不同的款式可选择不同的线形进行搭配。

2. 插肩型分割线位置设计

袖与大身分割线的顶端处于领圈的上部，图4-19中领分割点B的位置处于圆领领弧线AO长的三分之一位置，视觉上符合黄金分割法则。分割点的位置根据款式变化不同，设计范围在弧线CD点之间，处于AO弧线长的1/4~1/2，不同的分割比例带来不同的视觉效果。

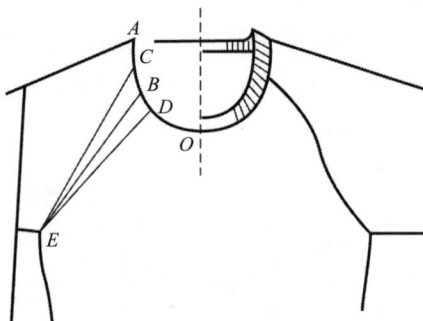

图4-19　插肩型分割点线设计

3. 插肩型服装成型设计原理

为方便描述，将前片插肩线与前片领口的交点称为前领分割点，将后片插肩线与后片领口的交点称为后领分割点，将图4-19中的A点称为内肩点，将前领分割点与内肩点的垂直距离称为袖前折尺寸，将前领分割点与内肩点的水平距离称为前领内侧偏移值，后领分割点与内肩点的垂直距离称为袖后折尺寸，后领分割点与内肩点的水平距离称为后领内侧偏移值。

插肩袖毛衫成型设计时，袖前折尺寸一般取值为4~7cm，或取袖山头宽度的0.65~0.7倍。前领内侧偏移值取值为1~2cm，或根据领子尺寸、分割视觉效果通过计算得出。袖后折尺寸取值等于后领深尺寸。后领内侧偏移值取值等于后领斜收针的长度，约为领宽的六分之一。插肩袖的袖山头为前低后高的倾斜状，设计时，前袖山高等于前片挂肩高，后袖山高等于后片挂肩高。上袖身与普通袖子类型相同。

（二）插肩袖型毛衫编织工艺设计

袖与大身的分割线线型为直线或弧线的称为插肩袖型，又称尖膊袖。

1. 插肩袖型毛衫衣片结构分解

如图4-20所示，樽领插肩袖型套衫分解后由前片、后片、袖片、领片组成，制作时袖片左右不对称，分为左右片，领子为单层领。

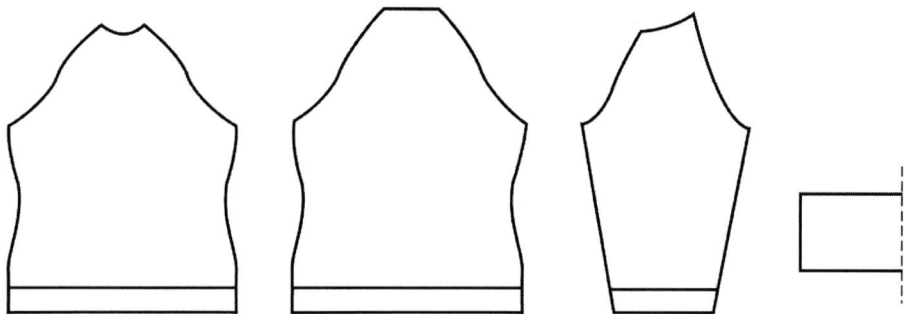

图 4-20　樽领插肩袖型套衫结构分解图

2. 插肩袖型毛衫后片编织工艺设计

后片挂肩以下的成型工艺设计与装袖型毛衫相同，这里不再赘述，重点讲解挂肩以上的工艺设计方法。

（1）后片领宽针数。插肩袖的后片袖山头取代了后领圈的斜收部分，后领的领宽近似取值为后领平收针宽度。

后片领宽针数 = 后片领宽×横密 =（领宽−后领内侧偏移值×2）×横密

后片领宽针数 = 领宽×领宽修正系数×后领平收针系数×横密

（2）后片挂肩高度转数。插肩袖型产品挂肩高转数设计有两种情形：一种是给定成衣挂肩尺寸，另一种是未给定成衣挂肩尺寸。

①给定成衣挂肩尺寸时，成衣挂肩尺寸为成衣内肩点到袖窿点斜量，通过勾股定理可计算出成衣挂肩高尺寸，进而算出后片挂肩高和转数。

$$成衣挂肩高 = \sqrt{挂肩^2 - [(胸宽 - 领宽) \div 2]^2}$$

后片挂肩高转数 = 后片挂肩高×纵密 =（成衣挂肩高−袖后折尺寸）×纵密

②未给定成衣挂肩高尺寸时，可根据成衣袖肥尺寸来设计成衣挂肩高尺寸。

成衣挂肩高 = 袖宽尺寸+袖斜差

袖斜差是指袖宽（或袖肥）与挂肩的尺寸差异。插肩袖型产品一般给出袖肥的尺寸，袖斜差一般取值为6~8cm，其取值大小对袖子的倾斜度有一定影响。

（3）后片挂肩以上收针针数与次数计算。

①后片挂肩收针针数：

后片挂肩收针针数 =（胸宽针数−后片领宽针数）÷2

②设计每次收针针数：根据外观效果及其针型设计每次收针针数。

③收针次数：

收针次数 =（后片挂肩收针针数−平收针数）÷每次收针针数

④后片挂肩收针转数：

后片挂肩收针转数 = 后片挂肩高转数−平摇转数

⑤每次收针转数：

每次收针转数 = 后片挂肩收针转数 ÷收针次数

（4）挂肩收针设计。挂肩部位收针根据产品的不同要求设计为直线收针或曲线收针。

①直线收针法：方法简单，分割线近似为直线。

每次收针转数 = 后片挂肩收针转数 ÷ 收针次数

收针转数除尽时为一段式收针，除不尽时分为两段式折线收针，收针分配遵循先陡后平的规律。此法收针方便简单，穿着效果略差。

②J形曲线收针：将挂肩收针曲线设计成多段式收针，按先陡后平分配排列成J形曲线，曲线头尾部收针采用无边收针做削角处理。J形曲线的收针方式使成衣肩部宽松、有扩张感，适用于男装设计。

③S形曲线收针：如图4-21所示，将挂肩分割线EB均分为三等份，即$BC = CD = DE$，BD 线段中点 C 处有凸势至P点，取 CP 为0.8~1cm（根据实际情况具体调整），计算三等分的针数和转数，C点作向上偏移至 P 点，计算出偏移的针数和转数，解出 BP、PD 的收针轨迹。DE 线段有凹势，收针分配式调整为先平后陡的两段式收针分配。综合三段弧线的收针分配，按先平后陡再平的方式排列，得出S形收针曲线。这种收针方法使成衣贴体，线条柔和，适用于女装设计。

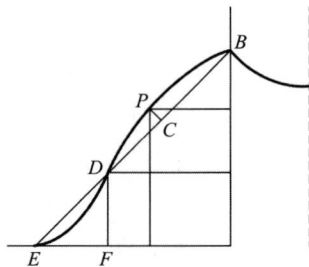

图 4-21　S形曲线收针图

3. 插肩袖型毛衫前片编织工艺设计

（1）前片领宽针数设计。前领分割点向领内侧平移值为 1~2cm，或根据领子尺寸、分割视觉效果通过计算得出。

前片领宽针数 =（成衣领宽 × 领宽修正系数-领内侧偏移值 × 2）× 横密。

（2）前片挂肩高转数设计。

前片挂肩高转数 =（成衣挂肩高-袖前折尺寸）× 纵密

（3）前片挂肩收针设计。

①前片挂肩收针针数：

前片挂肩收针针数 =（前片胸宽针数-前片领宽针数）÷ 2

②设计每次收针针数。根据外观效果、机器针型设计每次收针针数。

③收针次数：

收针次数 = 前片挂肩收针针数 ÷ 每次收针针数

④每次收针转数：

每次收针转数 =（前片挂肩收针转数-平摇转数）÷ 收针次数

⑤收针分配。同后片设计方法，根据要求设计成直线形、J形或S形曲线的收针规律。

（4）前开领设计（圆领）。

①领底平收针数设计。设圆领领底平收系数为0.33~0.35。

圆领领底平收针数 = 前领宽针数 × 前领底平收系数

②领斜收针数：

领斜收针数 =（前片领宽针数-前领底平收针数）÷ 2

③领收针转数：

领收针转数 =（领深-袖前折尺寸-缝耗）×纵密

④ 收针分配：找出领圈上的特殊点，解出收针轨迹。

4. 插肩袖型袖挂肩收针设计

袖挂肩收针设计包括袖山头宽度设计、袖山收针设计、袖山头收针设计三个部分。

（1）袖山头宽度设计。袖山头宽度设计共有三种方法。

① 直接取值法。根据人体特征、不同号型、穿着对象取值，取值范围7~9cm。

② 设定袖前、后折尺寸。直接设定袖前、后折尺寸，袖前折尺寸取值范围一般为4~7cm；袖后折尺寸等于后领深，一般为2~2.5cm。

袖山头宽度 = 袖前折尺寸+袖后折尺寸

（2）袖山收针设计。袖山收针分为两段：挂肩（EG）段与肩部（DF）段。K为虚拟外肩点。根据图4-22所示，其中EE'为袖宽，FK为袖前折尺寸，DF为肩斜高尺寸（肩部合拢），DG为2/3前挂肩高，BF为1/3前挂肩高，BC为袖山头底部宽，CB'为前后挂肩高度差，O点为袖中点。

分别解出DE与BD的收针分配，然后按先平后陡顺序排列得出前挂肩的收针分配。直线形分割线直接按EB计算收针分配，收针规律为先陡后平。此段收针前后袖挂肩相同。

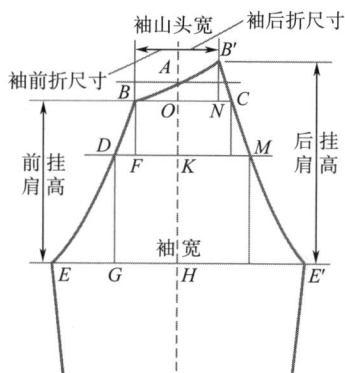

图 4-22 插肩袖形袖片形状图

（3）袖山头收针设计。袖山头BA段属于插肩袖折前领的部分，替代了前领圈左右侧的平摇段，收针较为平坦；AB'为袖折后部分，延伸到后领底部，替代了后领圈左右侧的斜收针段，收针较陡。BAB'线段按前后挂肩高度差和袖山头针数进行两段式收针；或AO段在2~3转内收完，AB'、CB'段按图示规迹采用多段式收针。

5. 袖长设计

插肩袖肩袖合一后，袖长的度量方法有两种：领边测量法和后领中测量法。

① 领边测量法。自领边缝线至袖口罗纹边缘，相当于装袖型的袖长+单肩宽。

② 后领中测量法。自后领正中量至袖口罗纹边缘，相当于装袖型的袖长+半肩宽。

以上两种量法有区别，需要在平面款式图中标示说明，计算工艺时要特别注意。

（三）马鞍肩型毛衫编织工艺设计

马鞍肩型毛衫的前衣片的肩部有一段平位，即前片顶部有平直段，后片的领部一般为平直状，袖山头为水平或倾斜状，袖山为斜线或J形曲线。

马鞍肩型毛衫工艺设计时所涉及的工艺设计参数包括后折宽、袖前折尺寸、袖后折尺寸、类肩宽系数、挂肩高取值、肩斜高等。

下面以男V领马鞍肩型长袖暗口袋开衫为例来讲解马鞍肩型毛衫编织工艺设计。

1. 马鞍肩型开衫衣片分解

V领马鞍肩型长袖暗口袋开衫可分解为左右前片、后片、左右袖片、口袋嵌条、袋里片、门襟条，各衣片的廓形如图4-23所示。

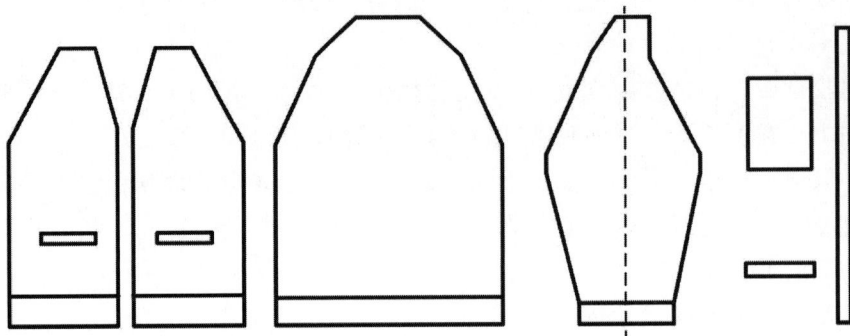

图4-23　马鞍肩型毛衫结构分解图

2. 马鞍肩型毛衫后片编织工艺设计

为了展示马鞍肩的扩张感，将马鞍肩型后片的廓形设计成类似平肩型的后片，挂肩以上分为两部分：挂肩收针高度与收肩高度，挂肩采用直线形收针或J形曲线收针，如图4-24所示。

（1）后片胸宽针数：

后片胸宽针数 =（胸宽-后折宽）×横密+缝耗×2

（2）后领宽针数：

后领宽针数 =（领宽×领宽修正系数-缝耗）×横密

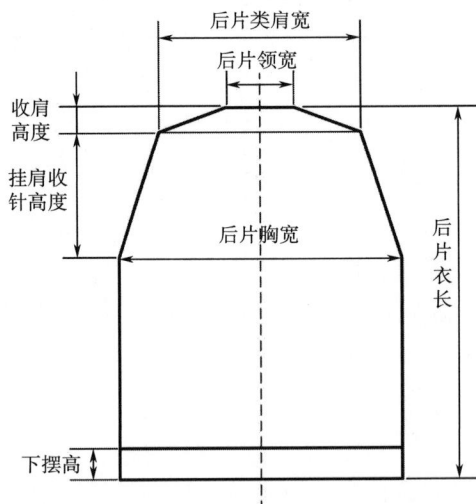

图4-24　马鞍肩型后片示意图

（3）后肩宽针数。马鞍肩型的后片有类似平肩的结构，如图4-24中的后片类肩宽，设后肩宽为胸围的0.6~0.8。

（4）后片衣长转数设计。后片长度与插肩袖相似，袖后折尺寸作为后片长度的一部分，袖后折尺寸一般取后领深尺寸，为2~2.5cm。

后片衣长转数 =（衣长－下摆－袖后折尺寸）×纵密+缝耗

（5）后片挂肩以上收针转数。后片挂肩以上收针转数包括后肩收针转数和后片挂肩收针转数两部分，其设计方法与插肩袖型的挂肩高相同，可采用勾股定理或袖斜差的方法。

$$后片挂肩以上收针转数 = \sqrt{挂肩^2 -[（胸宽－领宽）\div 2]^2} \times 纵密$$

或者，

后片挂肩以上收针转数 =（袖肥+袖斜差）×纵密

（6）后肩收针转数。设马鞍肩衣片后肩点位置与前片顶点平齐，则：

后肩收针转数 = 后片衣长转数－前片衣长转数

或者，

后肩收针转数 =（袖折前尺寸－袖折后尺寸）×纵密

（7）后片挂肩收针转数：

后片挂肩收针转数 = 后片挂肩以上收针转数－后肩收针转数

（8）后片挂肩以下转数：

后片挂肩以下转数 = 后片衣长转数－后片挂肩以上收针转数

（9）后片挂肩收针分配：

①后片挂肩收针针数：

后片挂肩收针针数 =（胸宽针数－后片类肩宽针数）÷2

②每次收针针数。根据机型、夹花效果要求等设计每次收针针数。

③收针次数：

收针次数 = 挂肩收针数 ÷ 每次收针针数

④每次收针转数：

每次收针转数 = 收针转数 ÷ 收针次数

⑤挂肩收针规律设计。采用直线或J形曲线收针，按先陡后平规律设计。

（10）后肩收针分配：

①后肩收针针数：

后肩收针针数 =（后片类肩宽针数－后领宽针数）÷2

②收针次数。肩部收针数多，转数少，采用局部编织，收针次数等于收针转数。

③每次收针转数：

每次收针转数 = 1转

④每次收针针数

每次收针针数 = 收针针数 ÷ 收针次数

⑤挂肩收针规律设计。设计为一段式或二段式收针，按先陡后平规律分配。

3. 马鞍肩型前片成型工艺设计

前片为开衫款式时采用左右衣片同片编织，衣片正中抽1针，衣片下机后从中间剪开分成左右衣片，如图4-25所示。一般设后折宽为1~2cm，每边摆缝缝耗为0.5cm，门襟缝耗为0.5cm。

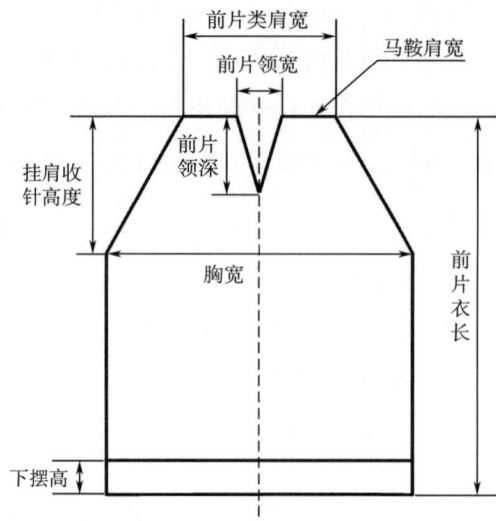

图 4-25   马鞍肩型前片示意图

（1）前片胸宽针数：

前片胸宽针数 =（胸宽+后折宽-门襟宽）×横密+上门襟缝耗×2+摆缝缝耗×2

（2）前片类肩宽针数。前片类肩宽取值同后片类肩宽，因前片有门襟，所以要减去门襟的宽度，再加上上门襟的缝耗。

前片类肩宽针数 =（后肩宽针数-门襟宽）×横密+上门襟缝耗×2

前片半肩宽针数 = 前片类肩宽针数÷2

（3）单肩宽针数。单肩宽可根据服装号型取值 7~10cm，或按领宽、袖折前尺寸、类肩宽的设计进行计算得出。

单肩宽针数 = 单肩宽×横密

（4）前片领部收针针数：

前片领部收针针数 = 前片半肩宽针数-单肩宽针数

（5）前片挂肩以下转数：

前片挂肩以下转数 = 后片挂肩以下转数

（6）前片挂肩收针转数。设计前、后片挂肩收针转数相同，前片挂肩收针转数 = 后片挂肩收针转数+缝耗。

（7）前片衣长转数：

前片衣长转数 =（衣长-下摆-袖前折尺寸）×横密+缝耗

（8）前开领领深。V领开衫前领深度量在第一颗纽扣的中心位置，考虑领深的测量因素，前领深尺寸比前片领深加长约1cm。

领深转数 =（领深-开衫领深测量因素-袖前折尺寸）×纵密

（9）前片挂肩收针设计。收针设计与后片相同，先陡后平，最后平摇结束。

（10）前领收针分配。参考套衫V领的设计方法，设定每次收针针数，领下三分之一处有凹势，先平后陡，最后平摇结束。

①开领点转数：

开领点转数 = 前片长转数-领深转数

②前领收针次数：

前领收针次数 = 前领收针针数 ÷ 每次收针针数

③每次收针转数：先平后陡收针。

每次收针转数 = 前领收针转数 ÷ 收针次数

（11）口袋成型工艺。

①口袋位置。设计口袋底位置与下摆罗纹上缘平齐，口袋横向位置设计在左、右片的正中位置，或根据具体设计位置而定。编织时在此位置做口袋嵌条两端的位置记号，

开袋高度转数 = 口袋深 × 纵密+缝耗

②口袋记号点。设计口袋位于左、右片的正中位置，根据计算的转数与针数，在衣片相应位置做出记号，分别注明左、右前片的针数，如图4-26所示。

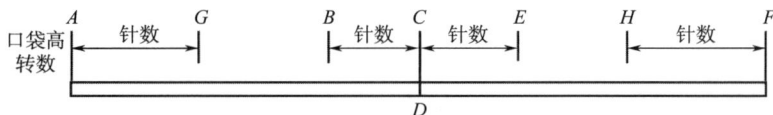

图4-26 口袋定位示意图

③口袋嵌条。口袋的嵌条一般为罗纹组织

嵌条长度 = 袋口尺寸 × （1+回缩率）

嵌条针数 = 嵌条宽 × 罗纹横密+缝耗

4.马鞍肩型袖片编织工艺

袖片由袖口罗纹、上袖身、挂肩以下平摇段、挂肩收针段、马鞍头五部分组成，如图4-27所示。计算工艺前，先确定袖口修正系数、袖宽修正系数、袖长修正系数等工艺参数。

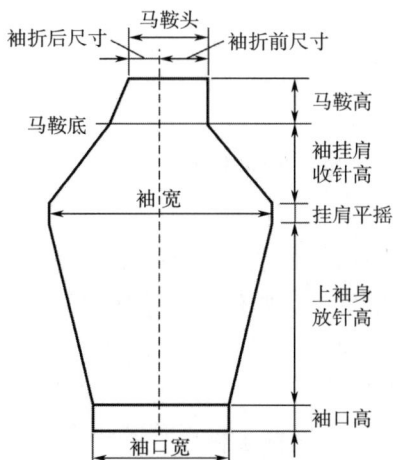

图4-27 袖子结构示意图

（1）袖宽针数：

袖宽针数 = 袖宽×2×袖宽修正系数×横密+缝耗×2

（2）袖口宽针数：

袖口宽针数 = 袖口尺寸×2×袖口修正系数×横密+缝耗×2

（3）袖山头针数。袖山头针数即马鞍头针数。

袖山头针数 =（袖前折尺寸+袖后折尺寸）×横密

（4）马鞍底部针数：

马鞍底部针数 = 袖前折尺寸×2×横密+缝耗

（5）袖长转数设计：马鞍肩型毛衫的袖长测量方法有两种，一种是从后领中开始测量，另一种是从领缝线即内肩点开始测量。

①从后领正中测量袖长：

袖长转数 =（袖长尺寸-袖口罗纹长度-半领宽）×袖长修正系数×纵密+缝耗

②从领缝线（内肩点）测量袖长：

袖长转数 =（袖长尺寸-袖口罗纹长度）×袖长修正系数×纵密+缝耗。

（6）马鞍高转数：

马鞍高转数 = 马鞍单肩宽×纵密+缝耗 = 马鞍高×纵密+缝耗

（7）袖挂肩收针转数：

袖挂肩收针转数 = 前片挂肩收针转数 = 后片挂肩收针转数

（8）袖挂肩平摇转数。设挂肩以下平摇高度为3~5cm：

袖挂肩平摇转数 = 挂肩以下平摇高度×纵密

（9）袖子放针转数：

袖子放针转数 = 袖长转数-袖挂肩收针转数-马鞍高转数-袖挂肩平摇转数

（10）袖子放针分配。袖子放针分配参考插肩袖、平袖的放针分配方法。

（11）袖挂肩收针分配。挂肩底部有平收针设计时，为先摇后收；无平收针设计时，则先收后摇。按成衣设计效果设计每次收针针数。

①挂肩收针针数：

挂肩收针针数 =（袖宽针数-马鞍底部针数）÷2

②收针次数：

收针次数 = 挂肩收针针数 ÷ 每次收针针数

③每次收针转数：

每次收针转数 =（袖挂肩收针转数-收针后平摇转数）÷ 收针次数

按直线形或曲线形解得收针规律，收针规律采用先陡后平的顺序排列。

（12）马鞍肩收针分配。

①马鞍收针针数：

马鞍收针针数 = 马鞍底部针数-马鞍头针数

②收针转数：

收针转数 = 马鞍高转数

③ 收针设计。马鞍的前袖部位设计为平摇，后袖部位采用斜收针，收针结束平摇 2 转。后片按直线形收针方法解得收针规律，先摇后收、先陡后平。

5. 马鞍肩型门襟领条设计

V领开衫的门襟和领条有一般有横向和纵向两种使用方式。

（1）采用横向方式。V领开衫的门襟与领条同条设计，即领条与门襟条连在一起。由于长度较长，开针数较多，受横机设备针数限制，生产中常分为两条。套缝时，左右两条分开，接头在左后身袖缝线处，如图 4-28 所示 *E* 点。计算左右门襟、领条的长度，按照横密法或套口机号转化法计算开针数；按纵密与领条门襟的宽度计算领条门襟的编织转数。

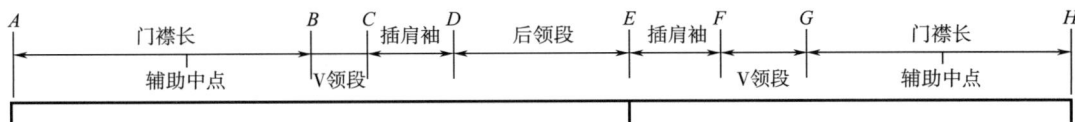

图 4-28 领条门襟定位示意图

（2）采用纵向方式。采用这种方式时，门襟与领条合二为一，其长度称为门襟长。生产时，先编织门襟条编织成一条长长的带状织物，然后根据长度需要剪取。

门襟条长 = 门襟长 ×（1+回缩率）+缝耗

第四节 羊毛衫编织工艺设计实例

一、直夹对膊毛衫编织工艺设计

（一）毛衫基本信息

款式：女装圆领直夹对膊长袖套头毛衫

用料：26.4tex × 2（37.9/2公支），70%腈纶，30%羊毛

针型：7G

尺码：M

组织：衣身、袖子采用纬平针；领子、下摆及袖口采用1×1罗纹；收针采用0支边。

成品密度：纬平针，横密3.26针/cm，纵密2.46转/cm；罗纹，纵密3.10转/cm；领罗纹，纵密3.42转/cm。

下机密度：衣身、袖子采用纬平针，10支拉7.78cm；罗纹10支拉8.32cm。

女装圆领直夹对膊长袖毛衫平面款式图如图4-29所示，规格尺寸表见表4-2。

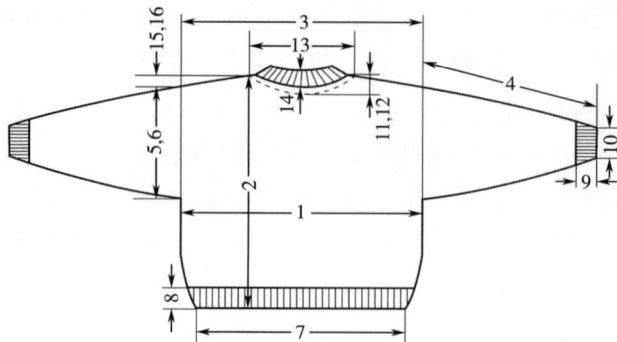

图 4-29　女装圆领直肩直袖长袖毛衫平面款式图

表 4-2　女装圆领直夹对膊长袖毛衫规格尺寸表

序号	部位名称	尺寸/cm	序号	部位名称	尺寸/cm
1	衣长	60	8	下摆罗纹高	5
2	胸宽	55	9	袖口罗纹高	5
3	肩宽	55	10	袖口罗纹宽	9
4	袖长	50	11	前领深	10
5	挂肩	23	12	后领深	2
6	袖宽	20	13	领宽	18
7	下摆宽	55	14	领罗纹高	3

（二）款式分析与衣片结构分解

1. 款式分析

本款毛衫为直夹、对膊、直腰身型毛衫，肩部有斜度，袖山高为0。

2. 衣片结构分解

根据平面款式图的特征，将成衣分解为前片、后片、袖片、领条四个部件，如图4-30所示。在工艺设计过程中，清晰了解衣片的外廓形状，有助于进行衣片成型工艺的设计。

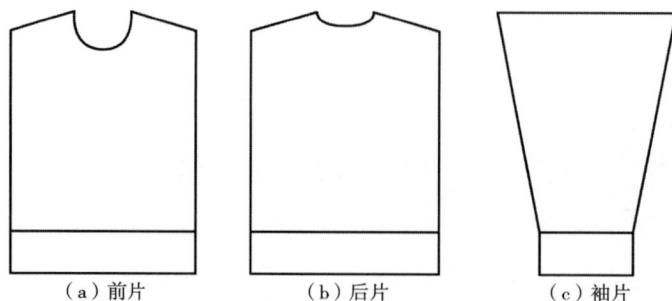

（a）前片　　　　　（b）后片　　　　　（c）袖片

图 4-30　衣片结构分解示意图

（三）毛衫编织工艺设计

1. 后片编织工艺设计

设：衣片后折宽为1cm，摆缝缝耗为2针，纵向缝耗为1转，肩宽修正系数为0.97，领宽修正系数为0.97，后领平收针系数为0.7，前、后身衣长差取1cm。

（1）计算横向针数：

①胸宽针数：

胸宽针数 =（胸宽−后折宽）×横密+摆缝耗×2 =（55−1）×3.26+2×2 = 180.04（针）

取180针。

②肩宽针数：

肩宽针数 = 肩宽×肩宽修正系数×横密+缝耗×2 = 55×0.97×3.26+2×2 = 177.92（针）

取178针。

③下摆宽针数：

下摆宽针数 = 胸宽针数 = 180针

④领宽针数：

领宽针数 = 领宽×领宽修正系数×横密−缝耗×2 = 18×0.97×3.26−2×2 = 52.92（针）

取52针。

⑤单肩宽针数：

单肩宽针数 =（肩宽−领宽）÷2 =（178−52）÷2 = 63（针）

（2）计算纵向转数：

①衣长转数：

衣长转数 =（衣长−下摆罗纹高−前、后身衣长差 ÷2）×纵密+纵向缝耗 =（60−5−1÷2）× 2.46+1 = 135.03（转）

取135转。

②收肩转数：

肩斜高 = 单肩宽×0.375 = 单肩宽针数 ÷ 横密×0.375 = 63 ÷ 3.26×0.375 = 7.25（cm）

取7cm。

收肩转数 = 肩斜高转数 = 肩斜高×纵密 = 7×2.46 = 17.22（转）

取17转。

③挂肩高转数：

挂肩高转数 = 挂肩×纵密 = 23×2.46 = 56.58（转）

取56转。

④挂肩以下转数：

挂肩以下转数 = 衣长转数−肩斜高转数−挂肩高转数 = 135−17−56 = 62（转）

⑤后领深转数：

后领深转数 = 后领深×纵密 = 2×2.46 = 4.92（转）

取5转。

（3）计算收、放针分配：

①挂肩收针分配：

A. 收针针数：

收针针数 =（胸宽针数-肩宽针数）÷ 2 =（180-178）÷ 2 = 1（针）

B. 收针转数

收针转数 = 0 转

C. 收针分配：1-1 × 1（先收）。

②肩部收针分配：

A. 收针针数：

收针针数 = 单肩宽针数 = 63 针

B. 收针转数：

收针转数 = 收肩转数-肩部缝耗 = 17-1 = 16（转）

C. 收针次数。肩部收针针数多，收针转数少，采用局部编织，1 转收 1 次，先收，则

收针次数 = 16+1 = 17（次）

D. 收针分配。

每次收针针数 = 收针针数 ÷ 收针次数 = 63 ÷ 17 = 3……12

余数 δ_2 = 12 针

一段分配式为：1-3 × 17（先收），再将 δ_2 = 12 针加在前面的 12 次收针上，得二段分配式为：1-4 × 12（先收），1-3 × 5。收针规律为先陡后平（先慢后快）。

肩部收针分配式为：1-4 × 12（先收），1-3 × 5，平 1 转。

③后开领收针分配：

A. 后领底平位针数：

后领底平位针数 = 领宽针数 × 后领平收系数 = 52 × 0.7 = 36.4（针）

取 36 针。

或：后领底平位针数取后领宽针数的三分之二。

B. 收针转数：

收针转数 = 后领深转数-1 = 5-1 = 4（转）

收针后取 1 转平摇。

C. 收针针数：

收针针数 =（后领宽针数-后领平位针数）÷ 2 =（52-36）÷ 2 = 8（针）

D. 每次收 2 针，则收针次数 = 8 ÷ 2 = 4 次。

E. 收针分配：

每次收针转数 = 收针转数 ÷ 收针次数 = 4 ÷ 4 = 1（转）

得一段式分配式为：1-2-4。

后开领总的收针分配式为：平收 36 针，1-2 × 4，平 1 转。

（4）下摆罗纹编织工艺：

A. 罗纹开针数：下摆罗纹开针数采用下摆罗纹直接翻针转化成纬平针的设计方法。

下摆罗纹开针数 = 下摆宽针数 = 180针

罗纹组织为1×1罗纹，针床为针槽相对、斜角排针，前床排针90条，后床排针90条。

B. 空转设计：空转1.5转，使罗纹边口饱满、光洁、美观。

C. 罗纹转数：

罗纹转数 = 下摆罗纹高×罗纹纵密 = 5×3.1 = 15.5（转）

2. 前片编织工艺设计

设衣片后折宽为1cm，边缝套口缝耗为2针，纵向缝耗为1转，肩宽修正系数为0.97，领宽修正系数为0.97，前领底平收针宽度取领宽的三分之一，前、后身衣长差取1cm。

（1）计算横向针数：

①胸宽针数：

胸宽针数 =（胸宽+后折宽）×横密+摆缝耗×2 =（55+1）×3.26+2×2 = 186.56（针）

取186针。

②肩宽针数：前片挂肩收针针数比后片多1~2次或相等，收针分配为：1-2-1（先收），1-1-1。

肩宽针数 = 胸宽针数-挂肩收针针数×2 = 186-3×2 = 180（针）

③下摆宽针数：

下摆宽针数 = 胸宽针数 = 186针

④单肩宽针数：

单肩宽针数 = 后片单肩宽 = 63针

⑤领宽针数：

领宽针数 = 肩宽针数-单肩宽针数×2 = 180-63×2 = 54（针）

（2）计算纵向转数：

①衣长转数：

衣长转数 =（衣长-下摆罗纹高+前、后身衣长差÷2）×纵密+纵向缝耗 =（60-5+1÷2）×2.46+1 = 137.53（转）

取137转。

②收肩转数同后片，为17转。

③挂肩高转数：

挂肩高转数 = 衣长转数-挂肩以下转数-肩斜高转数 = 137-62-17 = 58（转）

④挂肩以下转数：

挂肩以下转数 = 后片挂肩以下转数 = 62转

⑤前领深转数：

后领深转数 =（前领深+前、后深衣长差÷2）×纵密 =（10+1÷2）×2.46 = 25.83（转）

取26转。

（3）计算收、放针分配：

①挂肩收针分配：

A. 收针针数 =（胸宽针数–肩宽针数）÷2 =（186–170）÷2 = 3（针）

B. 收针分配：1–2×1（先收），1–1×1。

②肩部收针分配：肩部收针分配同后片，为：1–4×12（先收），1–3×5，平1转。

③前开领收针分配：

A. 前领底平位针数 = 领宽针数 ÷ 3 = 54 ÷ 3 = 18（针）

前领底平位针数取领宽针数的三分之一。

B. 前领深平摇转数 = 前领深转数 ÷ 4 = 26 ÷ 4 = 6.5（转）

取6转。

C. 前领收针分配：

收针针数 =（领宽针数–领底平位针数）÷2 =（54–18）÷2 = 18（针）

收针转数 = 前领深–前领深平摇转数 = 26–6 = 20（转）

采用三分之一分配法，将收针数均分为三份，为6、6、6针。第一段分配式为1–2×3；第二段的分配式为1–1×6；第三段收针转数为20–3–6 = 11转，收针针数为6针，每次收1针，收针分配为1–1×1，2–1×5。

前开领总的收针分配式为：平收18针，1–2×3，1–1×7，2–1×5，平6转。

（4）下摆罗纹编织工艺：

①罗纹开针数：下摆罗纹开针数采用下摆罗纹直接翻针转化成纬平针的设计方法。

下摆罗纹开针数 = 下摆宽针数 = 186针

罗纹组织为 1×1 罗纹，针床为针槽相对、斜角排针，前床排针 93 条，后床排针 93 条。

②空转设计：空转1.5转，使罗纹边口饱满、光洁、美观。

③罗纹转数：

罗纹转数 = 下摆罗纹高 × 罗纹纵密 = 5 × 3.1 = 15.5（转）

3. 袖片编织工艺设计

设：袖边缝套口缝耗为2针，纵向缝耗为1转，袖宽修正系数为1.08，领长修正系数为0.95，袖口修正系数为1.35，袖挂肩下平摇高度为3cm。

（1）计算横向针数：

①袖宽针数：

袖宽针数 = 袖宽×2×袖宽修正系数×横密+缝耗×2 = 20×2×1.08×3.26+2×2 = 144.8（针）

取144针。

②袖口针数：

袖口针数 = 袖口×2×袖口修正系数×横密+缝耗×2 = 9×2×1.35×3.26+2×2 = 83.22（针）

取84针。

（2）计算纵向转数：

①袖长转数：

袖长转数 =（袖长-袖口罗纹高）× 袖长修正系数 × 纵密+缝耗 =（50-5）× 0.95 × 2.46+ 1 =106.12（转）

取 106 转。

②袖挂肩下平摇转数：

袖挂肩下平摇转数 = 平摇高度 × 纵密 = 3 × 2.46 = 7.38（转），取 8 转。

③袖片放针转数：

袖片放针转数 = 袖长转数-袖挂肩下平摇转数 = 106-8 = 98（转）。

（3）计算袖片放针分配：

①放针针数：

放针针数 =（袖宽针数-袖口针数）÷ 2 =（144-84）÷ 2 = 30（针）。

②每次放 1 针，则放针次数 = 放针针数 ÷ 1 = 30 ÷ 1 = 30（次）。

③放针分配。采用先放针，则

每次放针转数 = 放针转数 ÷（放针次数-1）= 98 ÷（30-1）= 3……11（转）

一段式分配式为：3+1 × 30（先放），再将余下的 11 转加到后面的 11 次放针中，得二段分配式：3+1 × 19（先放），4+1 × 11。

（4）袖口罗纹编织工艺：

①袖口罗纹编织工艺设计：

A. 罗纹开针数：袖口罗纹开针数采用袖口罗纹直接翻针转化成纬平针的设计方法。

袖口罗纹开针数 = 袖口针数 = 84 针

罗纹组织为 1 × 1 罗纹，针床为针槽相对、斜角排针，前床排针 42 条，后床排针 42 条。

B. 空转设计：空转 1.5 转，使罗纹边口饱满、光洁、美观。

C. 罗纹转数 = 下摆罗纹高 × 罗纹纵密 = 5 × 3.1 = 15.5（转）

②袖山头做记号：设计中前片比后片长 1cm，合肩后肩缝线后折约 0.5cm，因此袖山头中点偏前 0.5cm，合 2 针。即袖中挑孔记号偏后 2 针：69v 74，左右袖片对称。

（四）领条成型工艺设计

1. 领条长度计算

已知：本款毛衫领深 10cm，领宽 18cm，属于 U 型领。求：领圈周长。

领圈周长 = 领宽 ÷ 2 × π +2 ×（领深-领宽 ÷ 2）+领宽 = 18 ÷ 2 × 3.14+2 ×（10-18 ÷ 2）+ 18 = 48.26（cm）

也可以通过纸样测量得到这个数据。

2. 选择套口机机号

套口机机号选用比衣片编织机号大 2~4 个机号。衣片采用 7 针横机进行编织，选用 10 针套口机。

3. 开针数设计

开针数 = 领条长 ÷ 2.54 × 套口机机号 = 48.26 ÷ 2.54 × 10 = 190（针）

4. 罗纹平摇转数设计

罗纹平摇转数 = 领罗纹高 × 罗纹纵密 = 3 × 3.42 = 10.26（转）

取10转。

5. 领条编织设计

开针190针（含2针缝耗）。

6. 记号点设计

（1）领条上法。领条为单层领，从成衣左肩缝线后1.5cm处开始套缝，至左肩缝线、前领左平摇段、左斜收段、领底平收段、右斜收段、右平摇段、右肩缝线、后领止，在上述线段两端做记号点。

（2）计算各线段长度。领条长度分段如图4-31所示。

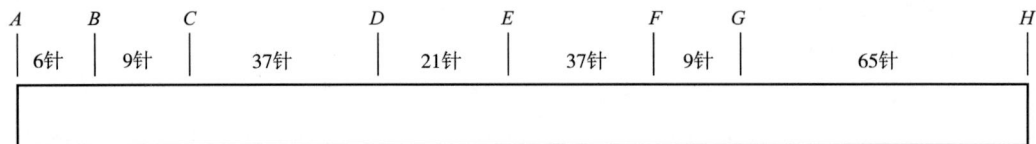

A	B	C		D	E		F	G		H
6针	9针		37针	21针		37针	9针		65针	

AB：左后领起　　*BC*：左平摇　　*CD*：左斜收　　*DE*：领底平位　　*EF*：右斜收　　*EG*：右平摇　　*GH*：后领止

图4-31　领条记号点位置示意图

①*AB*线段长设为1.5cm，*AB* = 1.5 ÷ 48.26 × 190 = 5.90（针），取6针。

②*BC*为平摇段，共6转，*BC* = 6 ÷ 2.46 ÷ 48.26 × 190 = 9.6（针），取10针。

③*DE*为领底平收针段，共18针，*DE* = 18 ÷ 3.26 ÷ 48.26 × 190 = 21.74（针），取22针。

④后领宽*GH*取为领宽18cm减去1.5cm，*GH* = (18-1.5) ÷ 48.26 × 190 = 64.96（针），取65针。

⑤*FG* = *BC* = 10针。

⑥*CD* = *EF* = (开针数-*AB*-*BC*-*DE*-*GH*-*FG*) ÷ 2 = (190-6-10-22-65-10) ÷ 2 = 38.5（针），取38针。将*GH*修改为66针。

⑦挑记号顺序：6v 9v 37v 21v 37v 9v 65。

（五）各衣片编织操作工艺单

将各衣片的成型工艺汇总，得到编织操作工艺单，如图4-32所示。

二、弯夹对膊毛衫编织工艺设计

（一）毛衫基本信息

款式：女装圆领弯夹对膊收腰长袖毛衫

用料：35.7tex × 2（28/2公支），100%羊绒纱线

针型：12G

尺码：M

6针 Ｖ 9针 Ｖ 37针 Ｖ 21针 Ｖ 37针 Ｖ 9针 Ｖ 65针

平10转 翻单面 松半转 废纱封口

领条开190针 1×1罗纹 斜角 空转1.5转

（a）领条

（b）后片

63针　52针　63针

135转

平1转　　平1转
1-2-4　　1-3-5
平收6针　1-4-12（先）

肩第13次收针即开领

平56转即收肩

1-1-1（先收）

平62转

1.5转空转 平15.5转

开180针 1×1罗纹 斜角

（b）后片

（c）前片

63针　54针　63针

137转

平1转
1-3-5
1-4-12（先）
第9次收针
后即收肩

平6转
2-1-5
1-1-7
1-2-3
平收18针

中落18针分边收针

平26转

1-1-1

1-2-1（先收）

平62转

1.5转空转 平15.5转

开186针 1×1罗纹 斜角

（c）前片

（d）袖片

144针　106转

69针 挑孔 74针

平8转

4+1+11

3+1+19（先）

1.5转空转 平15.5转

开84针 1×1罗纹 斜角

（d）袖片

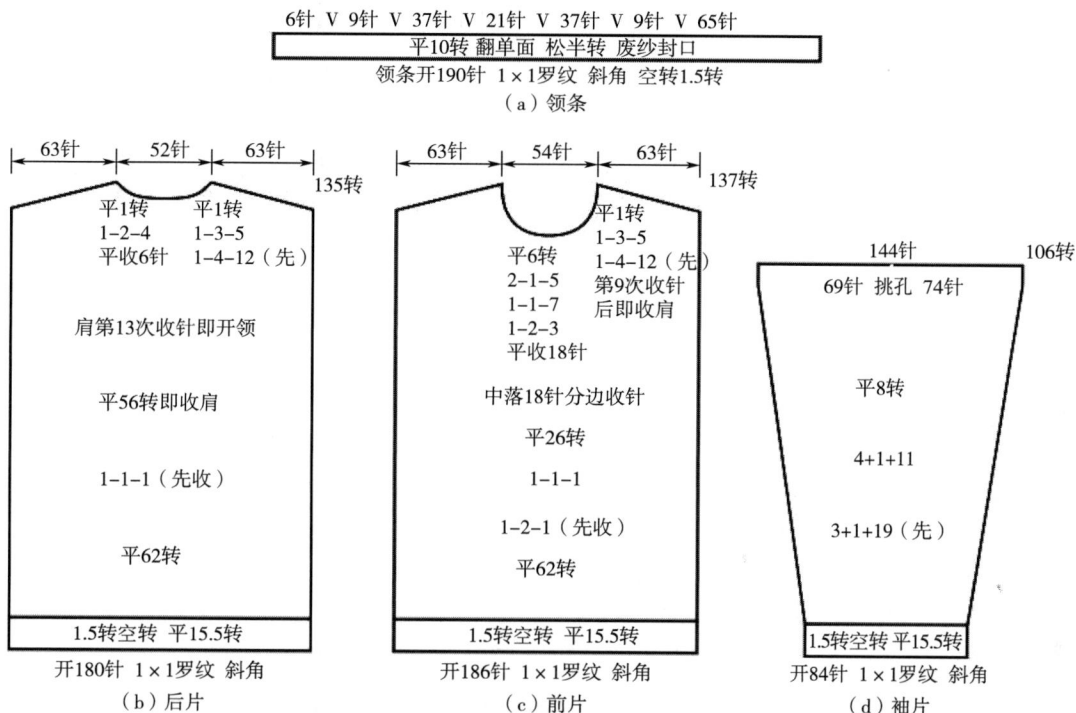

图4-32　女装圆领直夹对膊长袖毛衫编织操作工艺单

组织：衣身、袖子采用纬平针；领子、下摆及袖口采用1×1罗纹，下摆及袖口罗纹加150旦弹力丝；挂肩采用夹4支边收针，领采用0支边收针。

成品密度：纬平针，横密6.4针/cm，纵密4.6转/cm；下摆、袖口罗纹，纵密5.4转/cm；领罗纹纵密5.8转/cm。

下机密度：衣身、袖子采用纬平针，10转拉3.7cm；罗纹加弹力丝，10转拉3.7cm。

女装圆领弯夹对膊收腰长袖毛衫平面款式图如图4-33所示，其规格尺寸见表4-3。

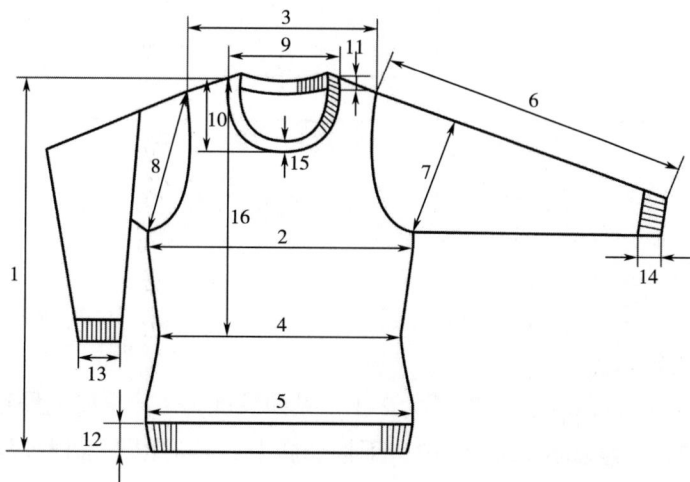

图4-33　女装圆领弯夹对膊收腰型长袖毛衫平面款式图

表 4-3　女装圆领弯夹对膊收腰型长袖毛衫规格尺寸表

序号	部位名称	尺寸/cm	序号	部位名称	尺寸/cm
1	衣长	60	9	领宽	20
2	胸宽	48	10	前领深	11
3	肩宽	37	11	后领深	2
4	腰宽	45	12	下摆罗纹高	6
5	下摆宽	48	13	袖口罗纹宽	9
6	袖长	54	14	袖口罗纹高	6
7	袖宽	16	15	领条高	3
8	挂肩	20.5	16	腰距	36

（二）款式分析与衣片结构分解

1. 款式分析

本款毛衫为圆领、收腰、装袖型毛衫，肩部有斜度，腰部有收腰，平袖。

2. 衣片结构分解

根据平面款式图的特征，将成衣分解为前片、后片、袖片、领条四个部件，如图4-34所示。在工艺设计过程中，清晰了解衣片的外轮廓形状，有助于进行衣片成型工艺的设计。

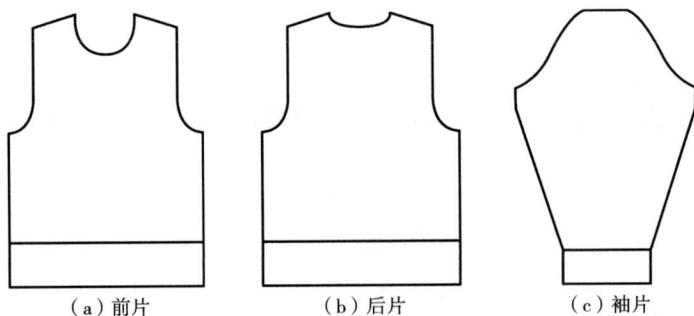

（a）前片　　　　　　　（b）后片　　　　　　　（c）袖片

图 4-34　衣片结构分解示意图（不含领条）

（三）毛衫编织工艺设计

1. 后片编织工艺设计

设：衣片后折宽为1cm，摆缝缝耗为2针，纵向缝耗为1转，肩宽修正系数为0.92，领宽修正系数为0.97，后领平收系数为0.7，下摆、腰节、挂肩以下平摇高均为3cm。

（1）横向针数：

①胸宽针数：

胸宽针数 =（胸宽–后折宽）× 横密+缝耗针数 × 2 =（48–1）× 6.4+2 × 2 = 304.8（针）

取 305 针。

②腰宽针数：

腰宽针数 =（腰宽–后折宽）× 横密+缝耗针数 × 2 =（45–1）× 6.4+2 × 2 = 285.6（针）

取 285 针。

③下摆宽针数：

下摆宽针数 = 下摆宽 × 横密 = 48 × 6.4 = 304.8（针）

取 305 针。

④肩宽针数：

肩宽针数 = 肩宽 × 肩宽修正系数 × 横密+缝耗 × 2 = 37 × 0.92 × 6.4+2 × 2 = 221.856（针）

取 221 针。

⑤领宽针数：

领宽针数 = 领宽 × 领宽修正系数 × 横密–缝耗 × 2 = 20 × 0.97 × 6.4–2 × 2 = 120.16（针）

取 121 针。

（2）纵向转数：

①衣长转数：

衣长转数 =（衣长–下摆罗纹高）× 纵密+纵向缝耗 =（60–6）× 4.6+1 = 249.4（转）

取 249 转。

②下摆平摇转数：

下摆平摇转数 = 下摆平摇高 × 纵密 = 3 × 4.6 = 13.8（转）

取 14 转。

③腰节以下收针转数：

收针转数 =（衣长–下摆罗纹高–腰距–腰节平摇高 ÷ 2–下摆平摇高）× 纵密 =（60–6–36–3 ÷ 2–3）× 4.6 = 62.1（转）

取 62 转。

④腰节平摇转数：

腰节平摇转数 = 腰节平摇高 × 纵密 = 3 × 4.6 = 13.8（转）

取 14 转。

⑤收肩转数：

肩斜高 = 单肩宽 × 0.375 =（肩宽针数–领宽针数）÷ 2 ÷ 横密 × 0.375 =（221–121）÷ 2 ÷ 6.4 × 0.375 = 2.93（cm）

收肩转数 = 肩斜高 × 纵密 = 2.93 × 4.6 = 13.478（转）

取 14 转。

⑥挂肩高转数：

挂肩高 = $\sqrt{挂肩^2 –[（胸宽 – 肩宽）÷ 2]^2}$ = $\sqrt{20.5^2 –[（48 – 37）÷ 2]^2}$ = 19.75（cm）

挂肩高转数 = 挂肩高 × 纵密 = 19.75 × 4.6 = 90.85（转）

取91转。

⑦挂肩以下平摇转数：

挂肩以下平摇转数 = 平摇高 × 纵密 = 3 × 4.6 = 13.8（转）

取14转。

⑧腰节以上放针转数：

放针转数 = 放针高度 × 纵密 = （腰距−肩斜高−挂肩高−挂肩以下平摇−腰节平摇高 ÷2）× 纵密 = （36−2.93−19.75−3−3 ÷ 2）× 4.6 = 40.572（转）

取40转。

⑨挂肩收针转数：挂肩收针高度为挂肩尺寸三分之一左右，可根据款式要求调整；或者采用比例法设计挂肩收针高度，即通过设定挂肩收针高度与挂肩收针宽度的比值来计算挂肩收针高度，这个比值通常设计为1.25，即

挂肩收针高度 ÷ 挂肩收针宽度 = 1.25

本例采用比例法设计挂肩收针高度。

挂肩收针转数 = 收针长度 × 1.25 × 纵密 = 挂肩收针针数 ÷ 横密 × 1.25 × 纵密 = 42 ÷ 6.4 × 1.25 × 4.6 = 37.73（转）

取38转。

⑩挂肩以上平摇转数：本例挂肩以上不做放针设计，挂肩收针后平摇直至外肩点。

挂肩以上平摇转数 = 挂肩高转数−挂肩收针转数 = 91−38 = 53（转）

⑪上袖记号点设计：挂肩上袖记号点距离挂肩底的垂直距离与袖山高相当，可以通过计算袖山高得到，其转数称为与袖山高对应的转数。

$$与袖山高对应的转数 = （\sqrt{挂肩^2 - 袖宽^2} + 袖山高修正值 × 纵密）$$

$$= （\sqrt{20.5^2 - 16^2} + 2）× 4.6 = （12.81+2）× 4.6 = 68.126（转）$$

取69转。

记号点距离挂肩收针结束点转数 = 与袖山高对应的转数−挂肩收针转数 = 69−38 = 31（转）

记号点距离外肩点转数 = 挂肩高转数−与袖山高对应的转数 = 91−69 = 22（转）

（3）收、放针分配：

①挂肩收针分配：根据毛衫成型编织设计基本原理，将挂肩收针设计为平收针、斜收针及平摇三段。

A. 挂肩收针针数 = （胸宽针数−肩宽针数）÷ 2 = （305−221）÷ 2 = 42（针）

B. 挂肩平收针：在挂肩底部设计1.5cm宽度的平收针段。

平收针数 = 平收针宽度 × 横密 = 1.5 × 6.4 = 9.6（针）

取10针。

C. 挂肩收针分配：

收针针数 = 挂肩收针针数−平收针数 = 42−10 = 32（针）

挂肩收针转数 = 38转

每次收针针数：本款在挂肩收针段做收针夹花（有边收针）效果，采用夹4支边收针。衣片采用12针横机编织，设每次收2针。

收针分配：按比例法进行设计，拟分成3段收针，将38转按2：3：4分成8转、13转、17转三段，横向32针分成三等分，即10针、12针、10针三段，针数不能均分时调整中间段，尽量调整为每次收针数的倍数，多余针数放到第一段或最后一段再调整。

a. 第一段收10针、摇8转：

收针次数 = 收针针数 ÷ 2 = 10 ÷ 2 = 5（次）

每次收针转数 = 收针转数 ÷ 收针次数 = 8 ÷ 5 = $1\frac{3}{5}$（转）

用"变换分配法"，取 δ_2 = 3 转，则每次收针转数为（8-3）÷ 5 = 1（转），因此，其初步分配式为：1-2 × 5。

由于挂肩收针先平后陡，因此，将 δ_2 = 3 转均匀放在最后的3次收针中，得最终二段收针分配式：1-2 × 2，2-2 × 3。

b. 第二段收12针、摇13转：

收针次数 = 收针针数 ÷ 2 = 12 ÷ 2 = 6（次）

每次收针转数 = 收针转数 ÷ 收针次数 = 13 ÷ 6 = $2\frac{1}{6}$（转）

用"变换分配法"，取 δ_2 = 1 转，则每次收针转数为（13-1）÷ 6 = 2（转），因此，其初步分配式为：2-2 × 6。

将 δ_2 = 1 转放在最后的1次收针中，得最终二段收针分配式：2-2 × 5，3-2 × 1。

c. 第三段收10针、摇17转：

收针次数 = 收针针数 ÷ 2 = 10 ÷ 2 = 5（次）

每次收针转数 = 收针转数 ÷ 收针次数 = 17 ÷ 5 = $3\frac{2}{5}$（转）

用"变换分配法"，取 δ_2 = 2 转，则每次收针转数为（17-2）÷ 5 = 3（转），因此，其初步分配式为：3-2 × 5。

将 δ_2 = 2 转放在最后的2次收针中，得最终二段收针分配式：3-2 × 3，4-2 × 2。

按挂肩收针先平后陡的顺序将收针规律汇总，得总的收针分配式为：平收 10 针，1-2 × 2，2-2 × 8，3-2 × 4，4-2 × 2。

②肩部收针设计：

A. 肩部收针针数 =（肩宽针数-领宽针数）÷ 2 =（221-121）÷ 2 = 50（针）

B. 肩斜高转数 = 肩斜高 × 纵密 = 2.93 × 4.6 = 13.478（转）

取14转。

肩部收针数较多、转数较少，使用持圈收针（局部编织）法，每次收针转数为1转。收针在挂肩平摇之后进行，采用先收针方式，收针结束后平摇1转。所以，

肩部收针转数 = 肩斜高转数-1 = 14-1 = 13（转）

C. 收针次数 = 肩部收针转数+1 = 13+1 = 14（次）

D. 收针分配。

每次收针针数 = 收针针数 ÷ 收针次数 = $50 ÷ 14 = 3\frac{8}{14}$（针）

用"变换分配法"，取$\delta_1 = 8$针，则收针次数为（50-8）÷ 14 = 3，初步分配式为分为 1-3×14（先收）。将$\delta_1 = 8$针放在最后的8次收针中，得最终二段收针分配式：1-3×6（先收），1-4×8，平1转。后片肩部收针按先急后缓的顺序，与人体肩部线条相符。

③后领开领：

A. 领底平收针针数 = 领宽针数×后领平收系数 = 121×0.70 = 84.7（针）

取85针。

B. 领边收针针数 =（领宽针数–领底平收针针数）÷ 2 =（121-85）÷ 2 = 18（针）

C. 开领转数 = 后领深×纵密 = 2×4.6 = 9.2（转）

取9转。

D. 收针分配。收针针数为18针、转数为9转，设收针后平摇1转、每转收一次。则：

每次收针针数 = 收针针数 ÷ 收针转数 = 18 ÷（9-1）= 2.25（针）

分为二段收针。按程式法得二段收针分配式：1-3×2，1-2×6。

汇总后得后开领收针分配为：领底平收85针，1-3×2，1-2×6，平1转。

④腰节以下收针设计：

A. 收针针数 =（下摆宽针数–腰宽针数）÷ 2 =（305-285）÷ 2 = 10（针）

B. 收针转数 = 62转

C. 设腰节以下每次收针数为1针，则：收针次数 = 收针针数 = 10（次）

D. 收针分配。

每次收针转数 = 收针转数 ÷（收针次数-1）= 62 ÷（10-1）= 6.889（转），介于6转与7转之间，将之拆分为相邻的两段收针规律：

$$\begin{cases} 6 - 1 \times n_{31} \\ 7 - 1 \times n_{32} \end{cases} \longrightarrow \begin{cases} n_{31} + n_{32} = 10 \\ 6n_{31} + 7(n_{32} - 1) = 62 \end{cases} \longrightarrow \begin{cases} n_{31} = 1 \\ n_{32} = 9 \end{cases} \longrightarrow \begin{cases} 6 - 1 \times 1 \\ 7 - 1 \times 9 \end{cases}$$

得收针分配式为：7-1×9（先收）、6-1×1。此处收针先陡后平。

⑤腰节以上放针设计：

A. 放针针数 =（胸宽针数–腰宽针数）÷ 2 = 10（针）

B. 放针转数 = 40转

C. 放针次数 = 放针针数 = 10次

D. 放针分配：此处是在腰节平摇后放针，因此放针方式为先放，每次放1针。

每次放针转数 = 40 ÷（10-1）= 4.44转，用程式法算处二段放针式：

$$\begin{cases} 4 + 1 \times n_{31} \\ 5 + 1 \times n_{32} \end{cases} \longrightarrow \begin{cases} n_{31} + n_{32} = 10 \\ 4(n_{31} - 1) + 5n_{32} = 40 \end{cases} \longrightarrow \begin{cases} n_{31} = 6 \\ n_{32} = 4 \end{cases} \longrightarrow \begin{cases} 4 + 1 \times 6 \\ 5 + 1 \times 4 \end{cases}$$

得放针规律为：4+1×6（先收），5+1×4。此处按先平后陡放针。

（4）下摆罗纹编织工艺：

①罗纹开针数：下摆罗纹开针数采用下摆针数直接转化法设计。

下摆罗纹开针数 = 下摆宽针数 = 305针

罗纹组织为1×1罗纹，针床针槽相对、面包底，前床排针158条，后床排针157条。

②空转设计：空转1.5转，使罗纹边口饱满、光洁、美观。

③罗纹转数 = 下摆罗纹高×罗纹纵密 = 6×5.4 = 32.4（转），取32转。

罗纹编织时加弹力丝。

2. 前片编织工艺设计

设：衣片后折宽为1cm，摆缝缝耗为2针，纵向缝耗为1转，肩宽修正系数为0.93，领宽修正系数为0.97，下摆平摇高、腰节平摇高、挂肩以下平摇高均为3cm。

（1）先计算横向针数：

①胸宽针数：

胸宽针数 =（胸宽+后折宽）×横密+缝耗×2 =（48+1）×6.4+2×2 = 317.6（针）

取317针。

②腰宽针数：

腰宽针数 = 胸宽针数-（胸宽-腰宽）×横密 = 317-（48-45）×6.4 = 297.8（针）

取297针。

③下摆宽针数：

下摆宽针数 = 胸宽针数-（胸宽-下摆宽）×横密 = 317（针）

④肩宽针数 = 后片肩宽针数 = 221针

⑤领宽针数 = 后领宽针数 = 121针

（2）再计算纵向转数：

①前片衣长转数：考虑肩缝整烫的需要，前片挂肩应较后片长1cm，折合转数为4.6转，取5转，所以，

前片衣长转数 = 后片衣长转数+5 = 249+5 = 254（转）

②下摆平摇转数同后片，取14转。

③腰节以下收针转数同后片，取62转。

④腰节平摇转数同后片，取14转。

⑤腰节以上放针转数同后片，取40转。

⑥挂肩以下平摇转数同后片，取14转。

⑦前片挂肩高转数 = 后片挂肩高转数+前片比后片长的尺寸×纵密 = 91+1×4.6 = 95.6（转）

取96转。

⑧前片肩斜高转数同后片，取14转。

⑨挂肩以上平摇转数 = 后片挂肩以上平摇转数 = 53转

⑩记号点位置转数 = 后片记号点高度转数+5转 = 69+5 = 74（转）

A. 挂肩收针结束至记号点高度转数 = 74-（38+5）= 31（转）

B. 记号点以上平摇转数 = 后片记号点以上平摇转数 = 22转

（3）然后计算前片收、放针分配：

①挂肩收针分配：计算方法同后片。

前片挂肩收针针数 =（前胸宽针数-肩宽针数）÷ 2 =（317-221）÷ 2 = 48（针）

前片挂肩较后片每侧多收6针，采用每次收2针，在后片收针分配的基础加上3次收针即可，同时使收针转数也增加，增加的转数为前片挂肩以上转数比后片多的5转。

前片收针转数 = 后片收针转数+5 = 38+5 = 43（转）

后片挂肩收针规律为：平收10针，1-2×2，2-2×8，3-2×4，4-2×2。前片挂肩需要比后片挂肩在5转内多收6针，可分配为：1-2×2，3-2×1。

因此，前片挂肩收针分配式为：平收10针，1-2×4，2-2×8，3-2×5，4-2×2。

②前片肩部收针分配同后片，收针分配式为：1-3×6（先收），1-4×8，平1转。

③前开领收针分配：

A. 前领宽针数 = 后领宽针数 = 121针

B. 领底平收针针数 = 前领宽针数 ÷ 3 = 121 ÷ 3，取41针。

C. 每侧领收针针数 =（前领宽针数-领底平收针数）÷ 2 =（121-41）÷ 2 = 40（针）。

D. 前领深转数 =（前领深+前、后片衣长差 ÷ 2）× 纵密 =（11+1 ÷ 2）× 4.6 = 52.9（转）取53转。

E. 前领深平摇转数 = 前领深转数 ÷ 3 = 53 ÷ 3 = 17.7（转），取18转。

F. 收针分配：每侧收针针数为40针，收针转数为53-18 = 35（转）。

按图4-9所示方法，得两个直角三角形△DEC与△CFG，计算得CF为16针，DE为24针，FG为21转，EC为14转，然后计算得出DC段的分配式为1-2×10，2-2×2，CG段的收针分配式为1-1×11，2-1×5，汇总得DG段得收针分配式为1-2×10，2-2×2，1-1×11，2-1×5，调整后为：1-2×10，1-1×15，2-1×5。

前开领最终得成型工艺为：平收41针，1-2×10，1-1×15，2-1×5，平摇18转。

④腰节以下收针规律同后片：7-1×9（先收）、6-1×1。

⑤腰节以上放针规律同后片：4+1×6（先放）、5+1×4。

（4）下摆罗纹编织工艺设计：

①罗纹开针数：下摆罗纹开针数采用下摆针数直接转化法设计。

下摆罗纹开针数 = 下摆宽针数 = 317针

罗纹组织为1×1罗纹，针床针槽相对、面包底，前床排针159条，后床排针158条。

②空转设计：空转1.5转，使罗纹边口饱满、光洁、美观。

③罗纹转数 = 下摆罗纹高×罗纹纵密 = 6×5.4 = 32.4（转）

取32转。

罗纹编织时加弹力丝。

3. 袖子成型工艺设计

设：边缝套口缝耗2针，纵向缝耗为1转，袖挂肩以下平摇高为3cm。袖长修正系数为0.95，袖宽修正系数为1.05，袖口修正系数为1.35，袖山高修正值为2cm。

（1）计算横向针数：

①袖宽针数：袖子开针数少，卷取拉力相对较大，编织后形成纵松横紧的现象。设袖宽修正系数为1.05。

袖宽针数 = 袖宽×2×袖宽修正系数×横密+缝耗×2 = 16×2×1.05×6.4+2×2 = 219.04（针）

取219针。

②袖口针数：规格表中的袖口宽为罗纹口宽，计算袖口针数时需要进行修正，设修正系数为1.35。

袖口针数 = 袖口宽×2×袖口修正系数×横密+缝耗×2 = 9×2×1.35×6.4+2×2 = 159.32（针）

取159针。

③袖山头针数设计：

袖山头针数 =（前片挂肩记号点以上平摇转数+后片挂肩记号点以上平摇转数-肩缝耗×2）÷纵密×横密×袖宽修正系数 =（22+22-1×2）÷4.6×6.4×1.05 = 61.36（针）

取61针。

（2）计算纵向转数：

①袖长转数：

袖长转数 =（袖长-袖口罗纹高）×袖长修正系数×纵密+上袖缝耗 =（54-6）×0.95×4.6+1 = 210.76（转）

取211转。

②袖山高转数：

袖山高收针转数 =（袖山高+袖山高修正值）×纵密 =（$\sqrt{挂肩^2-袖宽^2}$+袖山高修正值）×纵密 =（$\sqrt{20.5^2-16^2}$+2）×4.6 = 68.126（转）

取68转。

③袖挂肩以下平摇转数：

袖挂肩以下平摇转数 = 平摇高×纵密 = 3×4.6 = 13.8（转）

取14转。

④袖身放针转数：

放针转数 = 袖长转数-袖山高转数-袖挂肩以下平摇转数 = 211-68-14 = 129（转）

（3）计算收、放针分配：

①袖山收针设计：

A. 袖挂肩平收针设计：取袖挂肩平收针针数与大身相同，取10针。

B. 袖山收针针数 =（袖宽针数-袖山头针数）÷2 =（219-61）÷2 = 79（针）

C. 每侧斜收针针数 = 袖山收针针数-袖挂肩平收针针数 = 79-10 = 69（针）

D. 每侧收针转数 = 袖山高转数-上袖缝耗 = 68-1 = 67（转）

E. 收针设计：本款为女装，袖山采用S袖的收针方式，美观贴体。

将收针针数69针按3∶2∶3分成26、17、26三段，考虑夹花收针，将中间的奇数针调整，得26、16、27三段；纵向转数按2∶3∶2分成三段，考虑收针方式为先摇后收，最后平摇1转结束，转数分为19、29、19转。解出三个三角形的收针规律：第一段19转收26针，得1-2×7，2-2×6；第二段29转收16针，得3-2×3，4-2×5；第三段19转收27针，得2-2×6，1-2×6，1-3×1。将三段收针规律按先平后陡再平的顺序汇总为：平收10针，1-2×7，2-2×6，3-2×2，4-2×5，3-2×1，2-2×6，1-2×6（无边），1-3×1（无边），平1转，夹4支边收针。

②袖身放针设计：

A. 放针针数 =（袖宽针数－袖口针数）÷2 =（219－159）÷2 = 30（针）

B. 放针转数 = 129转。

C. 每次放1针，放针次数 = 每侧放针针数 ÷ 每次放针针数 = 30÷1 = 30（次）

D. 每次放针转数 = 放针转数 ÷（放针次数－1）= 129 ÷（30－1）= 4.45（转）

用程式法计算得二段收针分配式：4+1×17（先放），5+1×13。

③袖上头做记号：设计中前片挂肩以上比后片长了5转，折合约1cm，合肩后肩缝线后折约0.5cm，因此袖山头中点偏前0.5cm，合4针。即袖中挑孔记号偏后4针：33v27，左右袖片对称。

（4）袖口罗纹编织工艺设计

①罗纹开针数：袖罗纹采用袖口宽针数直接翻转法。

开针数 = 袖口针数 = 159（针）

袖口罗纹组织为1×1罗纹，针床针槽相对、面包底，前床80条、后床79条。

②空转设计：空转1.5转，使罗纹边口饱满、光洁、美观。

③罗纹转数 = 袖罗纹高×罗纹纵密 = 6×5.4 = 32.4（转）

取32转。

罗纹编织时加弹力丝。

（四）领条成型工艺设计

1. 领条长度计算

已知：本款成型服装领深11cm、领宽20cm，属于U形领。

领圈周长 = 领宽÷2×π+（领深－领宽÷2）+领宽 = 20÷2×3.14+（11－20÷2）+20 = 52.4（cm），也可以通过纸样测量得到这个数据。

2. 选择套口机机号

套口机机号选用比衣片编织机号大2~4个机号。采用12针横机进行编织，本例选用16针套口机，机号为每英寸16针。

3. 开针数设计

开针数 = 领条长 ÷2.54×套口机号 = 53.4 ÷2.54×16 = 336.4（针）

取337针。

4. 罗纹平摇转数设计

罗纹平摇转数 = 领罗纹高 × 罗纹纵密 = 3 × 5.8 = 17.4（转）

取17转。

5. 领条编织设计

开针339针，含2针缝耗。

6. 记号点设计

（1）领条上法。领条为单层领，从成衣左肩缝线后1.5cm处开始套缝，至左肩缝线、前领左平摇段、左斜收段、领底平收段、右斜收段、右平摇段、右肩缝线、后领止，在上述线段两端做记号点。

（2）计算各线段长度。领条长度分段参见图4-31。

①AB线段长设为1.5cm，

$AB = 1.5 ÷ 53.4 × 339 = 9.52$（针）

取9针。

②BC为平摇段，共15转，

$BC = 15 ÷ 4.6 ÷ 53.4 × 339 = 20.71$（针）

取21针。

③DE为领底平收针段，共41针，

$DE = 41 ÷ 6.4 ÷ 53.4 × 339 = 40.67$（针）

取41针。

④后领宽GH取为领宽20cm减去1.5cm，

$GH = (20-1.5) ÷ 53.4 × 339 = 117.44$（针）

取117针。

⑤ $FG = BC = 21$ 针

⑥ $CD = EF = （开针数-AB-BC-DE-GH-FG）÷ 2 = (337-9-27-27-41-117) = 58$（针）

⑦挑记号顺序：9 v 20 v 57 v 40 v 57 v 20 v 116。

（五）各衣片编织工艺单

毛衫各衣片编织操作工艺单如图4-35所示。

三、西装膊毛衫编织工艺设计

（一）毛衫基本信息

款式：男装V领西装膊长袖毛衫

用料：35.7tex × 2（28/2公支），100%羊绒纱线

针型：12G

尺码：M

组织：衣身、袖子采用纬平针；领子、下摆及袖口采用2×1罗纹，下摆及袖口罗纹加

9挑孔20挑孔57挑孔40挑孔57挑孔20挑孔116

平17转　单层　松0.5转　翻成单面　废纱封口

领开针数337针　2×1罗纹　面1支包

（a）领条

（b）后片

50针　121针　50针

平1转
1-2-6
1-3-2
（肩第10次
收针后中落
18针分边收
针开领）

249转

平1转
1-4-8
1-3-6（先）
平22转即收肩
平31转夹边1/2针扭叉
4-2-2
3-2-4　⎫
2-2-8　⎬4支边
1-2-2　⎭
平收10针
平14转
5+1+4
4+1+6（先）
平14转
6-1-1
7-1-9（先）
平14转

1.5转空转　32转加弹力丝

开305针　1×1罗纹　面包底

（c）前片

50针　121针　50针

平18转
2-1-5
1-1-15
1-2-10
（夹收针结束中落
41针分边收针开领）

254转

平1转
1-4-8
1-3-6（先）
平22转即收肩
平31转夹边1/2针扭叉
4-2-2
3-2-5　⎫
2-2-8　⎬4支边
1-2-4　⎭
平收10针
平14转
5+1+4
4+1+6（先）
平14转
6-1-1
7-1-9（先）
平14转

1.5转空转　32转加弹力丝

开317针　1×1罗纹　面包底

（d）袖片

61针

33针　v27针　211转

中挑孔偏后斜

平1转
1-3-1
1-2-6
2-2-6　⎫
3-2-1　⎪
4-2-5　⎬4支边
3-2-2　⎪
2-2-6　⎪
1-2-7　⎭
平收10针
5+1+4
4+1+6（先）
平14转
5+1+13
4+1+17（先放）
平14转

1.5转空转

32转加
弹力丝

开159针　1×1罗纹　面包底

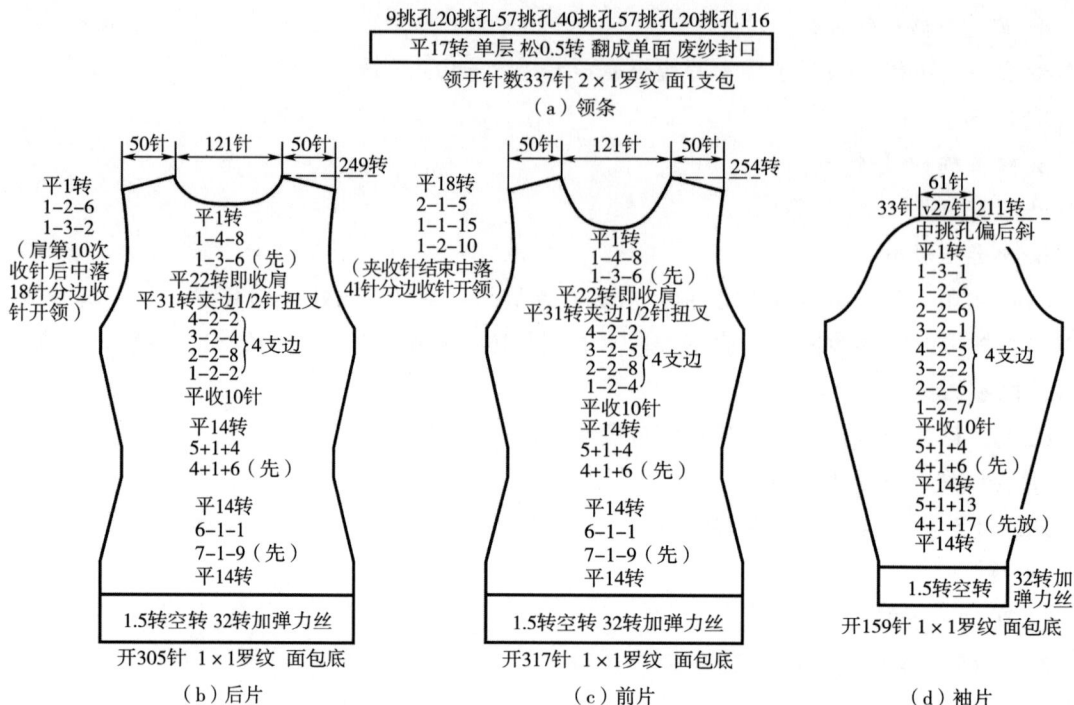

图4-35　女装圆领弯夹对膊收腰长袖毛衫编织工艺单

150旦弹力丝；挂肩采用夹4支边收针，领采用0支边收针。

成品密度：纬平针，横密6.4针/cm，纵密4.6转/cm；罗纹，纵密5.4转/cm；领罗纹，纵密5.8转/cm。

下机密度：衣身、袖子采用纬平针，10转拉3.7cm；罗纹加弹力丝，10转拉3.7cm。

男装V领西装膊长袖毛衫平面款式如图4-36所示，规格尺寸表见表4-4。

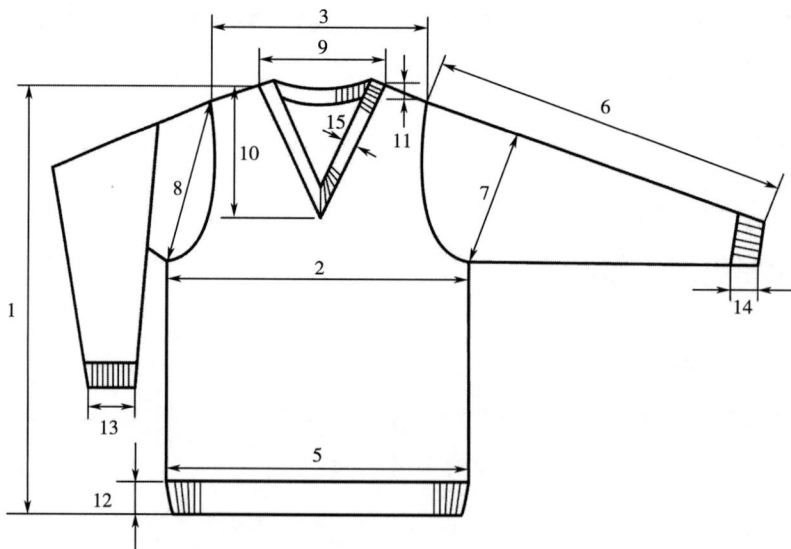

图4-36　男装 V 领西装膊长袖毛衫平面款式

表 4-4 男装 V 领西装膊长袖毛衫规格尺寸表

序号	部位名称	尺寸/cm	序号	部位名称	尺寸/cm
1	衣长	66	9	领宽	18
2	胸宽	50	10	前领深	18
3	肩宽	42	11	后领深	2
4	腰宽	50	12	下摆罗纹高	6
5	下摆宽	50	13	袖口罗纹宽	10
6	袖长	54	14	袖口罗纹高	6
7	袖宽	17	15	领条高	3
8	挂肩	24			

（二）款式分析与衣片结构分解

1. 款式分析
本款成型服装为背肩、直筒、装袖型毛衫，肩部有斜度，平袖长袖。

2. 衣片结构分解
根据平面款式图的特征，将成衣分解为前片、后片、袖片、领条四个部件，如图 4-37 所示。

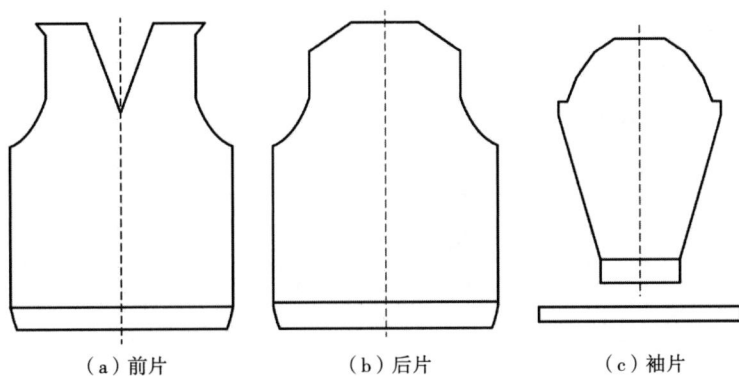

（a）前片　　　　　（b）后片　　　　　（c）袖片

图 4-37 衣片结构分解示意图（不含领条）

（三）毛衫编织工艺设计

1. 后片编织工艺设计
设：衣片后折宽为1cm，摆缝缝耗为2针，纵向缝耗为1转，肩宽修正系数为0.95，领宽修正系数为0.97，后领平收系数为0.7，袖山高修正值为1cm。

（1）计算横向针数：

①胸宽针数：

胸宽针数 =（胸宽-后折宽）×横密+缝耗针数×2 =（50-1）×6.4+2×2 = 317.6（针）

取317针。

②下摆宽针数：

下摆宽针数＝胸宽针数＝317针

③肩宽针数：

肩宽针数＝肩宽×肩宽修正系数×横密+缝耗×2＝42×0.95×6.4+2×2＝259.36（针）

取259针。

④后领宽针数：

后领宽针数＝（领宽−领边缝耗）×横密−缝耗×2＝（18−1）×6.4−2×2＝104.8（针）

取105针。

⑤单肩宽针数

单肩宽针数＝（肩宽针数−领宽针数）÷2＝（259−105）÷2＝77（针）

（2）计算纵向转数：

①衣长转数：

衣长转数＝（衣长−下摆罗纹高）×纵密+纵向缝耗＝（66−6）×4.6+1＝277（转）

②肩斜高转数：

成衣肩斜高 ＝ 单肩宽×0.375 ＝ 单肩宽针数 ÷ 横密×0.375 ＝ 77 ÷ 6.4×0.375 ＝ 11.25×0.375＝4.5（cm）

背肩型（西装膊）挂肩结构如图4-38所示，图中OB为成衣毛衫肩缝线，OK为后片肩线，OQ为前片肩线，KJ为成衣肩斜高，CK为后片挂肩高，BC为成衣挂肩高。

后片肩斜高＝成衣肩斜高×2＝4.5×2＝9（cm）

后片肩斜高＝单肩宽×0.75＝9（cm）

肩斜高转数＝9×4.6＝41.4（转）

取41转。

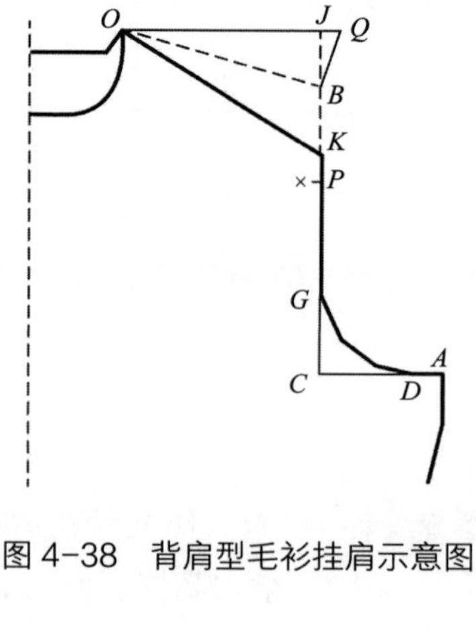

图4-38 背肩型毛衫挂肩示意图

③后片挂肩高转数：

成衣挂肩高＝$\sqrt{挂肩^2−[(胸宽−肩宽)÷2]^2}$＝$\sqrt{24^2−[(50−42)÷2]^2}$＝23.66（cm）

后片挂肩高＝成衣挂肩高－成衣肩斜高＝23.66－4.5＝19.16（cm）

后片挂肩高转数＝后片挂肩高×纵密＝19.16×4.6＝88.136（转）

取89转。

④后片挂肩以下转数：

后片挂肩以下转数＝后片衣长转数－肩斜高转数－后片挂肩高转数＝277－41－89＝147（转）

⑤后片挂肩收针转数：

男装挂肩较大，收针高度取成衣挂肩尺寸的三分之一。

收针转数＝收针高度×纵密＝挂肩高÷3×纵密＝23.66÷3×4.6＝36.28（转）

取36转。

⑥挂肩以上平摇转数：

挂肩以上平摇转数＝后片挂肩转数－收针转数＝89－36＝53（转）

⑦记号点位置转数：

A. 记号点高度转数＝与袖山高对应转数＝（袖山高度＋袖山高修正值）×纵密＝（$\sqrt{挂肩^2-袖宽^2}+1$）×纵密＝（$\sqrt{24^2-17^2}+1$）×4.6＝82.53（转）

取83转。

B. 挂肩收针后至记号点的平摇转数＝记号点高度转数－收针转数＝83－36＝47（转）

C. 后片记号点以上平摇转数＝后片挂肩转数－记号点高度转数＝89－83＝6（转）

⑧后领深转数：

后开领转数＝后领深×纵密＝2×4.6＝9.2（转）

取9转。

（3）计算收针分配：

①后片挂肩收针分配：

A. 挂肩收针针数＝（胸宽针数－肩宽针数）÷2＝（317－259）÷2＝29（针）

B. 收针转数＝收针高度×纵密

男装挂肩较大，收针高度成衣挂肩高得三分之一。

收针转数＝挂肩高÷3×纵密＝23.66÷3×4.6＝36.28（转）

取36转。

C. 挂肩平收针数：在挂肩底部设计2cm平收，平收针数＝收针长度×横密＝2×6.4＝12.8（针）

取13针。

D. 挂肩斜收针分配：

斜收针针数＝挂肩收针针数－平收针数＝29－13＝16（针）

收针转数＝36转

每次收2针，收针次数＝斜收针针数÷2＝16÷2＝8（次）

E. 收针设计方法：

a. 三七法收针设计：按三七法将收转数分成 11 转、25 转，横向收针次数 8 次均分为 2 段。第一段为 11 转每次收 2 针收 4 次，收针分配式为：2-2-1，3-2-3；第二段为 25 转每次收 2 针收 4 次，收针分配式为：6-2-3，7-2-1。汇总得挂肩斜收针分配为：2-2×1，3-2×3，6-2-3，7-2-1。收针转数变化不连续，后边太陡，应增加每次收针转数为 4 转和 5 转的收针规律，调整后得收针分配式为：3-2×2，4-2×2，5-2×2，6-2×2。

b. 二三四法收针设计：按 2∶3∶4 将收针转数分成三段：8、12、16 转，横向收针数分成均等 3 段：3、3、2 次，解出对应的三段收针规律 2-2×1，3-2×2，4-2×3，8-2×2。收针转数变化不连续，后边太陡，调整后得收针分配式为：3-2×2，4-2×2，5-2×2，6-2×2。

②肩部收针分配：

A. 肩部收针针数 =（肩宽针数-领宽针数）÷2 =（259-105）÷2 = 77（针）

B. 肩部收针转数 = 后片肩斜高转数 = 41（转）

C. 收针设计。为了增加肩部美观，此处采用有边收针，每次收 2 针，留 4 支边。

a. 收针次数 = 收针针数 ÷ 每次收针针数 = 77 ÷ 2 = 38（次），还余 1 针，即 δ_1 = 1 针。

b. 每次收针转数 = 收针转数 ÷ 收针次数 = 41 ÷ 38 = 1.08（次），不能除尽，分为两段收针，收针方式为先收，解得：2-2×4（先收），1-2×34，平 1 转。将 δ_1 = 1 针以 1-1×1 得形式放在最后，分配式变换为：2-2×3（先收），1-2×35，1-1×1，平 1 转。

后肩收肩规律：留 4 支边，2-2×3（先收），1-2×30，1-2×5（无边），1-1×1（无边），平 1 转。

③后开领设计：

A. 领宽针数 = 后领宽针数 = 105 针

B. 领底平收针针数 = 领宽针数 × 后领底平收系数 = 105 × 0.7 = 70.5（针）

取 71 针。

C. 领边收针针数 =（领宽针数-领底平收针针数）÷2 =（105-71）÷2 = 17（针）

D. 后开领转数 = 后领深 × 纵密 = 2 × 4.6 = 9.2（转）

取 9 转。

后领收领规律解得：领底平收 71 针，1-3×1（先摇），1-2×7，平 1 转。

（4）后片下摆罗纹编织工艺：

①罗纹开针设计：下摆罗纹采用下摆针数直接转化法设计。

下摆罗纹开针数 = 下摆宽针数 = 317 针。下摆罗纹组织为 2×1 罗纹，循环数为 3。编织时针床织针相错、面包底，前床 106 条，后床 105 条。

②空转设计：罗纹起底后设计空转 1.5 转，使罗纹边口饱满、光洁、美观。

③罗纹转数 = 下摆罗纹高 × 罗纹纵密 = 6 × 5.4 = 32.4（转）

取 32 转，加弹力丝。

2. 前片编织工艺设计

（1）计算横向针数：

①前片胸宽针数：

胸宽针数 =（胸宽+后折宽）× 横密+缝耗×2 =（50+1）× 6.4+2 × 2 = 330.4（针）

取329针。

②下摆宽针数 = 胸宽针数 = 329针

③肩宽针数 = 后片肩宽针数 = 259针

④领宽针数 = 后领宽针数 = 105针

（2）计算纵向转数：

①衣长转数：考虑肩缝整烫的需要，应较后片长1cm。

衣长转数 = 后片衣长转数+前、后身衣长差 ÷2×纵密 = 277+1÷2×4.6 = 279（转）

②前片挂肩以下转数同后片，取147转。

③前片肩斜高转数 = 0转。前片的肩线为水平线，与内肩点同高。

④前片挂肩高度转数：

前片挂肩高度转数 = 前片衣长转数-前片挂肩以下转数 = 279-147 = 132（转）

⑤前片挂肩收针转数：

收针转数 = 36+2 = 38转。为了整烫时肩缝倒后，前片挂肩以上转数比后片多2转。

⑥前片挂肩放针转数：对于背肩（西装膊）毛衫，为了便于缝合，并使毛衫更适合人体体型，通常在前身肩口处加放上袖"劈势"。劈势一般是在衣片挂肩平摇转数的最后3~5cm，每边加放1~1.5cm，以此使肩口向外扩展，使肩口上袖平挺。

挂肩放针转数 = 5×4.6 = 23（转）

⑦挂肩以上平摇转数计算：

挂肩以上平摇转数 = 前片挂肩高转数-前片挂肩收针转数-挂肩放针转数 = 132-38-23 = 71（转）

⑧记号点位置：与后片记号点同高，记号点转数 = 83转。

记号点到挂肩收针结束点的转数为：83-38 = 45（转）

记号点到挂肩放针开始点的转数为：71-45 = 26（转）

前片记号点以上平摇转数 = 挂肩高转数-记号点转数 = 132-83 = 49（转）。这里的平摇转数含挂肩放针转数。

（3）计算收、放针分配：

①前片挂肩收针分配：

A. 挂肩收针针数 =（胸宽针数-肩宽针数）÷2 =（329-259）÷2 = 35（针）

B. 挂肩平收针针数与后片同，取13针。

C. 挂肩斜收针针数 = 挂肩收针数-挂肩平收针数 = 35-13 = 22（针）

D. 收针转数 = 前片挂肩收针转数 = 38转。

E. 每次收2针：

斜收针次数 = 斜收针针数÷每次收针针数 = 22÷2 = 11（次）

F. 斜收针分配：

每次收针转数 = 收针转数÷斜收针次数 = 38÷11 = 3（转），余5转，取δ_2 = 8转。用变换分配法，得二段分配式：3-2×6，4-2×5。为使挂肩收针曲线更加美观，再进行调整得四段收针分配式：2-2×2，3-2×4，4-2×3，5-2×2。

前片挂肩收针分配为：平收10针，2-2×2，3-2×4，4-2×3，5-2×2。

②前片挂肩放针分配（劈势）：

挂肩放针转数＝23转，取放针结束后平摇3转，则实际放针转数为20转。

放针针数＝放针宽度×横密＝1×6.4＝6.4（针），取6针。

采用每次放1针，先放，则放针次数＝放针针数＝6次，每次放针转数＝放针转数÷（放针次数–1）＝20÷（6-1）＝4转，得放针分配式：4+1×6（先放）。

挂肩放针分配为：4+1×6（先放），平3转。

③前开领收针分配：

A. 领宽针数＝后领宽针数＝105针

B. 领底平收针针数：开领时领底挑1针。

C. 领收针针数＝（领宽针数–领底平收针数）÷2＝（105-1）÷2＝52（针）

D. 前领深转数＝（前领深+前、后身衣长差÷2）×纵密＝（18+1÷2）×4.6＝85.1（转），取85转。

E. 领收针设计：本例为挖领V领。

a. 领深平摇转数：取收针后平摇高度为4.5cm。

领深平摇转数＝平摇高度×纵密＝4.5×4.6＝20.7（转）

取21转。

b. 领收针转数＝领深转数–平摇转数＝85-21＝64（转）

c. 设每次收针数为2针。

d. 收针次数＝收针针数÷每次收针针数＝52÷2＝26（次）

e. 每次收针转数＝收针转数÷收针次数＝64÷26＝2.46（转），分为二段收针，解得收针规律为2-2×14，3-2×12。凹势在领深得1/3处，折合为85÷3＝28.3（转），收针分配符合领口造型要求。

前开领最后收针分配为：2-2×14，3-2×12，平21转。

（4）下摆罗纹编织工艺：

①罗纹开针设计：下摆罗纹采用下摆针数直接转换法设计。

下摆开针数＝下摆宽针数＝329针

罗纹为2×1罗纹，针床织针相错、面包底，前床110条、后床109条。

②空转设计：罗纹起底后设计空转1.5转，使罗纹边口饱满、光洁、美观。

③罗纹转数＝下摆罗纹高×罗纹纵密＝6×5.4＝32.4（转），取32转，加弹力丝。

3. 袖片编织工艺设计

（1）计算横向针数：

设：边缝套口缝耗2针，纵向缝耗为1转，袖挂肩以下平摇高为3cm。袖长修正系数为0.95，袖宽修正系数为1.05，袖口修正系数为1.35，袖山高修正值为1cm。

①袖宽针数：

袖宽针数＝袖宽×2×袖宽修正系数×横密+缝耗×2＝17×2×1.05×6.4+2×2＝232.48（针）

取233针。

②袖口针数：

袖口针数 = 袖口宽×2×袖口修正系数×横密+缝耗×2 = 10×2×1.35×6.4+2×2 = 176.8（针）

取177针。

③袖山头针数：

袖山头针数 =（后片记号点以上平摇转数+前片记号点以上平摇转数−肩缝耗×2）÷纵密×横密 =（6+49−1×2）÷4.6×6.4 = 73.74（针）

取71针。

（2）计算纵向转数：

①袖长转数 =（袖长−袖口罗纹高）×袖长修正系数×纵密+上袖缝耗 =（58−6）×0.95×4.6+1 = 228.24（转），取228转。

②袖山高收针转数 =（袖山高+袖山高修正系数）×纵密 =（$\sqrt{挂肩^2-袖宽^2}$+袖山高修正系数）×纵密 =（$\sqrt{24^2-17^2}$+1）×4.6 = 84.52（转），取85转。

③袖挂肩以下平摇转数 = 平摇高×纵密 = 3×4.6 = 13.8（转），取14转。

④放针转数 = 袖长转数−袖山收针转数−袖挂肩以下平摇转数 = 228−85−14 = 129（转）

（3）计算袖片收、放针分配：

①袖山收针分配：

A. 袖挂肩平收针针数。取袖挂肩平收针针数与大身相同，为13针。

B. 袖山收针针数 =（袖宽针数−袖山头针数）÷2 =（233−71）÷2 = 81（针）

C. 斜收针针数 = 袖山收针针数−袖挂肩平收针针数 = 81−13 = 68（针）

D. 每次收2针：

收针次数 = 收针针数 ÷2 = 68÷2 = 34（次）

E. 收针转数 = 袖山高收针转数 = 85转，取收针结束后1转平摇，实际收针转数为84转。

F. 收针设计：袖山采用J曲线设计。将收针次数34次按4段均分成9、8、8、9四段，纵向转数按1：2：3：4分成四段，转数分为9、17、24、34转。第一段9转收9次，得收针分配式为1−2×9；第二段17转收8次，得收针分配式为2−2×7，3−2×1；第三段24转收8次，得收针分配式为3−2×8；第四段34转收9次，得分配式为3−2×2，4−2×7。将收针分配式合并，按先陡后平的顺序排列得：4−2×7，3−2×11，2−2×7，1−2×9。夹采用4支边收针时，最后4次采用无边收针以利于缝合。

袖挂肩收针分配为：平收13针，4−2×7，3−2×11，2−2×7，1−2×5，1−2×4（无边），平1转。

②袖片放针分配：

A. 放针针数 =（袖宽针数−袖口针数）÷2 =（233−177）÷2 = 28（针）

B. 袖长转数 = 228转

C. 放针转数 = 129转

D. 放针次数＝放针针数＝28次

E. 放针分配：每次放针转数＝放针转数÷（放针次数−1）＝129÷（28−1）＝4.8（转）

计算得二段放针分配式：4+1×7（先放），5+1×21。

（4）袖口罗纹编织工艺：

①罗纹开针数：袖罗纹采用袖口宽针数直接翻转法。

开针数＝袖口针数＝177针

袖口罗纹为2×1罗纹，针床对位采用针槽相错、面包底，前床59条、后床58条。

②空转设计：罗纹起底后设计空转1.5转，使罗纹边口饱满、光洁、美观。

③罗纹转数＝袖罗纹高×罗纹纵密＝6×5.4＝32.4（转），取32转。加弹力丝。

④袖上头做记号：已知后片记号点以上平摇为6转，减去缝耗1转余5转，约合1cm，约合5针，即袖山头中间偏后5针挑孔，31v39。

（四）领条罗纹编织工艺设计

1. 计算领条长度

已知：本款毛衫为V领，领深18cm，领宽18cm。

（1）领圈周长＝领宽+$\sqrt{领深^2+半领宽^2}$×2＝18+$\sqrt{18^2+9^2}$×2＝58.3（cm）

也可以通过纸样测量得到领圈周长尺寸。

（2）领条长＝领圈周长＝58.3cm

2. 选择套口机机号

衣片采用12针横机编织，套口机号选用机号比横机机号大2~4，本例选用16机号。

3. 计算领条开针数

领条开针数＝领条长÷2.54×套口机号＝58.3÷2.54×16＝367.2（针）

取367针。

4. 计算罗纹平摇转数

罗纹平摇转数＝领罗纹高×罗纹纵密＝3×5.8＝17.4（转）

取17转。

5. 领条编织设计

开针367针，1×1罗纹，单层领，面包底，空转1.5转，平摇17转，翻针，松0.5转废纱封口，挑记号眼。

6. 记号点设计

（1）领条上法。领条为单层领，自成衣V领领尖开始套缝，至右肩缝线、左肩缝线至领尖止，共做2个记号点，分别在右肩缝线、左肩缝线处。

（2）计算各线段长度：

①领尖至右肩缝线长＝$\sqrt{18^2+9^2}$＝20.12（cm）

转化成针数为：20.12÷58.3×367＝126.7（针）

取127针。

②后领宽段，共18cm，转化成针数为：

18 ÷ 58.3 × 367 = 113.3（针）

取113针。

③挑孔顺序：126v 113v 126。

（五）男装V领背肩直筒型长袖毛衫编织工艺单

男装V领背肩直筒型长袖纬平针毛衫编织操作工艺单如图4-39所示。

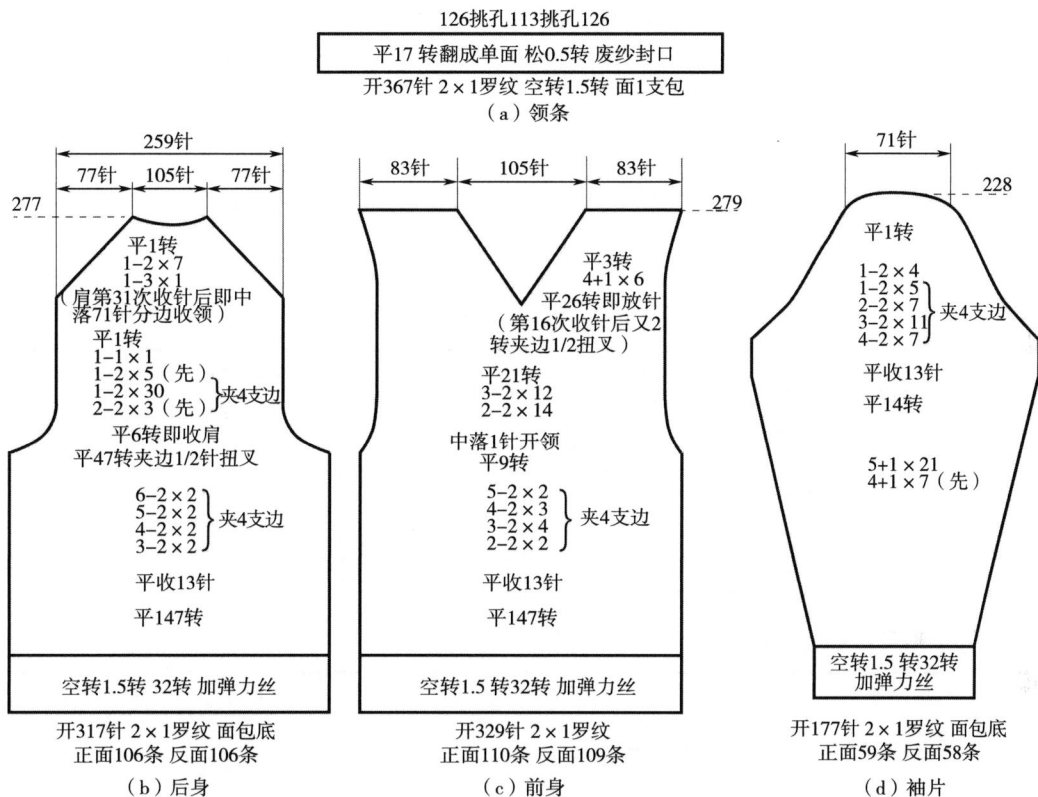

126挑孔113挑孔126

平17 转翻成单面 松0.5转 废纱封口

开367针 2×1罗纹 空转1.5转 面1支包

（a）领条

259针

77针　105针　77针

277

平1转
1-2×7
1-3×1
肩第31次收针后即中
落71针分边收领）
平1转
1-1×1
1-2×5（先）
1-2×30
2-2×3（先）
夹4支边
平6转即收肩
平47转夹边1/2针扭叉

6-2×2
5-2×2
4-2×2
3-2×2
夹4支边

平收13针

平147转

空转1.5转 32转 加弹力丝

开317针 2×1罗纹 面包底
正面106条 反面106条

（b）后身

83针　105针　83针

279

平3转
4+1×6
平26转即放针
（第16次收针后又2
转夹边1/2扭叉）
平21转
3-2×12
2-2×14
中落1针开领
平9转

5-2×2
4-2×3
3-2×4
2-2×2
夹4支边

平收13针

平147转

空转1.5 转32转 加弹力丝

开329针 2×1罗纹
正面110条 反面109条

（c）前身

71针

228

平1转
1-2×4
1-2×5
2-2×7
3-2×11
4-2×7
夹4支边

平收13针
平14转

5+1×21
4+1×7（先）

空转1.5 转32转
加弹力丝

开177针 2×1罗纹 面包底
正面59条 反面58条

（d）袖片

图4-39 男装Ⅴ领西装膊长袖毛衫编织操作工艺单

四、插肩袖毛衫编织工艺设计

（一）毛衫基本信息

款式：女樽领插肩袖型长袖毛衫

用料：38.5tex×2（26/2公支），100%羊绒纱线

针型：12G

尺码：M

组织：大身、下摆罗纹、袖口罗纹组织采用2×1罗纹，领罗纹组织采用1×1罗纹；下摆、袖口罗纹加同色150旦弹力丝；挂肩采用夹4支边有边收针，领采用0支边无边收针。

成品密度：大身罗纹，横密6.4针/cm，纵密4.6转/cm；下摆、袖口罗纹，纵密5.4转/cm；

领罗纹，横密7.06针/cm，纵密5.8转/cm。

女樽领插肩袖长袖毛衫平面款式图如图4-40所示，规格尺寸见表4-5。

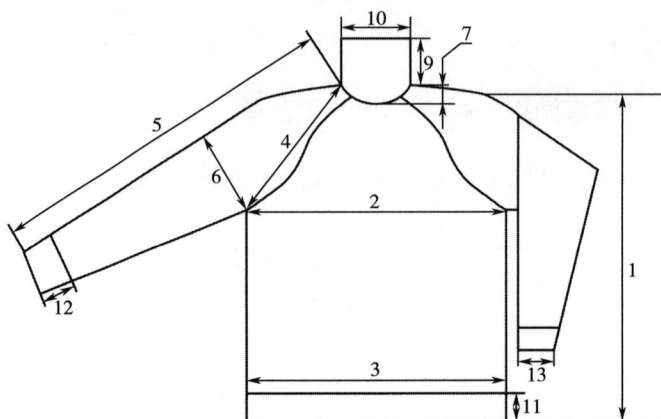

图4-40 女樽领插肩袖长袖毛衫平面款式图

表4-5 女樽领插肩袖型长袖毛衫规格尺寸表

序号	部位名称	尺寸/cm	序号	部位名称	尺寸/cm
1	衣长	58	8	后领深	2
2	胸宽	43	9	领高	20
3	下摆宽	43	10	领宽	18
4	挂肩	22	11	下摆罗纹高	5
5	袖长	63	12	袖口罗纹高	5
6	袖宽	14.5	13	袖口罗纹宽	8
7	前领深	10	14	挂肩平收	1

（二）款式分析与衣片结构分解

1. 款式分析
本款毛衫为插肩袖、直腰身、樽领、长袖。

2. 衣片结构分解
根据平面款式图的特征，将成衣分解为前片、后片、袖片、领条四个部件，如图4-41所示。在设计过程纵应清晰了解衣片的外轮廓，有助于进行衣片成型工艺的设计。

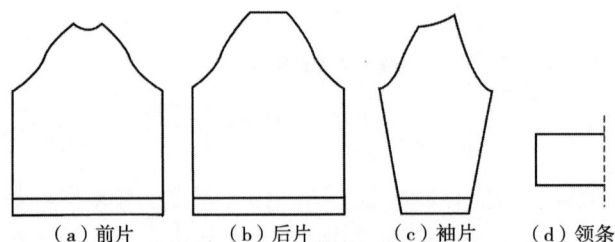

（a）前片　　　　（b）后片　　　　（c）袖片　　（d）领条

图4-41 衣片结构分解示意图

（三）成型工艺参数设计

1. 插肩袖前折尺寸设计

根据插肩袖设计原理，袖与前片分割线位于圆领半领弧长1/3处*B*点，如图4-42所示。

图中领深为10cm、半领宽为9cm，量取领弧*AD*总长为15.2cm，将领弧*AD*三等分，每段长为5.04cm，即*AB*=*BC*=*CD*。自内肩点*A*向下量弧长5.04cm到*B*点，测得*AB*的垂直距离为4.5cm，水平距离为1.3cm。*B*点的内侧偏移值（*AB*的水平距离）随着领深的不同发生变化，

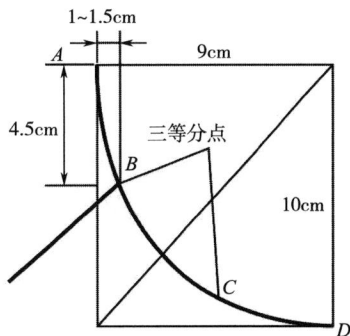

图 4-42　插肩分割线示意图

领深越小则数值越大，取值范围为1~2cm。*B*点的位置可上下移动，不同的取点需要计算不同的位置尺寸。

2. 成型工艺参数设定

已知采用12针电脑横机编织，设：衣片后折宽为1cm，摆缝缝耗为2针，纵向缝耗为1转，肩宽修正系数为0.93，领宽修正系数为0.93，肩斜高为3cm，后领底平收针系数取为0.7，前领底平收针系数为0.35。袖后折尺寸为2cm，袖前折尺寸为4.5cm。领内侧偏移值为1.5cm。袖山头缝合系数为0.45，袖宽修正系数为1.05，袖口修正系数为1.35，袖长修正系数为0.95，袖挂肩以下平摇3cm。

（四）毛衫编织工艺设计

1. 后片成型工艺设计

（1）计算横向针数：

①胸宽针数：

胸宽针数 =（胸宽−后折宽）×横密+缝耗针数×2 =（43−1）×6.4+2×2 = 272.8（针）

取273针。

②下摆宽针数：

下摆宽针数 = 胸宽针数 = 273针

修正为3的倍数。

③领宽针数：

领宽针数 = 领宽×后领平收针系数×横密+缝耗×2 = 18×0.7×6.4+2×2 = 84.64（针）

取85针。

（2）计算纵向转数：

①后片衣长转数 =（衣长−下摆罗纹高−袖后折尺寸）×纵密+缝耗 =（58−5−2）×4.6+1 = 235.6（转）

取235转。

②后片挂肩高转数：已知胸宽、领宽、挂肩的尺寸，根据勾股定理计算挂肩高。

挂肩高 $= \sqrt{挂肩^2 - [(胸宽 - 领宽) \div 2]^2} = \sqrt{22^2 - [(42 - 18) \div 2]^2} = 18.44$（cm）

后片挂肩高转数 $=$（挂肩高-袖后折尺寸）$\times$纵密 $=$（18.44-2）$\times$4.6 = 75.6（转）

取75转。

③挂肩以下转数 = 衣长转数-挂肩高转数 = 235-75 = 160（转）

（3）计算后片收针分配：

①挂肩平收针：已知挂肩平收针长度为1cm，挂肩平收针数 = 收针长度$\times$横密 = $1 \times 6.4 = 6.4$（针），取7针。

②挂肩收针转数 = 后片挂肩高转数 = 75转

③挂肩收针针数 =（胸宽针数-领宽针数）$\div$2-平收针针数 =（273-85）$\div$2-7 = 87（针）

④挂肩收针设计。本款为女装，袖山设计成S曲线收针，曲线如图4-43所示。

将挂肩直线EB分成三等分：$ED = DC = CB$，做水平、垂直辅助线，得 $BQ = QG = GH = 1/3BH$，$EF = FK = KH = 1/3EH$，将纵向挂肩高转数三等分，得25、25、25转，横向针数三等分得29、29、29针。设计P点向上凸势取0.8cm，折合针数为5针、转数为3转，换算得针、转数：$\triangle BCQ$为34针/22转，$\triangle CDM$为24针/28转，$\triangle EFD$为29针/25转。

考虑到大身组织为2×1罗纹，挂肩夹4支边，罗纹需要整条收针才能显示条纹的效果。2×1罗纹一个循环为3针，设计每次收3针，总收针数为87针，收针次数合为29次，按次数调整各三角形。$\triangle BCQ$为11次/22转，$\triangle CDM$为9次/28转，$\triangle EFD$为9次/25转。

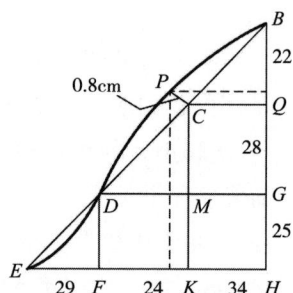

图4-43 挂肩收针示意图

解$\triangle BCQ$得收针分配式为2-3$\times$11；解$\triangle CDM$得收针分配式为4-3$\times$1，3-3$\times$8，解$\triangle EFD$得收针分配式为2-3$\times$2，3-3$\times$7。调出最后平2转，按先平后陡再平规律排列，得总得收针分配式为：平收7针，2-3$\times$4，3-3$\times$5，4-3$\times$1，3-3$\times$8，2-3$\times$11，夹4支边，平2转。

（4）下摆罗纹工艺设计：

①罗纹开针设计：下摆罗纹采用下摆针数直接转换法设计。

下摆罗纹开针数 = 下摆宽针数 = 273针

罗纹为2×1罗纹，面1支包。

②空转设计：罗纹起底后设计空转1.5转，使罗纹边口饱满、光洁、美观。

③罗纹转数 = 下摆罗纹高$\times$罗纹纵密 = $5 \times 5.4 = 27$（转）。加弹力丝。

2. 前片成型工艺设计

（1）计算横向针数：根据插肩袖得分割线位于圆领半领弧长1/3处，设领内侧偏移值为1.5cm。

①胸宽针数：

胸宽针数 =（胸宽+后折宽）$\times$横密+缝耗$\times$2 =（43+1）$\times$6.4+2$\times$2 = 285.6（针）

取285针。

②下摆宽针数：

下摆宽针数＝胸宽针数＝285针

修正为3的倍数。

③领宽针数：

领宽针数＝（领宽-领内侧偏移值×2）×横密+缝耗×2＝（18-1.5×2）×6.4+2×2＝100（针）

修正为99针。

（2）计算纵向转数：

①前片衣长转数：

前片衣长转数＝（衣长-下摆罗纹高-袖前折尺寸）×纵密+缝耗＝（58-5-4.5）×4.6+1＝224.1（转）

取224转。

②前片挂肩以下转数：

前片挂肩以下转数＝后片挂肩以下转数＝160转

③前片挂肩高转数：

前片挂肩高转数＝前片衣长转数-前片挂肩以下转数＝224-160＝64（转）

（3）计算前片收针分配：

①挂肩收针设计：

A. 挂肩收针转数＝前片挂肩高转数＝64转

B. 挂肩收针针数＝（胸宽针数-前领宽针数）÷2＝（285-99）÷2＝93（针）

C. 挂肩平收针针数＝后挂肩平收针数＝7针

D. 挂肩斜收针数＝93-7＝86（针）

E. 收针设计：根据罗纹设计每次收针数为3针，前片顶端为尖角，考虑到夹4支边以及防止编织中断纱，86针中最后余2针，与收领余针合并后一般余5针左右。

a. 收针针数＝86-2＝84（针）

收针结束时余2针。

b. 收针次数＝84÷3＝28（次）

c. 针数分配设计：按三角形解法将收针次数分为三段，分别为9次、8次、11次。

d. 转数分配：将转数分成21、21、21三段，再平1转。根据凸势调整为20、25、17转，平2转。

e. 收针分配：第一段为20转9次收完，分配式为2-3×7,3-3×2；第二段为25转8次收完，分配式为4-3×1,3-3×7；第三段为17转11次收完，分配式为2-3×6,1-3×5，按先平后陡再平的收针规律，得前挂肩收针分配为平7针，2-3×7，3-3×2，4-3×1，3-3×7，2-3×6，1-3×3，夹4支边，1-3×2（无边），平2转。

②前开领设计：

A. 领底平收针数＝领宽针数×前领平收针系数＝99×0.35＝34.65（针）

取35针。

B. 每侧领斜收针数 =（领宽针数–领底平收针数）÷ 2 =（99–35）÷ 2 = 32（针）

C. 前领深转数 =（领深–袖前折尺寸）× 纵密 =（10–4.5）× 4.6 = 25.3（转）

取25转。

D. 收针设计。设收针最后余3针、2转，则斜收针针数 = 32–3 = 29（针）

a. 收针转数 = 前领深转数–2 = 25–2 = 23（转）

b. 每次收针针数设计。收针针数较多、转数较少，设每次收2针。

c. 收针次数 = 收针针数 ÷ 每次收针针数 = 29 ÷ 2 = 14.5（次）

取第一次收针为3针。

d. 每次收针转数 = 23 ÷ 14 = 1.6转，经计算得：1–3 × 1，1–2 × 4，2–2 × 9。

e. 前开领收领分配：平收35针，1–3 × 1，1–2 × 4，2–2 × 9，平2转，余3针。调整后为：平收35针，1–3 × 1，1–2 × 6，2–2 × 5，3–2 × 2，平2转，余3针。

（4）下摆罗纹编织工艺设计：

①罗纹开针数设计：下摆罗纹采用下摆针数直接转换法设计。

下摆开针数 = 下摆宽针数 = 285针

下摆为2 × 1罗纹，针床织针相错，面包底，面1支包。

②空转设计：罗纹起底后设计空转1.5转。

③罗纹转数 = 下摆罗纹高 × 罗纹纵密 = 5 × 5.4 = 27（转）

加弹力丝。

3. 袖子成型工艺设计

插肩袖的袖山呈倾斜状，编织时左右片分开编织。

（1）计算横向针数：

①袖宽针数：

袖宽针数 = 袖宽 × 2 × 袖宽修正系数 × 横密+缝耗 × 2 = 14.5 × 2 × 1.05 × 6.4+2 × 2 = 198.88（针）

取198针。

②袖口针数：

袖口针数 = 袖口宽 × 2 × 袖口修正系数 × 横密+缝耗 × 2 = 8 × 2 × 1.35 × 6.4+2 × 2 = 142.24（针）

取142针。

③袖山头针数：

袖山头针数 =（袖前折尺寸+袖后折尺寸）× 横密+缝耗 × 2 =（4.5+2）× 6.4+2 × 2 = 45.6（针）

取46针。

（2）计算纵向转数：

①袖长转数：

袖长转数 =（袖长–袖罗纹高）× 袖长修正系数 × 纵密 =（63–5）× 0.95 × 4.6 =

253.46（转）

取253转。

②袖挂肩以下平摇转数：

袖挂肩以下平摇转数 = 平摇高 × 纵密 = 3 × 4.6 = 13.8（转），取14转。

③袖山高设计：

袖子袖山分别与大身前后挂肩缝合，前、后片插肩线不等长，后片插肩线比前片的长，身、袖的缝合关系要求：袖前挂肩高等于前片挂肩高，后袖挂肩高等于后片挂肩高。

袖前挂肩高转数 = 前片挂肩高转数 = 64转

袖后挂肩高转数 = 后片挂肩高转数 = 75转

袖子袖山高转数 =（袖前挂肩高转数+袖后挂肩高转数）÷ 2 =（64+75）÷ 2 = 69.5（转）取69转。

④袖子放针转数：

袖子放针转数 = 袖长转数−袖山收针转数−袖挂肩以下平摇转数 = 253−69−14 = 170（转）

（3）计算袖子收、放针分配：

①上袖身放针设计：

放针针数 =（袖宽针数−袖口针数）÷ 2 =（198−142）÷ 2 = 28（针）

放针转数 = 170转

放针分配，设每次放1针：

放针次数 = 放针针数 ÷ 1 = 28（次）

每次放针转数 = 放针转数 ÷（放针次数−1）= 170 ÷（28−1）= 6.3（转）

经计算得二段收针分配式：6+1 × 20（先放），7+1 × 8。

②袖子挂肩收针分配：

插肩袖型袖挂肩收针设计包括袖山头宽度设计、袖山收针设计、袖山头收针设计三部分。

A. 袖山头宽度设计 = 袖前折尺寸+袖后折尺寸 = 4.5+2 = 6.5（cm）

袖山头针数 = 袖山头宽度 × 横密+缝耗 × 2 = 6.5 × 6.4+2 × 2 = 45.6（针），取46针。

B. 袖山收针设计：

收针转数 = 前袖挂肩高转数 = 64转，最后留2转平摇，实际收针转数为62转。

收针针数 = 袖宽针数 ÷ 2−袖前折尺寸 × 横密 = 198 ÷ 2−4.5 × 6.4 = 70（针）

与大身相同，收针时先平收7针，袖山斜收针针数 = 70−7 = 63（针）

每次收收3针，收针次数 = 63 ÷ 3 = 21（次）

根据肩斜高为3cm，换算成横向针数为3 × 6.4 = 19.2（针），取18针，6次收完。

将袖山高收针的转数和针数分二段收针，转数分为42转、20转，收针次数分为15次、6次。第一段42转收15次，解得收针分配式为：2−3 × 3，3−3 × 12；第二段20转收6次，解得收针分配式为：3−3 × 4，4−3 × 2。调整后得袖山收针分配为：平收7针，2−3 × 7，3−3 × 8，

4-3×6，平2转。

由于后袖挂肩收针高度比前袖挂肩收针高度高，在袖山收针结束后，后袖挂肩仍有一段收针，其收针转数＝后袖挂肩收针转数－前袖挂肩收针转数＝75-64＝11（转），收针针数＝袖宽针数－袖山收针针数×2－袖山头针数＝198-70×2-46＝12（针），每次收3针，则收针次数＝12÷3＝4（次），此处采用先收针，最后留3转平摇，实际收针转数＝11-3＝8（转），解得二段收针分配式：2-3×2（先收），3-3×2。汇总得收针分配为：2-3×2（先收），3-3×2，平3转。

C. 袖山头收针设计：

袖山头高转数＝后袖挂肩收针转数－前袖挂肩收针转数＝75-64＝11（转）

袖山头收针转数＝袖山头高转数－缝耗＝11-1＝10（转）

袖山头针数多，转数少，采用局部编织，1转收1次，先收，收针次数＝11次。

每次收针针数＝收针针数÷收针次数＝46÷11＝4.18针，解得二段收针分配式：1-5×2（先收），1-4×9。袖山头收针分配为：1-5×2（先收），1-4×9，平1转。

D. 袖山头记号点：袖山头在袖中线位置设置一个记号点。袖中线将袖山头分成前、后两部分，前面为袖前折尺寸宽4.5cm折合为29针，后面为袖后折尺寸宽2cm折合为13针，两边各有2针缝耗。因此袖山头记号点设计为：30v 15。

（4）袖口罗纹工艺设计：

①罗纹开针数设计：袖口罗纹采用袖口针数直接转换法设计。

袖口开针数＝袖口宽针数＝142针

下摆为2×1罗纹，针床织针相错，面包底，面1支包。

②空转设计：罗纹起底后设计空转1.5转。

③罗纹转数＝下摆罗纹高×罗纹纵密＝5×5.4＝27（转）

加弹力丝。

4. 领条成型工艺设计

已知领子为樽领，单层使用，一片编织，接缝在后左侧肩缝线上。

（1）领条长度计算：

领圈周长＝领宽÷2×3.14+2×领深＝18÷2×3.14+2×10＝48.26（cm）

（2）领子开针数计算：已知领罗纹横密7.09针/cm、纵密为5.8转/cm。

领子开针数＝领条长×罗纹横密＝48.26×7.09＝342.16（针）

取341针。

（3）领子编织转数计算：

领罗纹转数＝领高×罗纹纵密＝20×5.8＝116（转）

（4）记号点设计：领子缝合对位点：后左缝线、前左缝线、前领底平位两侧、前右缝线、后右缝线、后领共6个记号点。

①插肩占用领条的针数：插肩袖设计中插肩袖后折部分占用了0.3后领宽，前领部分占用了三分之一前领圈，一次计算插肩袖所占用领子的针数。

两侧插肩占用领子的针数＝[领宽×0.3+（领宽÷2×π+领深×2-领宽）÷3]÷领条

长 × 领条针数 = 109.5（针）

取110针，每侧各55针。

②前领底平位占用领条针数 = 领宽 × 0.35 ÷ 领条长 × 领条针数 = 44.5（针），取44针。

③后领占用领条的针数 = 领宽 × 0.7 ÷ 领条长 × 领条针数 = 89（针）

④前领斜收段针数 =（领子开针数–左前后缝线之间针数 × 2–前领底平位针数–后领针数）÷ 2 =（341–55 × 2–44–89）÷ 2 = 49（针）

⑤领子记号点。汇总计算结果，得出领条记号点为：54v 48v 43v 48v 54v 89。

（五）工艺单

各衣片工艺单汇总如图4-44所示。

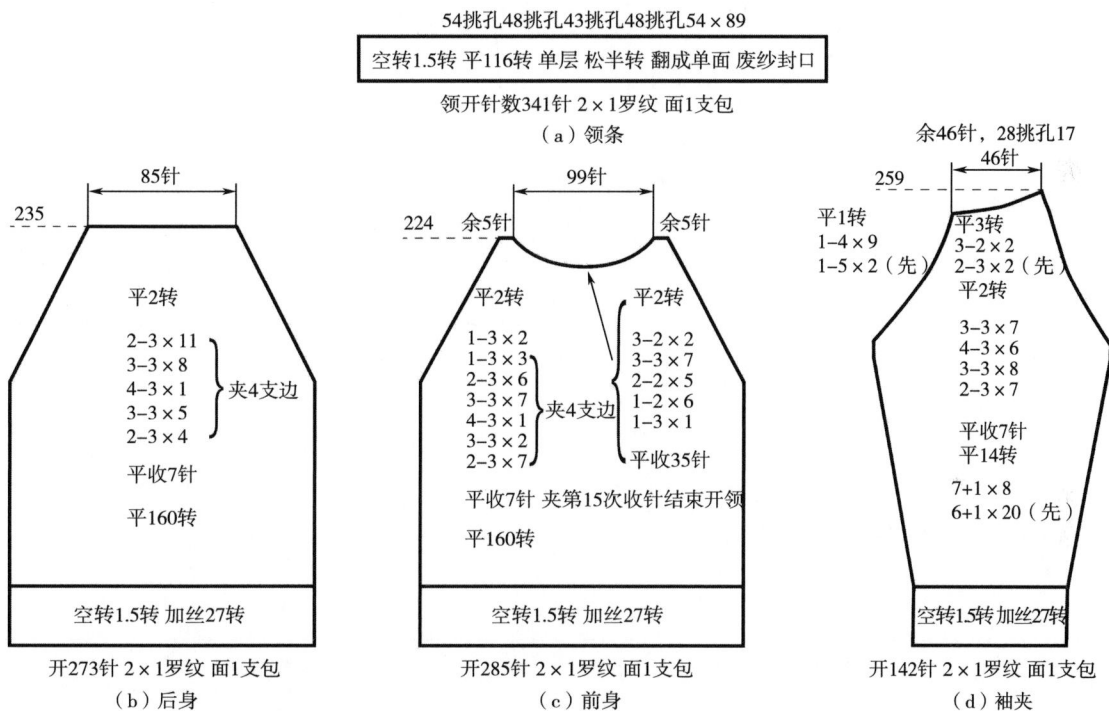

图 4-44 女樽领插肩袖型长袖毛衫编织操作工艺单

五、马鞍肩袖毛衫编织工艺设计

（一）毛衫基本信息

款式：V领马鞍肩型男开衫

用料：55.6tex × 2（18/2公支），100% 绵羊绒纱线

针型：9G

尺码：100cm

组织：大身、袖子、袋里布为纬平针，下摆、袖口为1 × 1罗纹，门襟带与袋带为满针

罗纹。挂肩采用有边收针，夹4支边；领采用无边收针0支边。

成品密度：大身，横密4.2针/cm，纵密3.1转/cm；下摆、袖口罗纹，纵密4.3转/cm；满针罗纹，横密为4.3针/cm，回缩率为7.5%。

V领马鞍肩型男开衫平面款式及尺寸测量如图4-45所示，规格尺寸见表4-6。

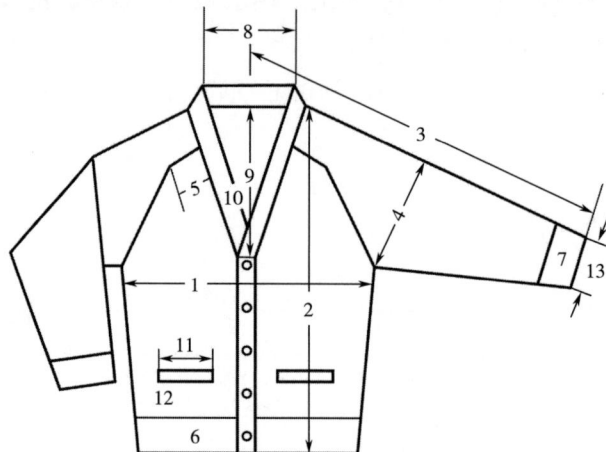

图4-45　V领马鞍肩型男开衫平面款式及尺寸测量图

表4-6　V领马鞍肩型男开衫规格尺寸表

序号	部位名称	尺寸/cm	序号	部位名称	尺寸/cm
1	胸宽	50	8	领阔	1.5
2	衣长	69	9	前领深	26
3	袖长	76	10	门襟宽	3.2
4	袖宽	21.5	11	袋宽	11.5
5	单肩宽	9	12	袋深	13
6	下摆罗纹高	7	13	袖口罗纹宽	9
7	袖口罗纹高	5	14	后领深	2

（二）款式分析与衣片结构分解

1. 款式分析

本款毛衫为开衫、马鞍肩型、V领、直腰身、长袖、有两个暗袋。

2. 衣片结构分解

根据平面款式图的特征，将成衣分解为左右前片、后片、左右袖片、口袋嵌条、袋里片、门襟条，如图4-23所示。

3. 成型工艺参数设计

本例为V领马鞍肩型男开衫，采用12针电脑横机编织，设：衣片后折宽为1cm，摆缝缝耗为2针，纵向缝耗为2转。袖后折尺寸为2cm，袖前折尺寸为10cm，袖宽修正系数为102%，袖长修正系数为93%，袖口修正系数为133%，袖挂肩以下平摇4cm。

（三）毛衫编织工艺设计

1. 后片编织工艺设计

（1）计算横向针数：

①胸宽针数：

胸宽针数 =（胸宽−折后宽）×横密+缝耗×2 =（50−1）×4.2+2×2 = 209.8（针），取209针。

②后领宽针数：

后领宽针数 =（领宽+领条宽×2−缝耗×2）×横密 =（10.5+3.2×2−1×2）×4.2 = 62.6（针），取63针。

③后肩宽针数：

后肩宽针数 = 后身胸宽针数×（0.6~0.8）= 209×0.7 = 146.3（针），取147针。

（2）计算纵向转数：

①后片衣长转数：

后片衣长转数 =（衣长−下摆罗纹高−马鞍折后尺寸）×纵密+缝耗 =（69−7−2）×3.1+2 = 188（转）

②后片收针总转数：

后片收针总转数 =（袖宽+袖斜差）×纵密 =（21.5+6）×3.1 = 85.3（转），取85转。

③后肩收针转数：后肩收针高度一般等于后片长与前片长的尺寸差，取值6~10cm，此处取8cm。

后肩收针转数 = 收肩收针高度×纵密−缝耗 = 8×3.1−2 = 24.8（转），取25转。

④后片挂肩收针转数：

后片挂肩收针转数 = 后片收针总转数−后肩收针转数 = 85−25 = 60（转）

⑤后片挂肩以下转数：

后片挂肩以下转数 = 后片衣长转数−后片收针总转数 = 188−85 = 103（转）

（3）计算后片收针分配：

①后片挂肩收针分配：

收针针数 =（后片胸宽针数−后片肩宽针数）÷2 =（209−147）÷2 = 31（针）

设每次收2针，则收针次数 = 收针针数÷2 = 31÷2 = 15（次），余1针。

每次收针转数 = 收针转数÷（收针次数−1）= 60÷（15−1）= 4（转），余4转。

收针分配。用变换分配法，得二段收针分配式：4−2×15（先），4−1×1。

②后肩收针分配：

收针针数 =（后片肩宽针数−后片领宽针数）÷2 =（147−63）÷2 = 42（针）

设每次收2针，则收针次数 = 收针针数÷2 = 42÷2 = 21（次）

每次收针转数 = 收针转数÷收针次数 = 23÷21 = 1（转），余2转。

收针分配：用变换分配法，得二段收针分配式：1.5-2×4，1-2×17。

后肩收针总分配式为：1.5-2×4，1-2×17，平2转。

（4）后片下摆罗纹工艺设计：

①下摆罗纹开针数设计：下摆罗纹采用大身针数直接转换法设计。

下摆罗纹开针数 = 后片下摆宽针数 = 后片胸宽针数 = 209针

下摆为1×1罗纹，针床采用针槽相对，面包底，正面105条，反面104条。

②空转设计：罗纹起底后设计空转1.5转。

③下摆罗纹转数 = 下摆罗纹高×罗纹纵密 = 7×4.3 = 30.1（转）

取29.5转。

2. 前片编织工艺设计

（1）计算横向针数：

①胸宽针数：

胸宽针数 = ［（胸宽-门襟宽+折后宽）×横密+（摆缝缝耗+上门襟缝耗）×2］÷2 = ［（50-3.2+1）×4.2+（2+3）×2］÷2 = 105.4（针）

取105针。

②前片肩宽针数：

前片肩宽针数 = （后身肩宽针数-门襟宽×横密+上门襟缝耗×2）÷2 = （147-3.2×4.2+3×2）÷2 = 69.8（针）

取69针。

③单肩宽针数：

单肩宽针数 = 单肩宽×横密 = 9×4.2 = 37.8（针）

取37针。

④前片领宽针数：

前片领宽针数 = 前片肩宽针数-单肩宽针数 = 69-37 = 32（针）

（2）计算纵向转数：

①前片挂肩收针转数：

前片挂肩收针转数 = 后片挂肩收针转数+缝耗 = 60+2 = 62（转）

②前片挂肩以下转数 = 后片挂肩以下转数 = 103转

③前片衣长转数：

前片衣长转数 = 前片挂肩收针转数+前片挂肩以下转数 = 62+103 = 165（转）

④前片领深转数：

前片领深转数 = （领深尺寸-测量因素-马鞍折前尺寸）×纵密+缝耗 = （26-1-10）×3.1+2 = 48.5（转）

取48转。

（3）计算前片收针分配：

①前片挂肩收针分配：

收针针数 = 前片胸宽针数-前片肩宽针数 = 105-69 = 36（针）

设每次收2针，则收针次数 = 收针针数 ÷ 2 = 36 ÷ 2 = 18（次）

前片挂肩收针转数为62转，取2转缝耗，实际收针针数为62-2 = 60（转）

每次收针转数 = 收针转数 ÷（收针次数-1）= 60 ÷（18-1）= 3（转），余9转。

收针分配。用变换分配法，得二段收针分配式：3-2×9（先），4-2×9。

前片挂肩总的收针分配为：3-2×9（先），4-2×9，平2转。

②前片领口收针分配：

收针针数 = 32针

收针转数 = 前片领深转数-缝耗 = 48-2 = 46（转）

设每次收2针，则收针次数 = 收针针数 ÷ 2 = 32 ÷ 2 = 16（次）

收针分配。每次收针转数 = 收针转数 ÷（收针次数-1）= 46 ÷（16-1）= 3（转）

余1转，用变换分配法，得二段收针分配式：3-2×15（先收），4-2×1。

调整后得前片领口的收针总分配式为：2-2×5（先收），3-2×6，4-2×5，平2转。

（4）前片下摆罗纹工艺设计：

①下摆罗纹开针数设计：下摆罗纹采用大身针数直接转换法设计。

下摆罗纹开针数 = 后片下摆宽针数 = 后片胸宽针数 = 105针

下摆为1×1罗纹，针床采用针槽相对，面包底，正面53条，反面52条。

②空转设计：罗纹起底后设计空转1.5转。

③下摆罗纹转数 = 下摆罗纹高 × 罗纹纵密 = 7 × 4.3 = 30.1转，取29.5转。

3. 袖片编织工艺设计

（1）计算横向针数：

①袖宽针数：

袖宽针数 = 袖宽 × 2 × 袖宽修正系数 × 横密+缝耗 × 2 = 21.5 × 2 × 102% × 4.2+2 × 2 = 188.212（针）

取189针。

②袖口针数：

袖口针数 = 袖口 × 2 × 袖口修正系数 × 横密+缝耗 × 2 = 9 × 2 × 135% × 4.2+2 × 2 = 106.06（针）

取107针。

③马鞍顶部针数：

马鞍顶部针数 =（马鞍折前尺寸+马鞍折后尺寸）× 袖宽修正系数 × 横密+缝耗 × 2 = （10+2）× 102% × 4.2+2 × 2 = 55.4（针）

取55针。

④马鞍底部针数：

马鞍底部针数 = 马鞍折前尺寸 × 2 × 袖宽修正系数 × 横密+缝耗 × 2 = 10 × 2 × 4.2 × 102%+2 × 2 = 89.68（针）

取89针。

（2）计算纵向转数：

①袖长转数：

袖长转数 =（袖长尺寸−袖口罗纹高−领宽 ÷2−领边宽）× 袖长修正系数 × 纵密+缝耗 =（76−5−10.5 ÷2−3.2）× 93% × 3.1+2 = 182.3（转）

取 183 转。

②马鞍转数：

马鞍转数 =（前片单肩宽尺寸+修正系数）× 袖长修正系数 × 纵密+缝耗 =（9+1）× 93% × 3.1+2 = 30.83（转）

取 31 转。

③袖挂肩收针转数：取袖挂肩收针高度与后片挂肩收针高度相等。

袖挂肩高转数 = 后片挂肩收针转数 × 袖长修正系数 = 60 × 93% = 55.8（转）

取 56 转。

取 2 转平摇，袖挂肩收针转数 = 袖挂肩高转数−2 = 56−2 = 54（转）

④袖挂肩以下平摇转数：设袖挂肩以下平摇尺寸为 4cm，则：

袖挂肩以下平摇转数 = 袖挂肩以下平摇尺寸 × 袖长修正系数 × 纵密 = 4 × 93% × 3.1 = 11.16（转）

取 12 转。

⑤袖子放针转数：

袖子放针转数 = 袖长转数−马鞍转数−袖挂肩高转数−袖挂肩以下平摇转数 = 183−31−56−12 = 84（转）

（3）计算袖子收放针分配：

①袖挂肩收针分配设计：

挂肩收针针数 =（袖宽针数−马鞍底部针数）÷2 =（189−89）÷2 = 50（针）

收针次数。采用每次收 2 针，先收，则收针次数 = 收针针数 ÷2 = 50÷2 = 25（次）

每次收针转数 = 收针转数 ÷（收针次数−1）= 54 ÷（25−1）= 2（转），余 6 转。

用变换分配法，解出袖挂肩收针分配：3−2×7（先收），3−2×18。

袖挂肩总的收针分配：3−2×7（先收），3−2×18，平 2 转。

②马鞍收针分配设计：

马鞍收针针数 = 马鞍底部针数−马鞍顶部针数 = 89−55 = 34（针）

收针次数。采用每次收 2 针，先收，则收针次数 = 收针针数 ÷2 = 34÷2 = 17（次）

每次收针转数 = 收针转数 ÷（收针次数−1）=（31−2）÷（17−1）= 1 转，余 13 转（最后留 2 转作为缝耗）。

用变换分配法计算得马鞍收针分配：2−2×14（先收），1−2×3，平 2 转。

③袖子放针分配设计

袖子放针针数 =（袖宽针数−袖口针数）÷2 =（189−107）÷2 = 41（针）

收针次数。采用每次放 1 针，先放，则放针次数 = 放针针数 ÷1 = 41÷1 = 41（次）。

每次放针转数 = 放收针转数 ÷（放针次数−1）= 84 ÷（41−1）= 2（转），余 4 转。

用变换分配法解得袖子放针分配：2+1×37（先放），3+1×4。

（4）计算袖口罗纹编织工艺：

①袖口罗纹开针数：袖口罗纹采用袖身针数直接转换法设计。

袖口罗纹开针数 = 袖口宽针数 = 107针

下摆为1×1罗纹，针床采用针槽相对，面包底，正面54条，反面53条。

②空转设计：罗纹起底后设计空转1.5转。

③袖口罗纹转数 = 袖口罗纹高×罗纹纵密 = 5×4.3 = 21.5（转），取21.5转。

4. 口袋编织工艺设计

袋口宽针数 = 袋口宽×横密 = 11.5×4.2 = 48.3（针），取48针。

袋口嵌线转数 = 袋深转数 = 袋深尺寸×纵密 = 13×3.1 = 41.3（转），取41转。

5. 附件编织工艺设计

本款毛衫的附件包括门襟条、口袋带（两条）、袋里布（两块）。

（1）口袋带编织工艺：

口袋带长（两条）=（袋口尺寸×2+缝耗）×（1+7.5%）=（11.5×2+3）×（1+7.5%）= 27.8（cm）

取28cm。

口袋带宽针数 = 口袋带宽×满针罗纹横密+缝耗 = 2×4.3+1 = 9.6（针）

取10针。

口袋带为满针罗纹，开针数为10针，正面10条，反面9+1条。

（2）门襟带编织工艺：

门襟带长 =（衣长×2+领宽+门襟宽×2）×（1+7.5%）=（69×2+10.5+3.2×2）×（1+7.5%）= 165.2（cm）

取165cm。

门襟带宽针数 = 门襟宽×满针罗纹横密+缝耗 = 3.2×4.3+2 = 15.67（针）

取16针。门襟带开针数设计为16针，正面16条，反面15+1条。

（3）袋里布编织工艺：

袋里布针数 = 袋口宽针数+缝耗 = 48+2 = 50（针）

袋里布转数 = 袋深转数+缝耗 = 41+2 = 43（转）

（四）工艺单

各衣片工艺单汇总如图4-46所示。

图 4-46 的各个部分：

（a）后片
147针
63针
188转
平2转
1-2-17
1.5-2-4
4-1-1
4-2-15（先）
平103转
1.5转空转 平29.5转
开209针 1+1罗纹 面包底
（正105条 反104条）

（b）前片（2片）
69针
37针 32针
165转
平2转
4-2-6
3-2-6
2-2-5（先）
第5次收挂肩又2转开领
平2转
4-2-9
3-1-9（先）
平62转
28针 48针 29针
平41转开袋
1.5转空转
平29.5转
开105针 1+1罗纹
（正53条 反52条）

（c）袖片
183转 55针
平2转
1-2-3
2-2-14（先）
89针
平2转
3-2-18
3-2-7（先）
189针
平12转
3+1+4
2+1+37（先）
1.5转空转 平21.5转
开107针 1+1罗纹 面包底
（正53条 反52条）

（d）口袋带
平43针
开50针 纬平针
袋里布
长28cm
宽2cm
满针罗纹
正面 10条
反面 9+1条

（e）门襟条
长165cm
宽3.2cm
满针罗纹
正面 16条
反面 15+1条

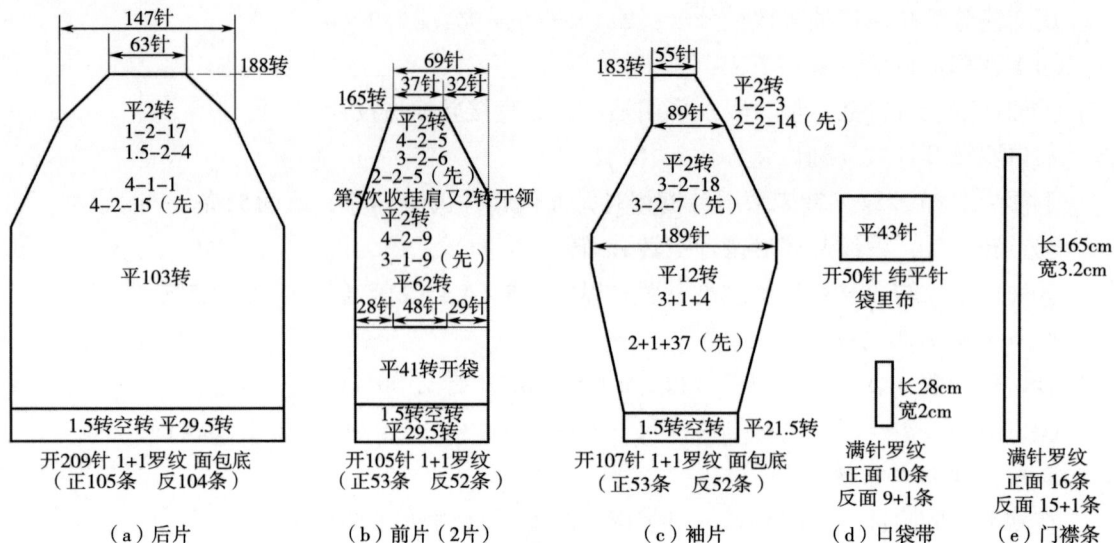

图 4-46　V领马鞍肩型男开衫编织操作工艺单

思考题

1. 毛衫编织工艺设计包括哪些内容？

2. 简述毛衫编织工艺设计的流程。

3. 用 37tex×2 羊毛纱线编织纬平针织物，求最适宜的横机机号。

4. 设计一款毛衫，计算其编织工艺，并绘制编织操作工艺单。

理论与实践

第五章

电脑横机成型制板

本章知识点

1. 毛衫成型编织的基本原理和方法。
2. 模型编辑器及其功能。
3. 做模型（包括常规数据设置、工艺输入、模型边缘属性设置）。
4. 常规衣片成型制板。
5. 做楔形。
6. 用一把导纱器编织封口废纱。
7. 用废纱编织代替拷针。
8. 用楔形编织后领。
9. 不对称衣片模型及制板。

第一节　成型编织的基本原理和方法

成型编织是指根据工艺要求，利用各种成型方法，在机器上编织出各种形状的衣片或部件。成型编织是横机编织的一个重要特点，常用的成型编织方法如下。

一、减针

减针，是通过减少参加编织的织针数目，使织物幅宽变窄。减针的方式有如下三种。

（一）收针

收针即移圈减针，分为明收针和暗收针，其原理如图5-1所示。图中1表示移去线圈后的织针，2表示被移位的线圈。图5-1（a）为明收针，是将织物边缘针上的1个线圈向里转移到相邻的织针上，使边缘线圈发生重叠。由于边缘线圈重叠，使得布边呈锯齿状。图5-1（b）为暗收针，是将边缘7枚针上的线圈同时向里移动3个针距，3个重叠线圈出现在织物里边，形成收针花，织物边缘由4个倾斜线圈形成4条小辫（即留4支边），整齐平滑。

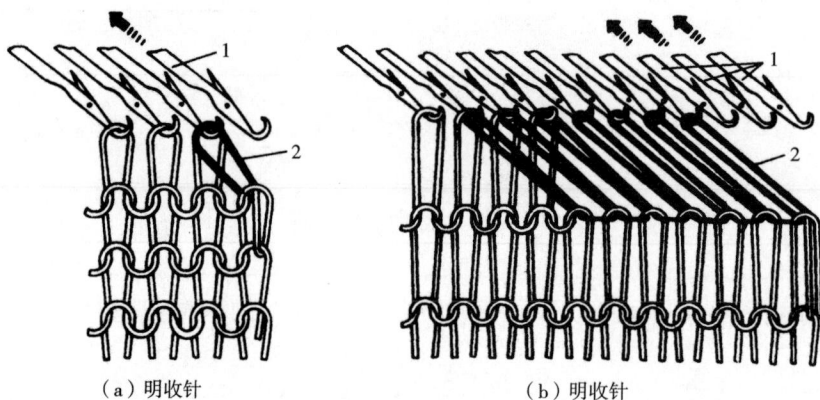

（a）明收针　　　　　　　　　　　（b）明收针

图5-1　收针原理

电脑横机具有自动翻针、自动针床横移的功能。收针时，需将要退出工作的织针上的线圈先翻到对面针床的织针上，然后针床横移一定的针距，再将翻到对面针床上的线圈翻回到原针床上。当衣片对称时，左右两边织针动作完全相同，只是针床横移方向相反。单面织物一般1次最多收3针，双面织物一般1次收1针。图5-2、图5-3分别为电脑横机上明收针（收2针）、暗收针（收2针留4支边）的工艺视图和织物视图。

（二）拷针

在手摇横机上，根据工艺要求将需要减针的织针上的旧线圈直接脱圈，并将这些针掀下退出工作位置，使参加编织的针数减少，衣片由宽变窄的操作称为拷针，即脱圈减针。但是，在电脑横机上，这种拷针方法很难实现。电脑横机上一般采用并锁式拷针和废纱编织代替拷针。

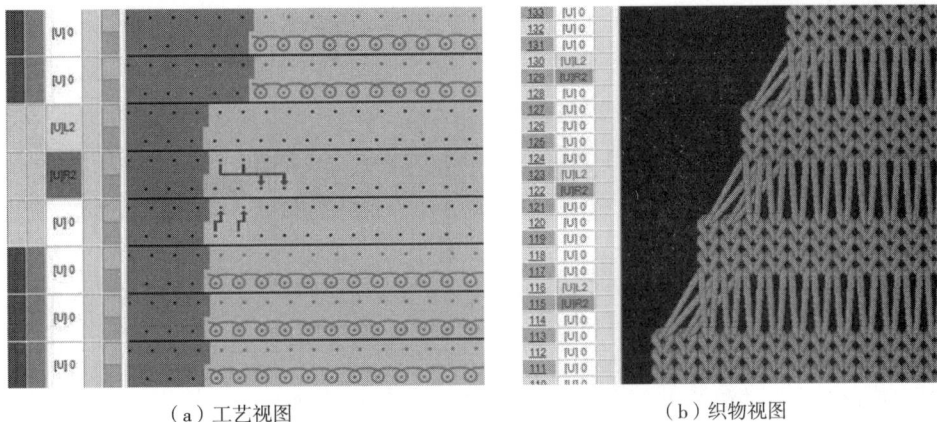

（a）工艺视图　　　　　　　　　　　（b）织物视图

图 5-2　电脑横机明收针

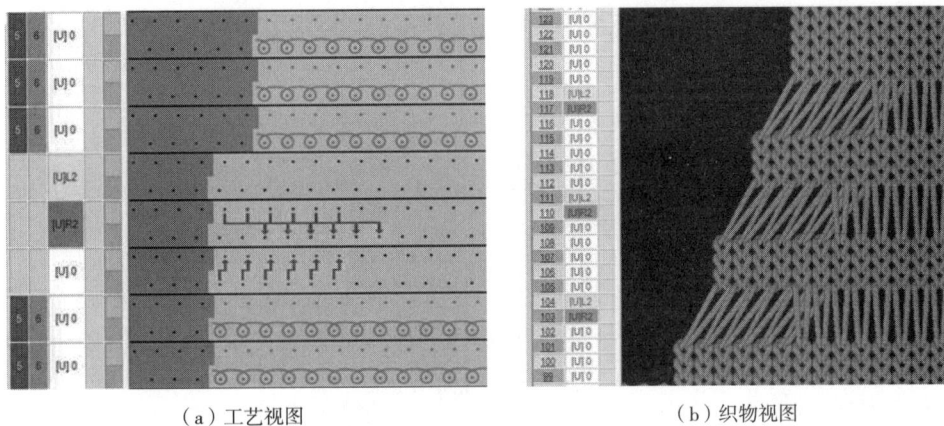

（a）工艺视图　　　　　　　　　　　（b）织物视图

图 5-3　电脑横机暗收针

1. 并锁式拷针

并锁式拷针与收针类似，只是一针一针地并锁，形成一个平的"台阶"，即所谓的关边，常用在领部、袖窿、挂肩等部位。图5-4为电脑横机并锁式拷针的工艺视图和织物视图。

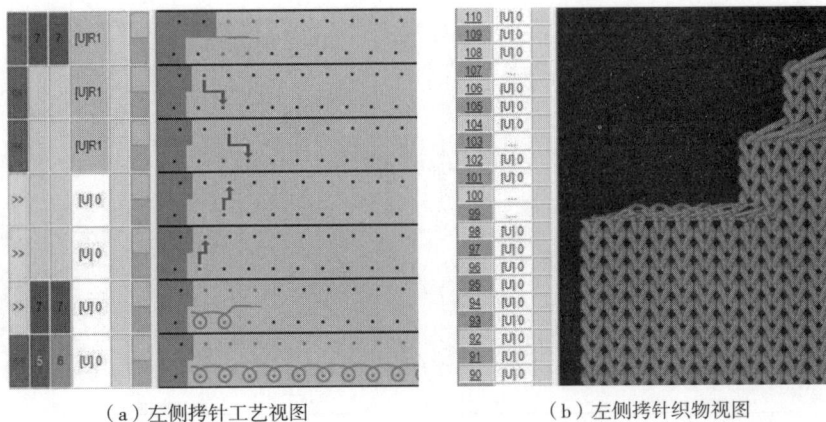

（a）左侧拷针工艺视图　　　　　　　（b）左侧拷针织物视图

图 5-4　电脑横机拷针

2.废纱编织代替拷针

在领子、挂肩等部位拷针的针数比较多，编织速度慢，耗时长，效率低。因此，工厂生产实践中，常采用废纱编织来代替拷针，就是把需要拷针的线圈先用若干行废纱编织，然后再脱圈使需要拷针的织针退出工作，编织的废纱在套口封口后拆掉。如图5-5所示的废纱编织代替拷针。

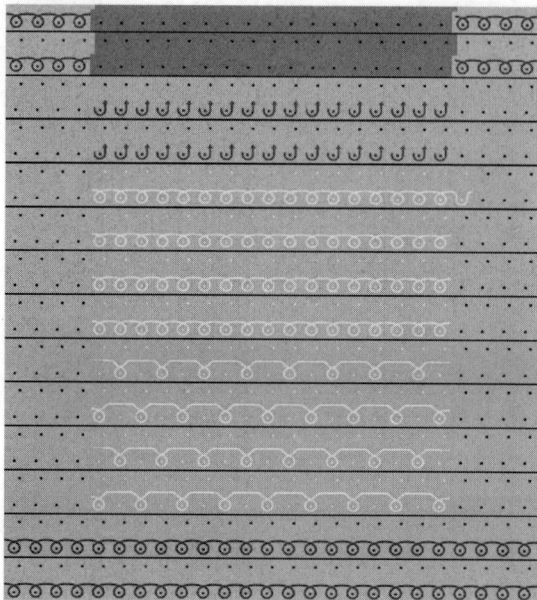

图5-5　废纱编织代替拷针

（三）持圈式收针

使织针按照所要求的形状逐渐退出工作，但不脱圈，当收减到所要求的针数后，所有织针再一起进入工作。持圈式收针主要用于楔形（又称局部）编织、三位立体编织等。如图5-6所示为毛衫肩斜部分用电脑横机进行局部编织，即采用持圈式收针。

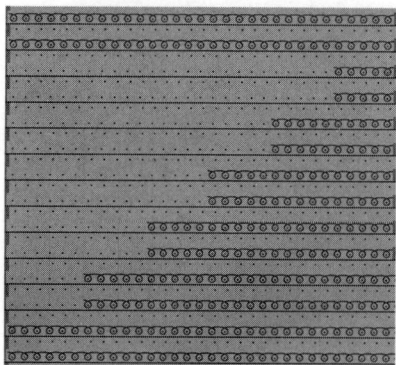

（a）工艺视图

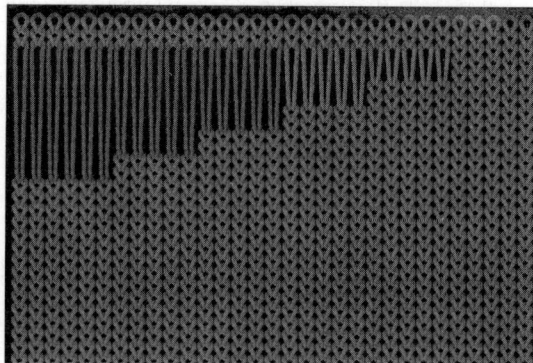

（b）织物视图

图5-6　肩斜部分用电脑横机进行局部编织（左肩）

二、加针

加针又称放针，是利用增加参加工作的织针数目使织物的幅宽变宽的过程。放针分为明放针和暗放针，如图5-7所示。图5-7（a）中1代表明放针的织针，2代表新编的起始线圈，3代表边针；图5-7（b）中1代表暗放针的织针，2代表移圈的线圈，3代表被移去线圈的空针。

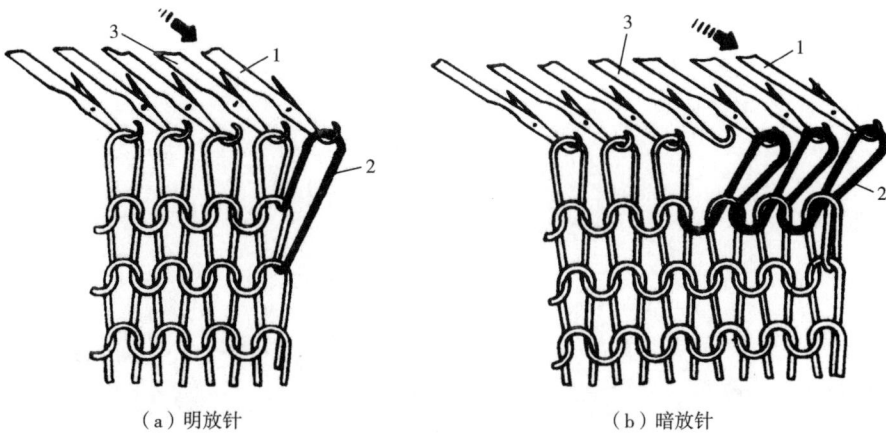

（a）明放针　　　　　　　　　　（b）暗放针

图5-7　放针原理

（一）明放针

明放针即推针加针，就是将织物边缘最邻近的空针推至工作位置，下一横列编织时即可使织物加宽1针。但每次只能放1针，如图5-7（a）所示。编织时，当机头向右运行时在左边放针，当机头向左运行时在右边放针。

电脑横机明放针如图5-8所示，也是每次只能放1针，织物的左右两边在同一行放针，但在下一行，织物左右两边的各有1针做浮线，以避免布边漏针。

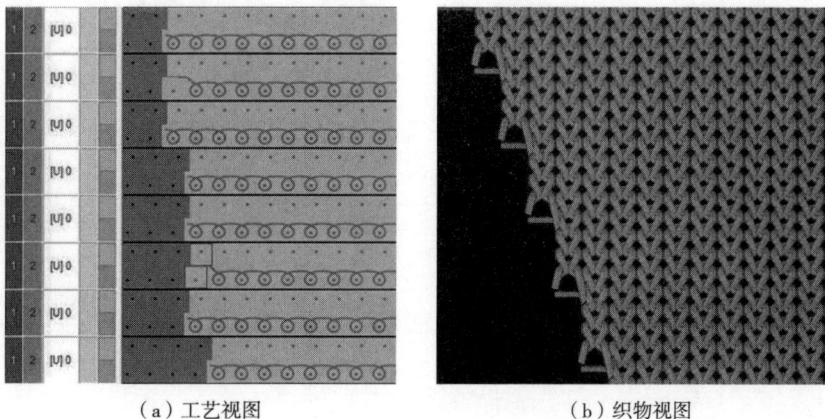

（a）工艺视图　　　　　　　　　（b）织物视图

图5-8　电脑横机明放针

（二）暗放针

暗放针即移圈加针，是将织物的边缘线圈向外侧转移，使它们与整体织物之间空出 1 针，下一横列编织时织物宽度就增加 1 针，如图 5-7（b）所示。这种放针方式，在下一行编织时，由于被移去线圈的织针空针起针编织，会在织物上形成一个孔眼，如图 5-9 所示。在生产中，可以利用暗放针在织物上形成的孔眼作为装饰，形成特殊的外观效果。

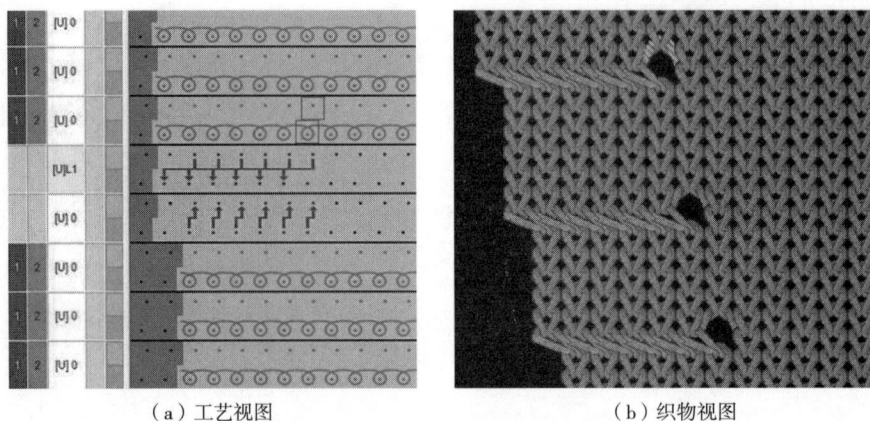

（a）工艺视图　　　　　　　　　　（b）织物视图

图 5-9　电脑横机暗放针（有孔眼）

根据产品设计需要，有时不能在暗放针时出现孔眼，要想办法补上这个孔眼。在电脑横机上，常采用四平补洞的方法，即暗放针前会在孔眼内侧的织针上编织一个四平线圈用来补洞，如图 5-10 所示。

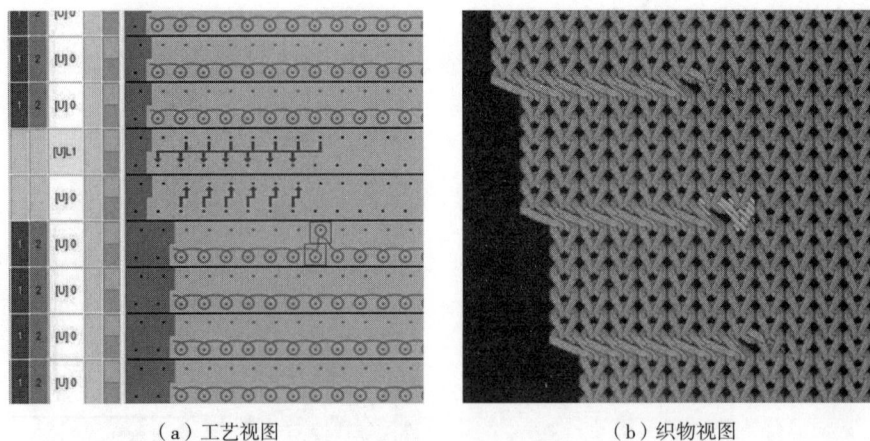

（a）工艺视图　　　　　　　　　　（b）织物视图

图 5-10　电脑横机暗放针（有孔眼）

第二节　制板基本知识

M1plus制板系统以毛衫成型编织工艺为基础，通过将衣片模型和花型程序叠加复合形成电脑横机能够识别运行的衣片编织程序。毛衫成型编织工艺在M1plus中通过工艺输入、边缘属性设置可转化为衣片的模型（Shape）。

一、模型编辑器界面及功能

在M1 plus制板系统中，点击"模型"（Shape）菜单，选择"模型编辑器（生产或编辑模型）……"即出现模型编辑器窗口，如图5-11所示。窗口内容介绍如下：

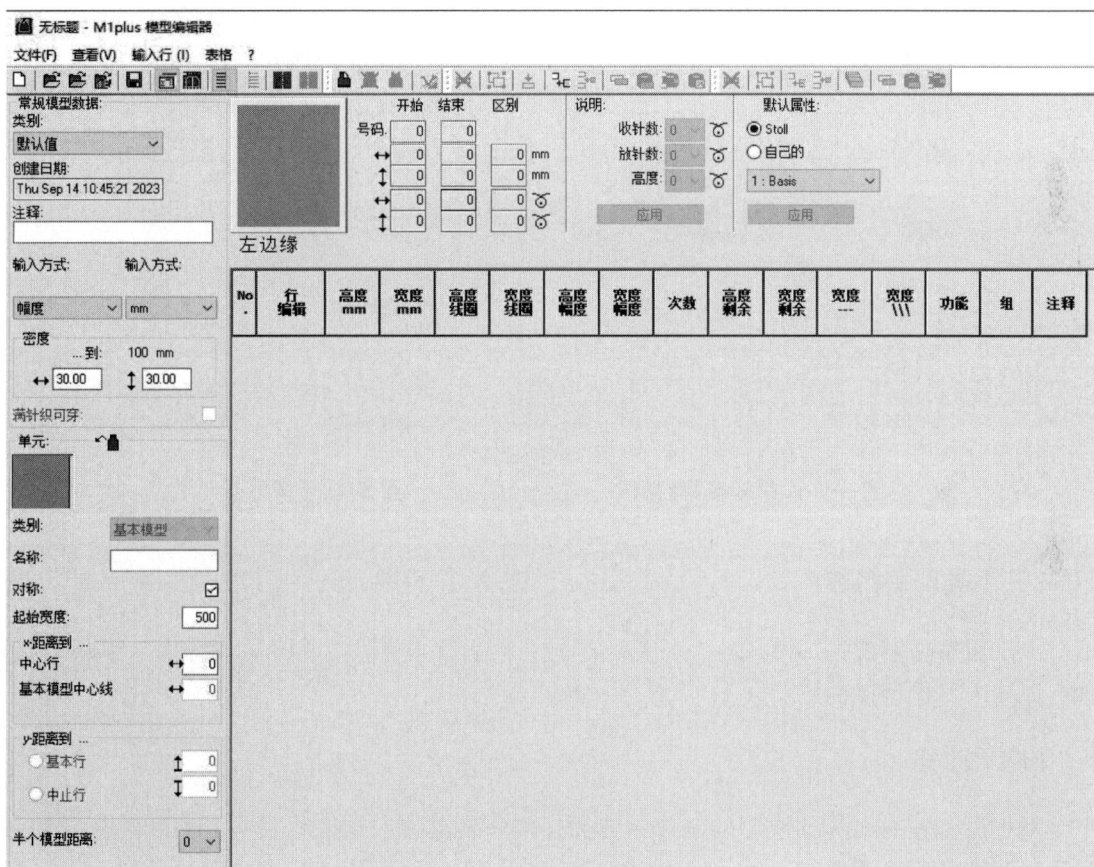

图 5-11　模型编辑器窗口

（一）常规模型数据

常规模型数据主要包括类别、创建日期、输入方式、尺寸单位和密度等，如图 5-12 所示。其中"输入方式"包括三种选择：

（1）功能行：以长度为单位的输入方式，可以转换成线圈模型。

（2）线圈：以线圈为单位的输入方式。

（3）幅度：以一格为一线圈的输入方式。

（二）单元

模型单元如图 5-13 所示。单元是模型的一个基本成型结构，分为基本单元（基本模型）和新单元。一个模型可以包括几个单元，如有开领的前片包括一个"基本"单元和一个"开领"单元。模型中的新单元可以删除，基本单元不可以。

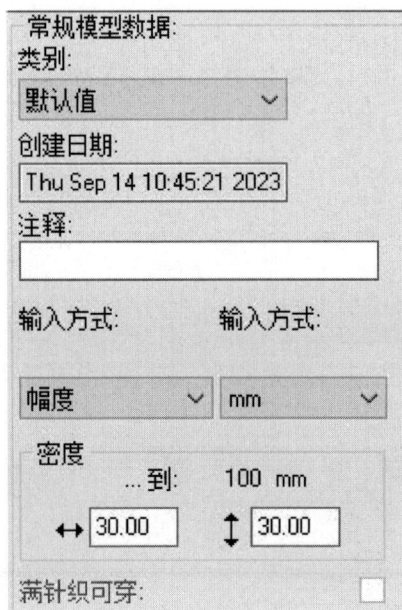

图 5-12　常规模型数据

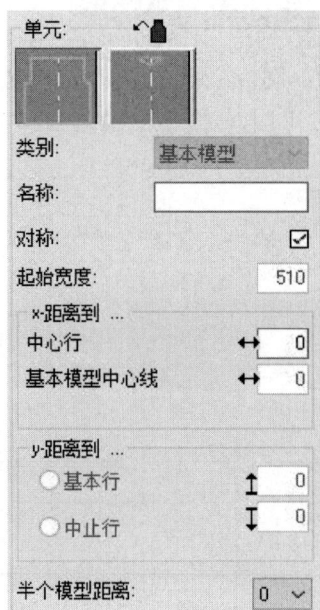

图 5-13　模型单元

（三）类别和名称

类别包括基本模型、开领、洞（自动拷针再起针）和楔形（F10 后边缘加入集圈）。名称可以输入，也可空白。

（四）对称

对称用于左右对称的模型的制作，选择打勾后自动将左功能行拷贝到右功能行，此时右边缘和右标记按钮变灰。

（五）起始宽度

起始宽度用于输入第一行的起始宽度针数。选择对称时，输入表格中第一行上的宽度显示为起始宽度针数的一半。

（六）x-距离到中心行

"x-距离到中心行"表示模型中心线距中心轴的水平距离针数，正值表示远离中心轴，负值表示向中心轴方向移动。如输入4，则左右两片将分别离开中心轴4针（注意：这8针不参加工作，并且不要加开领模块）。"x-距离到基本模型中心线"表示新单元中心线与基本模型中心线之间的距离针数。

（七）y-距离到基本行

"y-距离到基本行"表示一个单元的基本行与基本模型的基本行之间的纵向距离；"y-距离到中止行"表示一个单元的中止行与基本模型的终止行之间的纵向距离。

（八）半个模型距离

"半个模型距离"表示在模型中间插入编织行，此时花型将增加宽度。如在做V领时，如果想做1针领尖，选择开领单元后，可以在此设置1。当衣片的针数为奇数针时，这里也应该输入1；当衣片的针数为偶数针时，这里应该输入0。

（九）预览窗口

主要显示正在编辑的模型参数，如图5-14所示。小图形显示激活的单元，选中的边缘线显示为蓝色。右侧的数据只用于说明。

（十）说明和默认属性

说明和默认属性选择框，主要包含了收放针的宽度、编织技术等设置。选择之后，新行自动按设置执行（图5-15）。

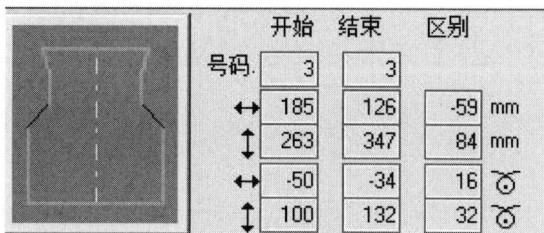

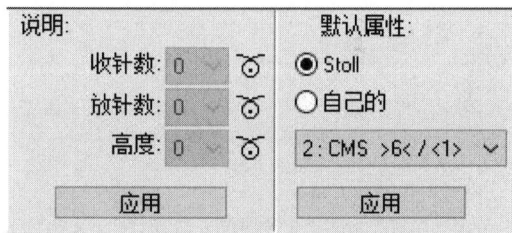

图5-14　预览窗口　　　　　　　　图5-15　说明和默认属性窗口

（十一）行编辑窗口

行编辑窗口如图5-16所示。行编辑窗口显示的是一个工艺输入表格，它是模型制作的主要部分，包括序号、行编辑器、高度、宽度、重复次数、剩余高度、剩余宽度、组和功能等，在相应的位置可以输入工艺单中的相应内容。

No.是各功能行的序号。在模型编辑器的工具栏中，点击▣在结束处添加新行，就自动在表格的下方增加一行，添加一个序号。第一行是基础行，在该行的宽度幅度列自动显示衣片的起始针数（对称型显示为起始针数的一半）。行编辑器是收、放针编辑器，点击后会出现一个行编辑器窗口，根据收针的总行数和总针数，电脑将自动给出收针分配。高度幅度表示模型在高度方向上行数的变化，"+"表示向上，"-"表示向下。宽度幅度表

No.	行编辑	高度幅度	宽度幅度	次数	宽度 ---	宽度 \\\	功能	组	注释
1		0	50	1			Basis	0	
2		100	0	1		8		0	
3		4	-2	8	6	8	收针	0	
4		44	0	1		8		0	
5		6	1	4	1	8	放针	0	
6		6	0	1		8		0	
7		0	-38	1				0	

图 5-16 行编辑窗口

示模型在宽度方向上针数的变化，即 1 次收针（或放针）的针数，"+"表示加针，"–"表示减针［这个可以在模型编辑器的菜单输入行（I）下面进行设置］。次数表示重复的次数。宽度--- 表示收针宽度，是指参与收针移动的针数。宽度\\\ 表示模型边缘组织的宽度针数。点击功能列下面的按钮打开该行的模型边缘窗口，用来定义或修改模型边缘的其他属性，如图 5-17 所示。当使用了合并工具回时，将会在组的下面显示合并组的序号。注释用于文字说明，方便自己记忆，它将在属性窗口中显示。

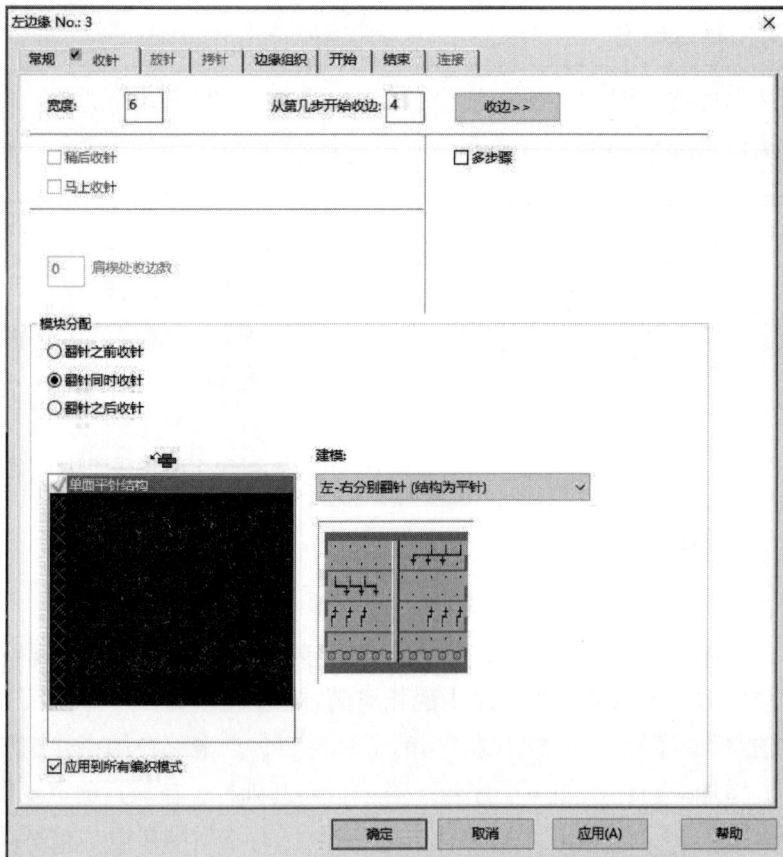

图 5-17 模型边缘组织设置窗口

以幅度方式输入比较接近工艺员的习惯，依照毛衫编织操作工艺单分别在高度幅度、宽度幅度和次数三栏中输入相应的数据。随着这些数值的输入，在预览窗口里同步显示衣片的形状，这样使工艺设计人员可以直观地了解输入的情况。

（十二）行的功能

在表格中点击功能下的某一行，出现该行的模型边缘窗口，如图 5-18 所示。窗口的标题栏显示左边缘或右边缘及行的序号。

图 5-18　模型边缘属性窗口

下面介绍图5-18中模型属性各选项卡。

1. 常规

（1）功能：包括空白、收针、放针和拷针四种选择。空白代表不加针、不减针，通常放在平摇部分。

（2）模型边缘线圈长度：可以设置模型边缘与织物中间不同的编织密度值密度。例如，收针时要使织物外侧边缘 6 针宽度上的密度值与织物中间的不同，设置前、后针床上不同于正常编织的密度值NP前、NP后。将这些设置应用到模型视图（标志视图）时，可以看到在织物边缘有 6 列小圆点符号加上去，同时工艺视图上显示以不同颜色标识不同的密度值（图5-19）。

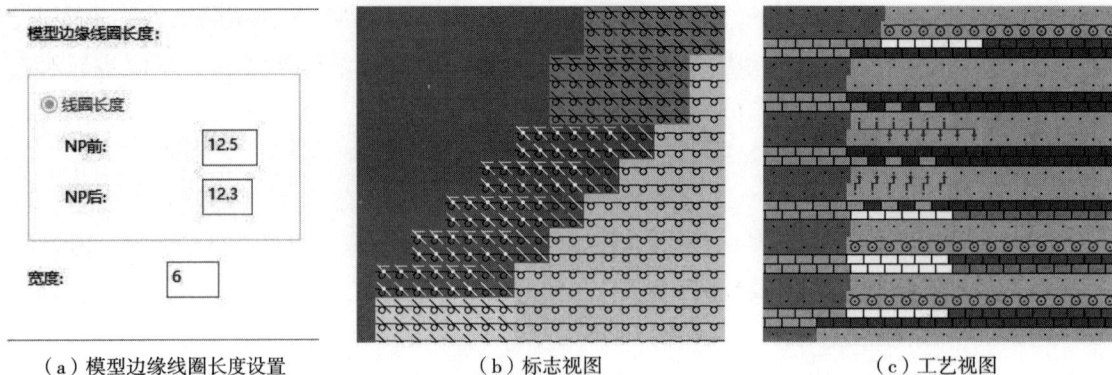

（a）模型边缘线圈长度设置　　　　　（b）标志视图　　　　　（c）工艺视图

图 5-19　模型边缘线圈长度

2. 收针

图 5-20 为收针选项卡。

（1）宽度：表示同时参与收针的针数。

（2）从第几步开始收边：输入的数值代表收针时允许的最大收针针数，达到或超过这个数值，系统将自动按拷针处理。图 5-20 中，从第几步开始收边后面的数字"4"，表示当输入的收针针数大于等于 4 针时，将进行拷针，点击后面的"收边"进行拷针设置。

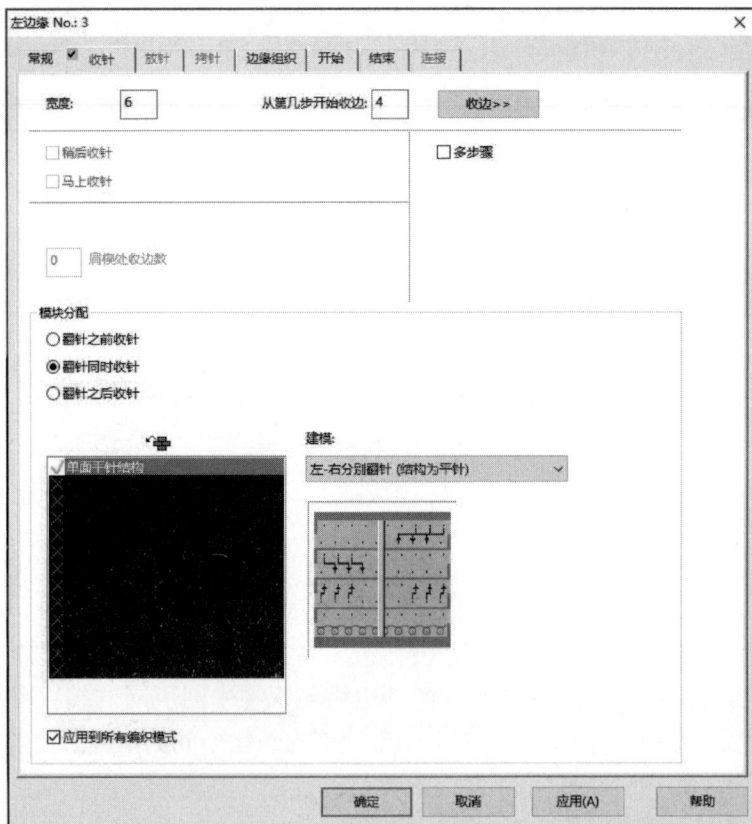

图 5-20　收针选项卡

（3）稍后收针、马上收针：是用于织可穿的，只有做织可穿模型时才被激活。

（4）多步骤收针：当多枚织针同时收针并均匀分布在一行中时采用，即均收。

（5）肩楔处收边数：用于织可穿，此项功能只有做织可穿模型时才被激活。

（6）模块分配：表示在编织收针行时有其他带翻针（如绞花）的建模处理。

①"翻针之前收针"表示先处理收针建模之后再处理花型中（如绞花）建模的翻针动作。

②"翻针同时收针"表示收针和花型中建模同时进行翻针，能合并的尽量合并同时进行。

③"翻针之后收针"表示先处理花型中建模之后再处理收针建模。

（7）其他：🪝➕ 下面显示所使用的收针建模属于哪种编织类型；建模下面可以选择不同的收针模块，如左右分别翻针、左一右复合翻针等；如果在应用到所有编织模式前打勾，表示不论花型中的结构如何，都将采用所选择的方式（绿勾）进行收针。

3. 放针

图 5-21 为放针选项卡。其内容与收针选项卡中的内容相似，这里不再一一介绍，只对下面几项进行解释。

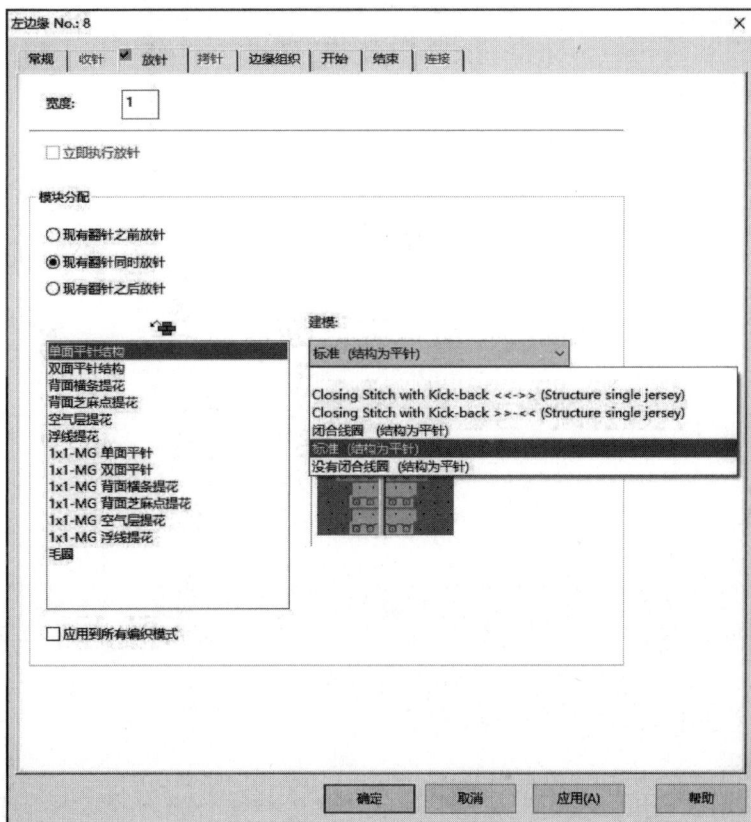

图 5-21　放针选项卡

（1）宽度：表示参加放针的针数，1表示明放针，大于1表示暗放针。

（2）建模：根据编织模式选择建模，其中"标准（结构为平针）"为带浮线的建模，常用于放针宽度为1的明放针；"闭合线圈（单面平针结构）"为带辫子的无孔放针，内侧用四平线圈补洞；"没有闭合线圈（单面平针结构）"为带辫子的有孔放针。

4. 拷针

图5-22为拷针选项卡。

（1）模块分配：同收针说明。

（2）建模：根据编织模式选择拷针建模。对于单面平针结构来说，常用的拷针建模有"拷针-平针-01""拷针-平针-02"和"拷针-袖孔-脱圈"三种。其中"拷针-平针-01"和"拷针-平针-02"为普通拷针模块；"拷针-袖孔-脱圈"用于袖窿处的拷针，该模块使用了后板在编织后脱圈，使拷针后布边不会太紧，使用时要注意机头方向。

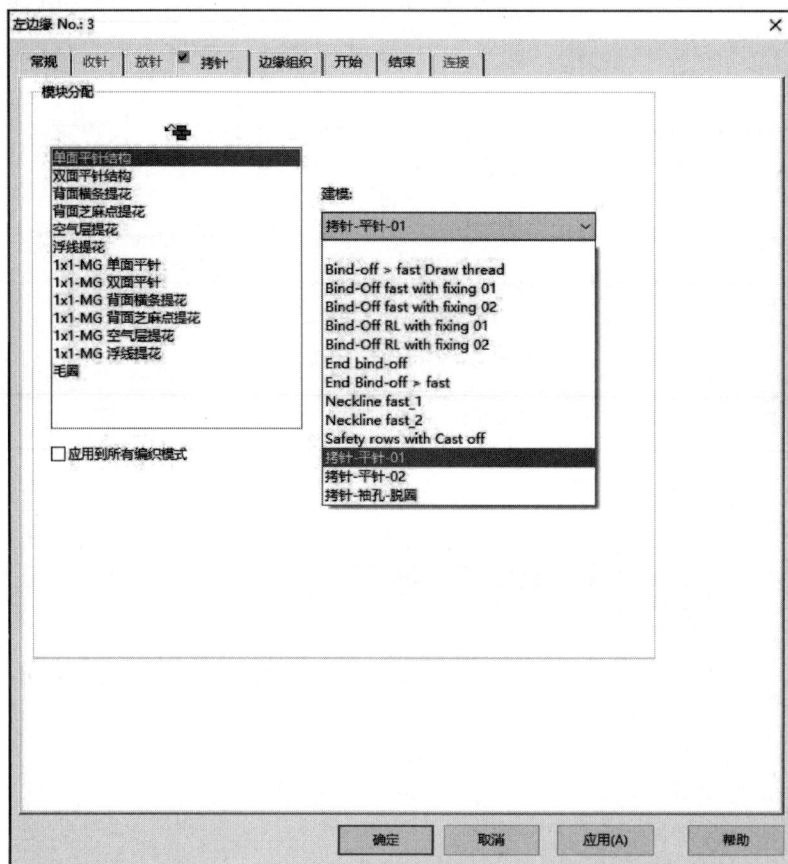

图5-22 拷针选项卡

5. 边缘组织

边缘组织包括模型边缘所编织的组织结构和宽度。图5-23为边缘组织选项卡。

（1）边缘组织宽度：表示模型的边缘有多少针采用所选建模的编织方式，如图5-23中的8，表示模型的边缘将有8针用边缘组织结构覆盖原来的底组织。

（2）使用建模颜色：表示边缘组织的颜色采用建模所使用的颜色。不激活则使用花型中的颜色。

（3）提花时不插入边缘组织：表示做提花成型时不自动加入边缘组织。

（4）位移：用于织可穿。

（5）建模分配：同前面收针选项卡。

（6）建模：可以自己设计边缘组织结构，然后用鼠标左键拖入编织模式类型处（如单面平针结构），或从建模管理器中直接调出、拖入。点击箭头 ∨，下拉菜单中有常用的建模：前针床线圈翻针、后针床翻针等。

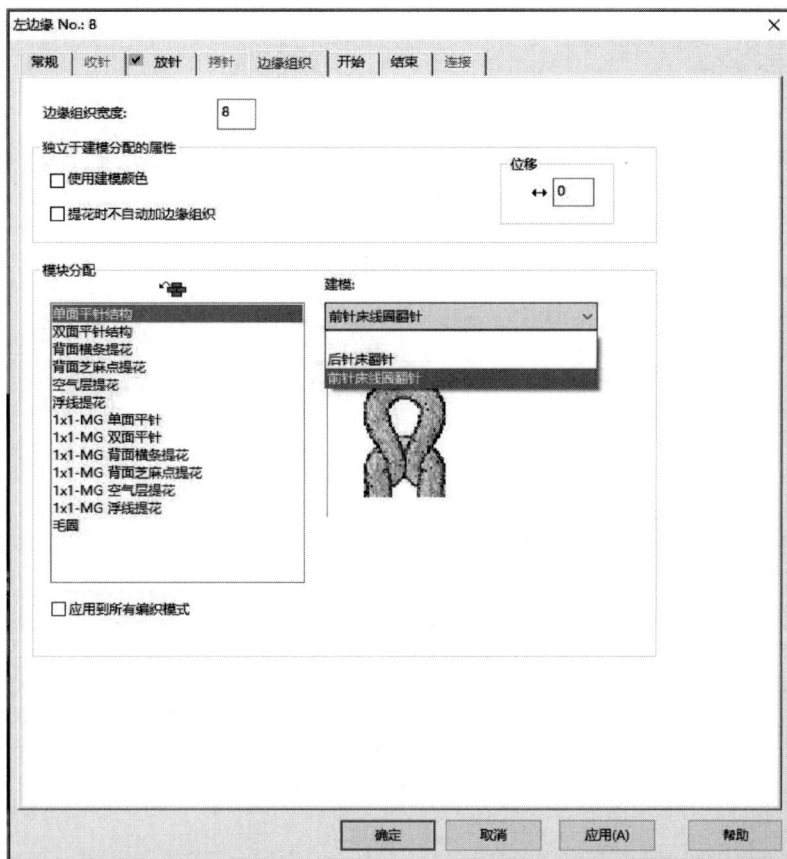

图 5-23　边缘组织选项卡

6. 开始

图 5-24 为开始选项卡。

（1）功能：后面有"正常normal"和"挖领中下"两种选择。V领选挖领中下。

（2）位移：表示V领领尖建模放置的位置。做领底模块时，通常选择开领左边的第一枚针作为坐标参照点，即位移为0时的原点位置：1针开领时为领尖左侧1针；2针开领时为领尖的左边针，如图5-25中的箭头所示。

"←→"后面的数字表示相对于建模原点左右移动的数字，向左移动为负值，向右移动为正值。" ↕ "后面的数字表示相对于建模原点上下移动的数字，向下移动为负值，向上移动为正值。

这部分内容与模型编辑器中选择开领单元后，点击图标☑后显示的内容一样。

（3）单面领尖的建模形式："结构平针V1"用于开领针数为奇数的1针领尖，位移为（1，-1），领底模块为一针挑孔，如图5-26所示；"结构平针V2"用于开领针数为偶数的2针领尖，位移为（0，-1），领底模块为1×1绞花，如图5-27所示。

图 5-24　开始选项卡

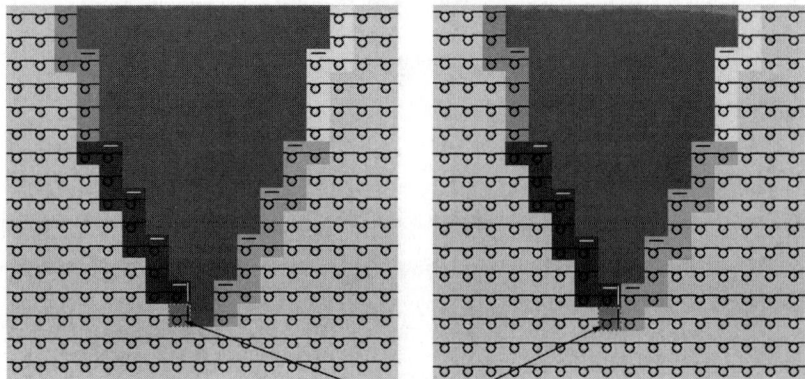

模块放置参照点，类似坐标原点（0，0）

图 5-25　领底模块放置参照点

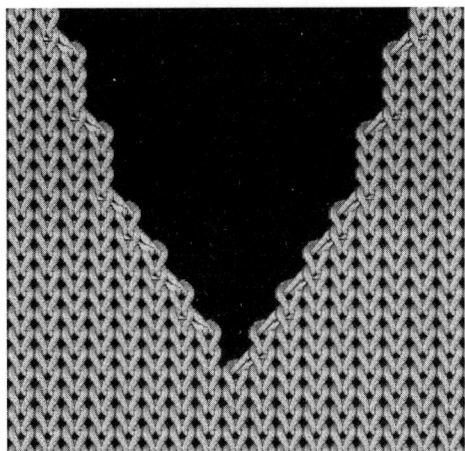

图 5-26　结构平针 V1 建模

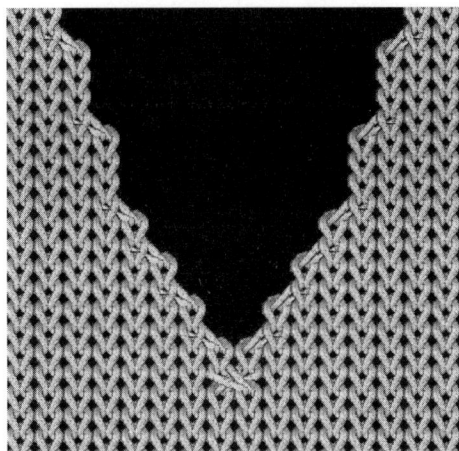

图 5-27　结构平针 V2 建模

7. 结束

结束选项卡与开始选项卡相似。如果需要，可以在结束选项卡中设置领子结束建模。

二、做模型的方法

模型可以依据输入方式的选择做"幅度"模型、"线圈"模型和"功能行"模型。以幅度方式输入与企业工艺员的习惯相符，下面以幅度模型作为示例。在做模型之前要先准备好毛衫编织工艺单。

（一）选择输入方式

在M1plus程序设计界面打开模型菜单，点击模型编辑器；打开模型编辑器窗口，选择输入方式为幅度，如图5-28所示。

（二）起始宽度

在"起始宽度"处输入起始针数，如"100"。如果为对称款式，在"对称"后面打勾。

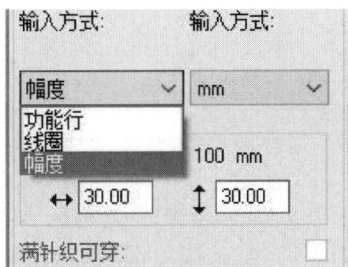

图 5-28　输入方式

（三）显示基准行

在模型编辑窗口上方的工具栏中点击"在结束处添加新行"按钮，基准行的内容出现，此时宽度幅度列中显示数据50，为起始宽度针数的一半，如图5-29所示。

（四）工艺输入

点击"在结束处添加新行"按钮，在表格下方出现空白行，按照毛衫编织工艺单自下而上的顺序，分别在相应行的高度幅度、宽度幅度、次数栏里输入相应的数值，如图5-30所示。

左边缘

No.	行编辑	高度幅度	宽度幅度	次数	宽度---	宽度\\\	功能	组	注释
1		0	50	1			Basis	0	

图 5-29　工艺输入基准行

No.	行编辑	高度幅度	宽度幅度	次数	宽度---	宽度\\\	功能	组	注释
1		0	50	1			Basis	0	
2		100	0	1		8		0	
3		4	-2	8	6	8	收针	0	
4		44	0	1		8		0	
5		6	1	4	1	8	放针	0	
6		8	0	1		8		0	

图 5-30　工艺输入

（五）生成结束行

工艺输入结束，在模型编辑器上方的工具栏中点击"生成结束行"按钮 ，在表格的最下方出现结束行数据。结束行为绿色，如图5-31所示。

No.	行编辑	高度幅度	宽度幅度	次数	宽度---	宽度\\\	功能	组	注释
1		0	50	1			Basis	0	
2		100	0	1		8		0	
3		4	-2	8	6	8	收针	0	
4		44	0	1		8		0	
5		6	1	4	1	8	放针	0	
6		8	0	1		8		0	
7		0	-38	1				0	

图 5-31　生成结束行

（六）模型边缘属性设置

在工艺输入表格的功能列下面点击相应的行，打开该行的边缘组织设置窗口（图5-18）进行模型边缘属性设置。

（七）保存模型

点击工具栏中的保存按钮 ■ ，在文件名栏中输入文件名，保存类型为*. shp，点击保存。

三、做成型衣片的方法

在M1plus中成型衣片的做法有两种：一种是先模型后花型，另一种是先花型后模型。

（一）先模型后花型

先做好模型，在新建花型时直接调用，然后绘制花型图案。

（1）打开新建花型窗口，在花型类型下面选择成型衣片图标 ■，如图5-32所示。

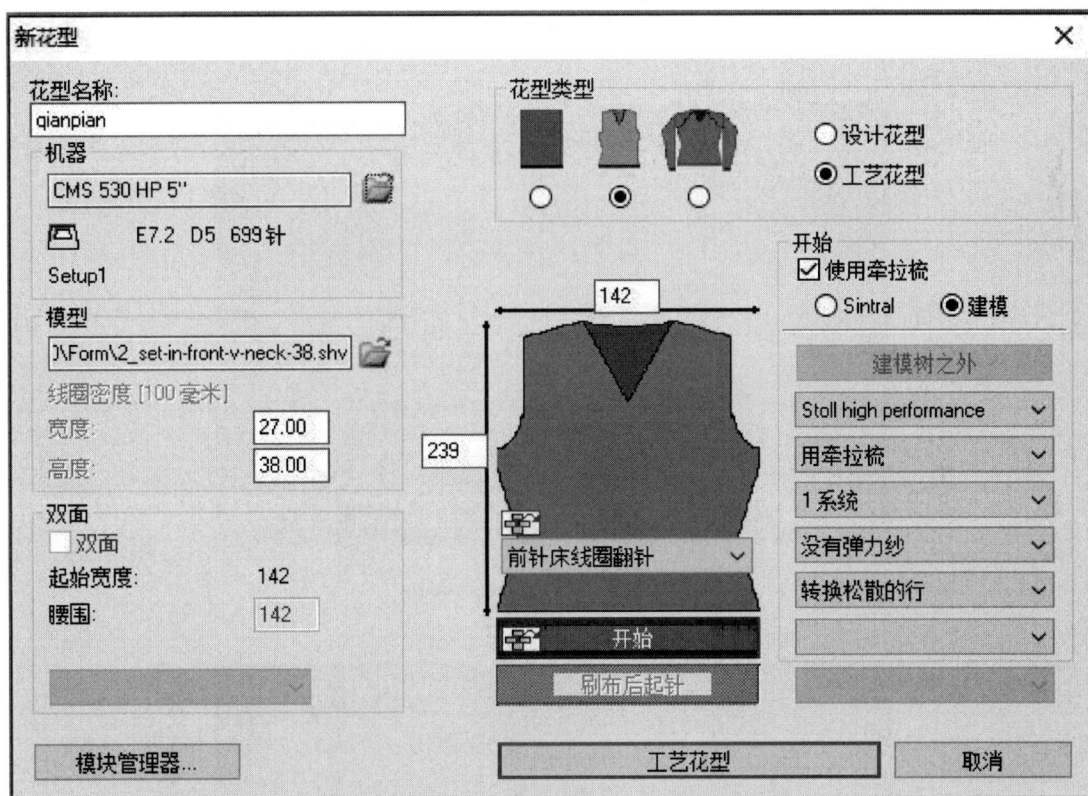

图 5-32　选中成型衣片图标

（2）在模型下面点击 📂 后出现模型选择窗口，根据模型存储的路径选择要打开的模型。点击打开，模型自动套在花型上，如图 5-33 所示。此时，花型的针数和行数为模型的最大针数和最大行数。

（3）做花型。在套有模型的花型上设计花纹图案，可以是提花花型，也可以是结构花型。如图5-34所示的提花花型。

（4）点击剪切模型 📋 图标，自动插入收/放针等，生成花型，如图5-35所示。

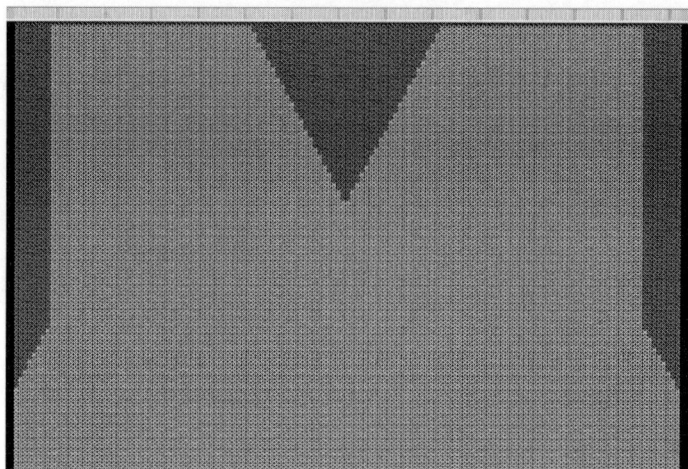

图 5-33　模型选择窗口

图 5-34　套上模型的花型图

图 5-35　剪切模型后的成型花型

（5）插入起头罗纹，设置导纱器，设置机速、牵拉、密度等上机工艺参数，工艺处理，生成MC程序，sintral检查，导出MC程序。

（二）先花型后模型

先画好花型图案，再调用模型并套在花型上。

1. 做花型

打开新建花型窗口，在花型类型下面选择长方形图标▮，如图5-36所示。注意：新建花型的宽度列数和高度行数都要大于模型的尺寸，罗纹可以在剪切模型后再插入。点击工艺花型进入画图画面，用纱线颜色🌑画图，如图5-37所示。

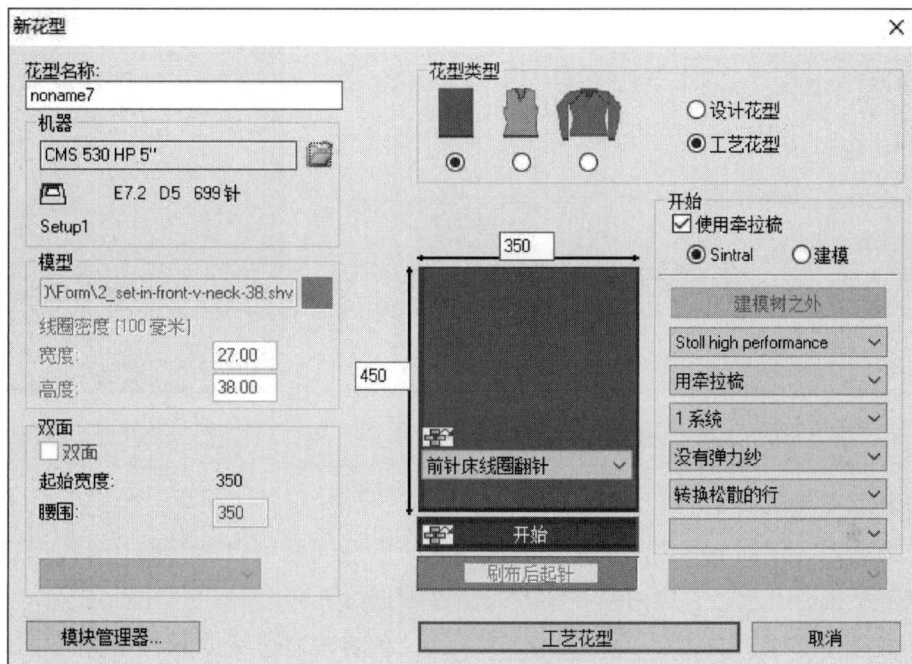

图 5-36　新花型窗口

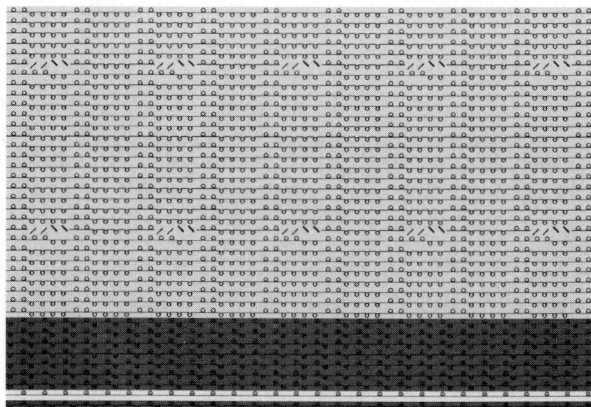

图 5-37　绘制花型图案

2. 模型定位

在标志视图上点击菜单栏中的模型（A），选择打开和定位模型，如图 5-38 所示。然后选择要调入的模型，打开，模型即套在花型上，如图 5-39 所示。如果需要对花型，可以点击工具栏中的打开/关闭移动模型按钮✋，此时鼠标变成手形，按住鼠标左键上下左右移动模型到适当的位置，或者用键盘上的左、右、上、下箭头键移动模型，直到满意为止。

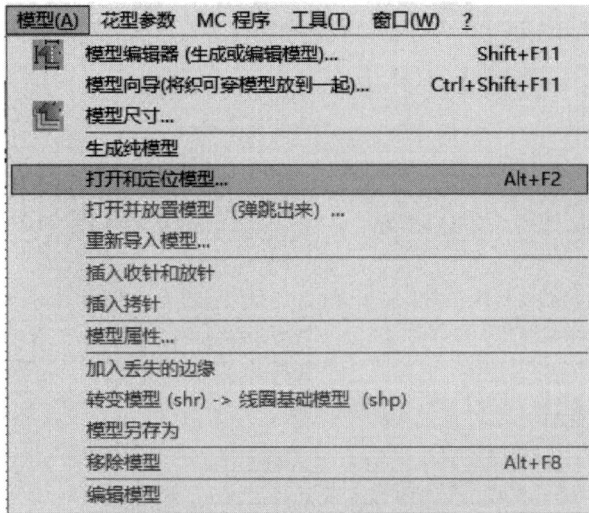

模型(A) 花型参数 MC 程序 工具(T) 窗口(W) ?

图 5-38　选择打开和定位模型　　　　　　　图 5-39　定位模型

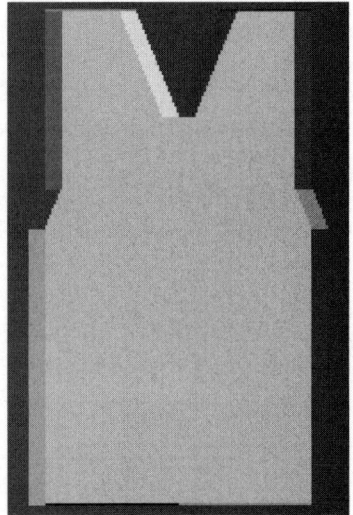

3. 修改模型属性

定位模型后，仔细检查模型的边缘属性，如果发现问题可以进行修改（模型属性的修改可以在模型视图上进行，也可以在模型编辑器中进行）。

（1）在花型显示工具栏中，如图 5-40 所示，激活模型边缘👕和模型符号👕按钮，在标志视图的模型边缘将显示模型边缘颜色和符号，如图 5-41 所示。

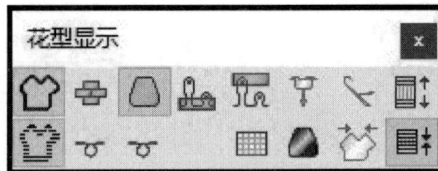

图 5-40　花型显示工具栏

👕表示模型边缘，点击可切换显示或取消模型边缘颜色；👕表示模型符号，点击可切换显示或取消模型边缘符号，如收针、放针、拷针及边缘组织符号等；也可以两者结合同时选上。

（2）光标指向模型边缘的任一边缘颜色，按右键，出现级联菜单，选择模型属性，如图 5-42 所示，出现图 5-43 所示的模型属性窗口。光标指向的边缘颜色在模型属性窗口中将直接用深色标出，即被选中，在窗口的右侧可根据需要对模型的属性进行修改。

图 5-41　模型边缘颜色和符号

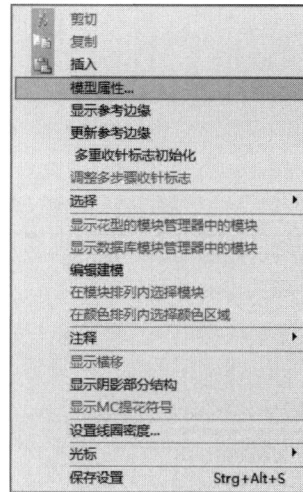

图 5-42　级联菜单

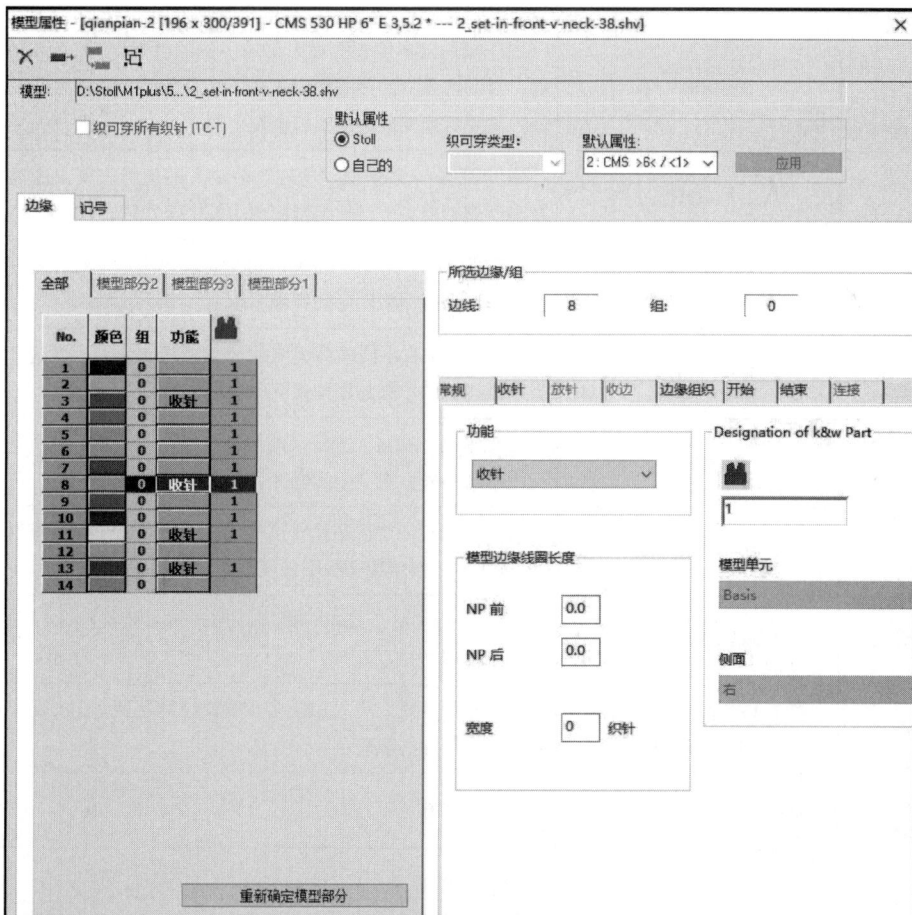

图 5-43　模型属性窗口

（3）模型符号工具。在标志视图窗口显示模型符号工具栏，如图5-44所示。表5-1介绍了各种模型符号的名称和含义。

图 5-44　模型符号工具栏

表 5-1　模型符号的名称和含义

图 标	名 称	含 义
	模型外	用来修改现有模型视图中模型外的部分（不编织部分）
	模型内	用来修改现有模型视图中模型内的部分（编织部分），下拉菜单中可以选择颜色
	边缘	下拉菜单中有正在使用着的边缘颜色，也可"新建"边缘画于模型"标志视图"中，如开衫增画门襟部分
	标记	可以从下拉菜单中找到已有的标记，或创建新标记（在模型中加记号）
	楔形	用于画局部不编织等楔形部位。例如后领肩斜，使用快捷键F10后，自动在换行的地方添加集圈。集圈可根据需要在设置/嵌花中选择先编织后集圈或先集圈后编织
	收/放针	通常收/放针数采用"功能"中定义的边缘宽度，用这个符号可在当前模型视图中增加模型视图中的边缘宽度
	边缘组织	通常采用"功能"中定义的边缘宽度，用这个符号可在当前模型视图中增加模型视图中的边缘宽度
	（领中）分界线	用于V领左右不同纱嘴编织的区域之间的分界，用这个符号可在当前模型视图中增加模型视图中的分领线
	拷针	通常采用"功能"中定义的拷针宽度，用这个符号可在当前模型视图中增加模型视图中的拷针宽度
	修改线圈长度	增加模型视图中的边缘密度的宽度（它可由"模型编辑器"中的"常规"中"模型边缘线圈长度"来定义）
	均收（模型内）	在模型内向左，或向右排列，用于多步骤收针（只在"设计模式"下使用）
	从左端、右端开始排列（模型外）	在"设计模式"下，用于多步骤收针对花型之用。属于模型外的部分，可以被折叠显示
	底部、顶部暂停编织区	用于织可穿
	展开	用于织可穿
	分割	用于织可穿

续表

图 标	名 称	含 义
⊔ ⊓ 1 ∨	多步骤收针（均收）	可根据需要在模型视图中增加多步骤收针符号，数字代表每次收几针
✕	单独删除模型属性	用此图标加上上面提到的任何一个模型属性图标一起，删除光标所指的相应属性内容
✕	删除所有模型属性	用这个图标，将删除光标所指向的所有模型属性，如收针、放针、拷针、边缘组织、楔形等

4. 保存修改后的模型

修改后的模型视图也可保存，用另存为". shv"的形式。方法是：修改完模型视图后，在关闭窗口之前，在"模型"菜单中选择"模型另存为"后出现选择路径的窗口，设置保存路径，点击"保存"。

注意：修改模型属性一定要在裁剪模型之前进行，如果已经剪切模型，可点击"导入基础花型"回到模型剪切前再进行修改。

如果是已经套入花型的模型，通过模型编辑器修改了模型（保存为同名文件），可先回到基础花型，然后在"模型"菜单中选择"重新导入模型"，将修改后的模型重新导入花型。

5. 剪切模型

将模型套在花型后，如果模型没有问题，点击💾剪切模型。由于本例中使用了绞花模块，模型套上之后，在收针等边缘的地方可能有半个绞花模块，剪切模型时出现窗口询问是否用模块覆盖，如图5-45所示。

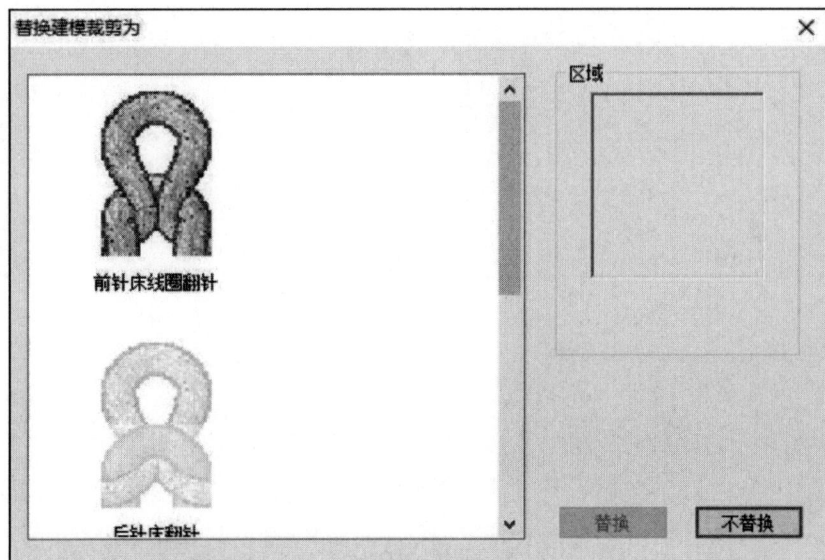

图 5-45 模块替换窗口

选中的模块将会出现在右边的"区域"中。如果是单纯的绞花等简单模块，可以选择底组织替换，很多情况下选择"不替换"，保留部分单元模块。剪切后可以看到模型视图上闪动的区域即为不完整模块区域，如图5-46所示。不完整的模块部分可以手动修改替换。

剪切后模型外的部分被删除，加入了收针/放针建模、边缘组织及其编织工艺，但没有加入拷针建模（拷针建模要在工艺处理后才加入），如图5-47所示。

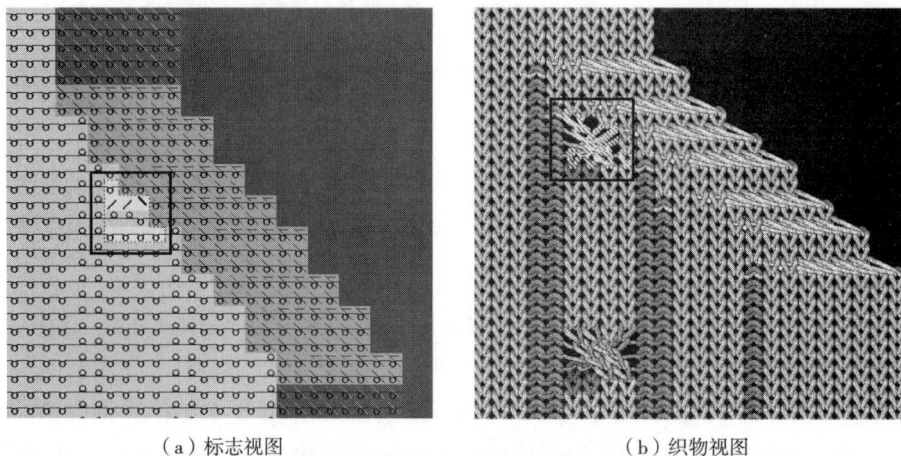

（a）标志视图　　　　　　（b）织物视图

图5-46　显示不完整的模块

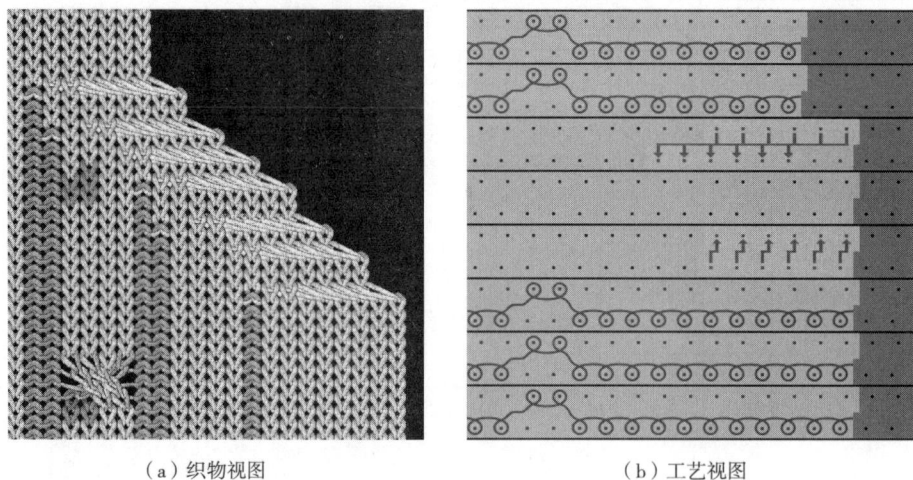

（a）织物视图　　　　　　（b）工艺视图

图5-47　模型剪切后

模型剪切后，如果模型边缘属性，如收针、放针、边缘组织等没有问题，就可以排纱嘴，再根据需要修改编织密度值、牵拉、机速以及其他花型参数设置（如是否选择多系统翻针、是否采用多密度等），生成MC程序，然后sintral检查，导出MC程序即可。

第三节　衣片成型制板

衣片成型制板包括做模型和做成型花型两部分，它的基础是毛衫编织工艺单。先根据编织工艺单做好模型并保存，然后将模型与新花型结合进行衣片成型制板，生成电脑横机能够识别的编织程序。本节重点介绍衣片成型制板的流程和方法。

衣片成型制板的流程如下：

创建新花型→打开和定位模型→检查修改模型属性→做肩部楔形→合并安全行导纱器 →剪切模型→插入起头→设置罗纹的转数→修改罗纹、起头废纱的颜色→排纱嘴→工艺处理→设置编织工艺参数→再次工艺处理→sintral检查→导出MC程序。

一、前片成型制板

（一）套衫前片成型制板

下面以圆领套衫为例介绍前片成型制板方法。

1. 创建新花型

点击 图标打开新花型窗口，如图 5-48 所示，输入花型名称、选择机器型号和花型类型、设置新花型的宽度针数和高度行数、设置起头模块等，然后点击"工艺花型"即进入花型设计界面，可以根据产品需要设计花型组织结构。

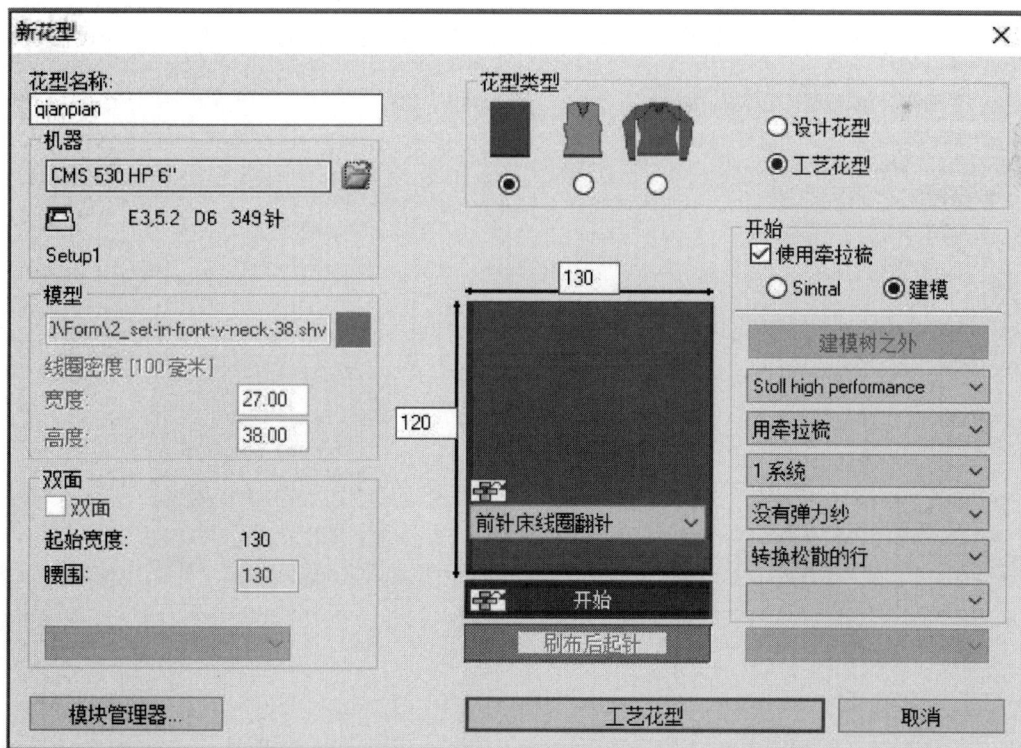

图 5-48　创建新花型

注意：花型名称只能是英文字母、数字，或者英文字母和数字的组合，绝对不能用中文；新花型的宽度针数和高度行数要比模型的大；新建花型时，起头模块中罗纹类型选择"空白"，即先不加入起头模块，而是等新花型设计完成后再插入起头模块，以方便花型设计。

2. 打开和定位模型

在菜单"模型（A）"下点击"打开和定位模型"，找到要使用的模型*.shp打开，这时模型作为一个区域套入花型。可以使用键盘上的方向键向右或向左移动模型，或激活"模型移动工具"按钮🏵直接按住鼠标左键拖动模型，以达到对花型的目的。一般来说模型只左右移动，上下移动模型将导致花型增加或减少移动的行数，需要做相应的删除或增加。

3. 检查修改模型属性

在标志视图上，仔细检查模型边缘的收针、放针、拷针、边缘组织等属性，如有错误，可进行修改。

模型边缘修改的方法有两种：

一是在菜单"模型（A）"下面选择"移除模型"，如图5-49所示，将套在花型上的模型移除；在模型编辑器中修改原有的模型并保存，然后再次"打开和定位模型"，将修改后的模型再次套在花型上。

二是直接在标志视图上，将光标放在要修改的模型边缘上，点击鼠标右键，选择"模型属性"，在模型属性窗口进行修改，修改后点击"应用到建模视图"，如图5-50所示。要特别注意的是：此时的修改只能用于当前打开的花型，而原来保存过的模型并没有改变。修改后的模型可通过菜单"模型（A）"下的"模型另存为"保存，类型为".shr"。

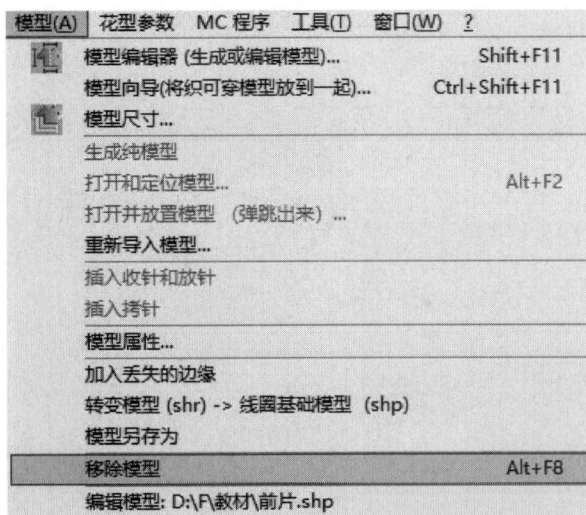

图5-49 "模型"下选择"移除模型"

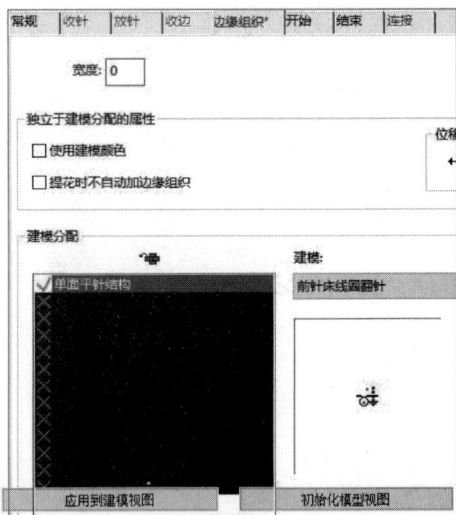

图5-50 在"模型属性"窗口修改

4. 做肩部楔形

在标志视图上，用"删除所有模型属性"工具❌删除模型肩部的拷针、收针、边缘组织等属性；激活工具栏中的"模型内"🎽，用绘图工具"长方形"▨，在模型的最上方画 2 行，在肩的外侧画 1 列，形成一个封闭的三角形区域，如图 5-51（a）所示；再"用魔术棒填充" ✎ 填充三角形区域，这个区域呈现被选中状态，如图 5-51（b）所示；激活工具栏中的"楔形" ⠿，用"区域填充" ✎ 将楔形符号填充到被选中的三角形区域，如图 5-51（c）所示；在"织针动作-线圈长度"工具栏中，选择"没有织针动作" ✕ 填充到有楔形符号的区域，删除这个区域中的织针编织动作，如图 5-51（d）所示；再用"长方形" ▨、"楔形" ⠿ 和"没有织针动作" ✕，将楔形符号加在肩外侧的那一列，如图 5-51（e）所示。这样左肩的楔形就做好了。用同样的方法做另一边肩部的楔形，结果如图 5-51（f）所示。

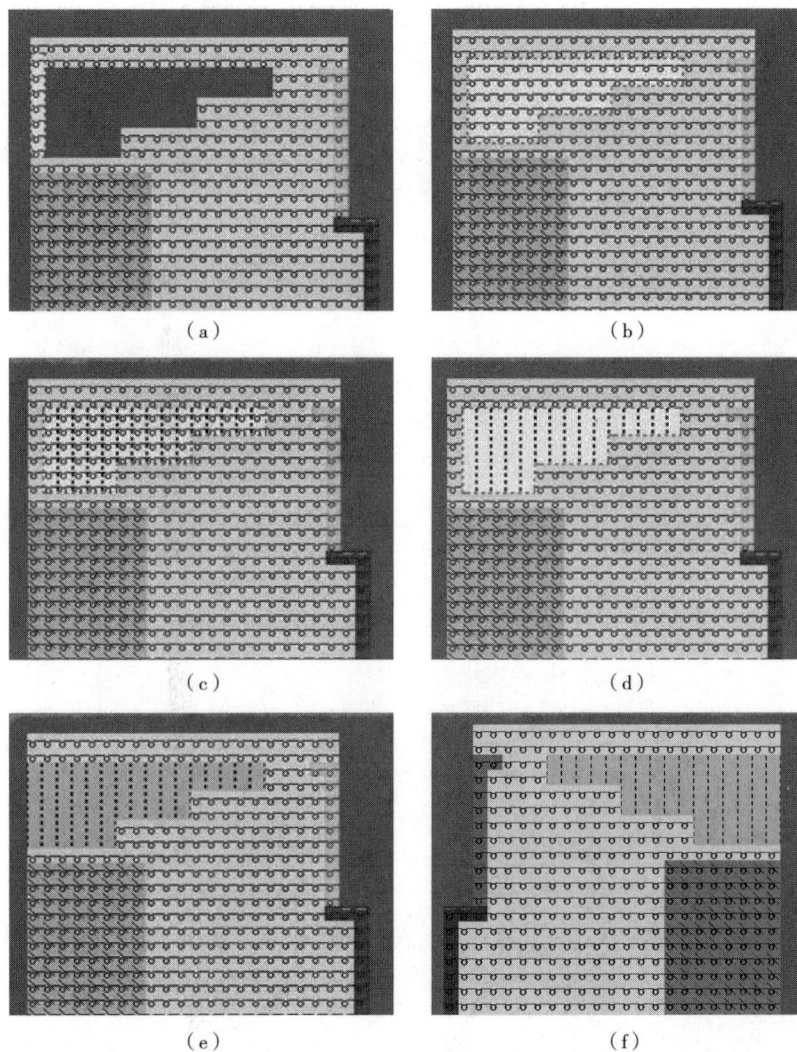

图 5-51　做肩部楔形

5. 合并安全行导纱器

即用一把导纱器编织安全行。编织安全行的废纱是根据衣片最后编织的导纱器数量和颜色自动添加的。由于开领后使用 2 把导纱器编织，快捷键 F10 工艺处理后，将自动用 2 把导纱器来完成安全行废纱的编织。如果要用 1 把导纱器编织安全行，需要将编织安全行的 2

把导纱器进行合并。方法如下：

点击"模型内" 🎽，任选颜色，用绘图工具"长方形" ▭ 在模型的最上方画2行；再将这2行换成工艺纱线207颜色；由于挖领部分的织针没有旧线圈牵拉，要将领中部分改为1隔1出针，如图5-52所示。

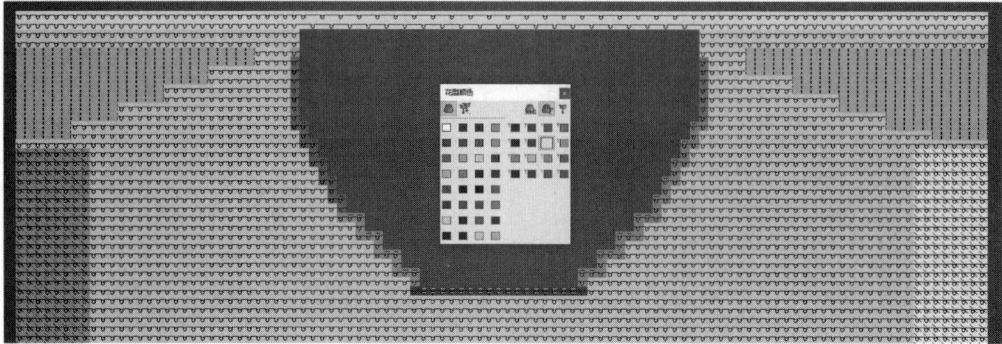

图5-52　合并安全行导纱器

6. 剪切模型

点击 🛠剪切模型，会弹出如图5-53所示的剪切选项对话框，根据需要选择是否插入边缘组织、是否插入收针和放针（一般都会选）、是否插入模型边缘的线圈长度，然后点击确定即可。

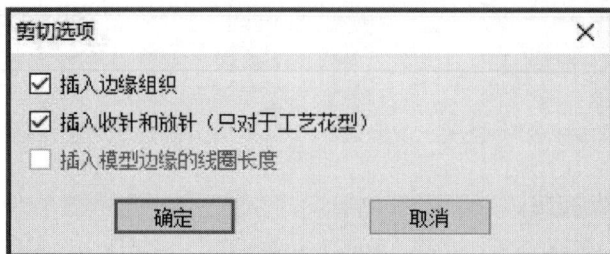

图5-53　剪切选项对话框

7. 插入起头

创建新花型时，没有选择起头罗纹，所以这里要加上。在编辑菜单下选择"更换起头"，即打开"替换起头"界面，选择要插入的起头模块和相应的过渡模块（如转换松散的行），点击确定，如图5-54所示。

注意：过渡模块的选择要根据大身的主体组织而定，可以选择转换松散的行、转换双面、分离纱结束。

8. 设置罗纹的转数

系统自带罗纹模块的空转、罗纹转数与即将编织的工艺可能不同，因此需要进行修改。插入起头后，切换到工艺视图，在左侧的控制列中点击右键打开循环 🔁，可以看到罗纹部分含有一个循环，其默认值为5，如图5-55所示。根据工艺要求，可以通过修改循环值来修改罗纹的行数，也可以通过添加行来修改罗纹的行数，或二者一起使用。

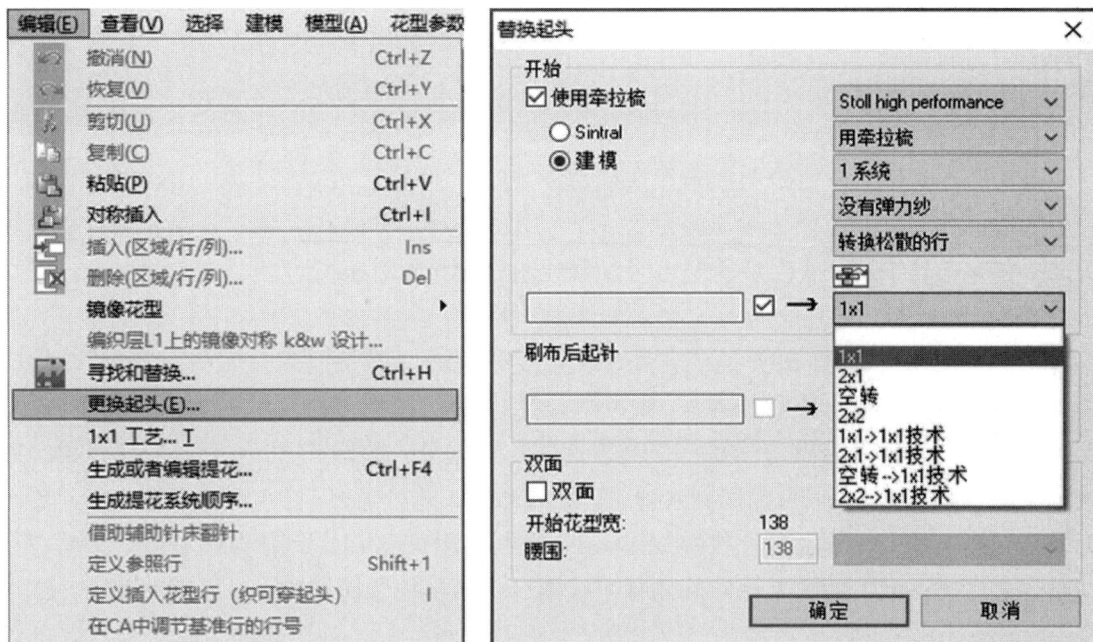

图 5-54　插入起头

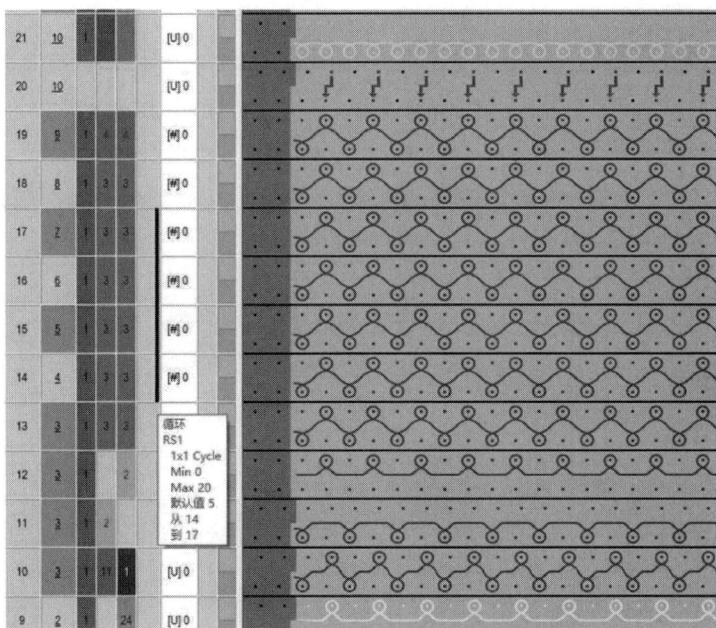

图 5-55　起头罗纹中的循环

注意：循环的修改只能修改循环数，或者在循环中添加或减去偶数行，绝不能是奇数行；通过插入选择行增加罗纹的行数时，不能选择松散行，如果选了，要将添加行的NP值由NP4改为NP3。

9. 修改罗纹、起头废纱的颜色

如果罗纹与大身同色，且罗纹编织进纱数与大身相同，要将罗纹的颜色修改为大身的颜色。为减少编织导纱器数量，提高编织效率，将分离纱以下的颜色改为工艺纱线 207 分离纱 1 的颜色。

10. 排纱嘴

点击"纱线区域" 🖊 按钮或者用快捷键 F4 打开"纱线区域视图"和"纱线区域分配"界面，根据编织需要设置导纱器的带入、带出方式。通常开领前区域、开领后的右边区域用同一把导纱器编织，开领后的左边区域单独用一把导纱器编织。

11. 工艺处理

点击 ⚙ 或用快捷键 F10 开始工艺处理，生成 MC 程序。按快捷键 F10 工艺处理后，楔形编织部分会加上集圈，集圈加在行编织开始的位置；如果肩部楔形前的编织行数是偶数，此时在肩部楔形部分会出现浮线，影响衣片的外观效果，如图 5-56 所示。去除浮线的方法：点击"导入模型花型" 🖐 回到快捷键 F10 前（即工艺处理之前），用魔棒 🪄（工具属性为模型标志）选中楔形区域，按快捷键 Ctrl+c 复制，用长方形工具 ▭ 将楔形向下移动一行粘贴，再将楔形最上面的 1 行向外侧画上线圈，然后再按快捷键 F10 工艺处理即可，结果如图 5-57 所示。

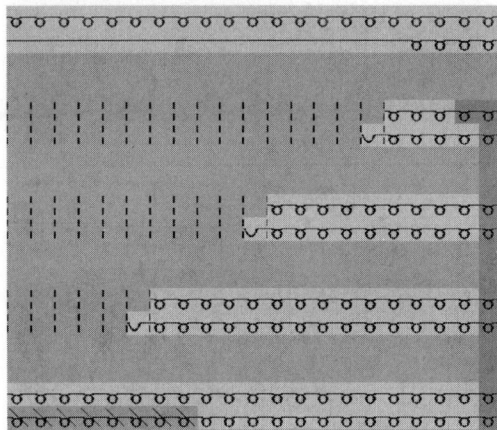

图 5-56　楔形中有浮线

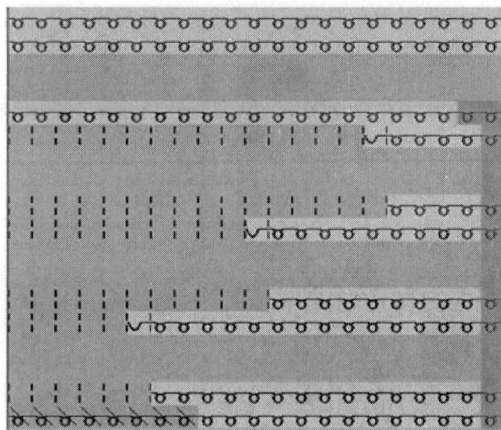

图 5-57　楔形中没有了浮线

12. 修改上机参数，重新处理工艺

修改密度、机速、牵拉等上机参数，再点击 ⚙ 重新处理工艺，生成 MC 程序。

13. sintral 检查，导出 MC 程序

工艺处理结束，点击 ✓ 执行程序检查。如果结果 OK，就可以将程序导入 U 盘，上机编织；如果结果出现错误，点击"导入模型花型" 🖐 按钮重新回到剪切前，修改程序，再进行工艺处理，直到 sintral 检查 OK 方可。

（二）开衫前片成型制板

由于开衫前片分为左右两片，其制板方法与套头衫制板稍有不同。开衫前片制板过程中，在剪切模型插入起头后，发现左右两片的罗纹部分是相连的，如图 5-58 所示。因此需要将罗纹部分左右分开。方法如下：用"没有织针动作" ⊠ 将左右两片中间部分的罗纹删除（分离纱以上部分），再在分离纱上面插入 2 个空的花型行，然后在左右两片中间画上"后针床脱圈 ⏡"符号，将废纱脱圈即可，如图 5-59 所示。开衫前片制板其他的与套头衫前片制板方法相同，这里不再赘述。

图 5-58　左右两片的罗纹相连

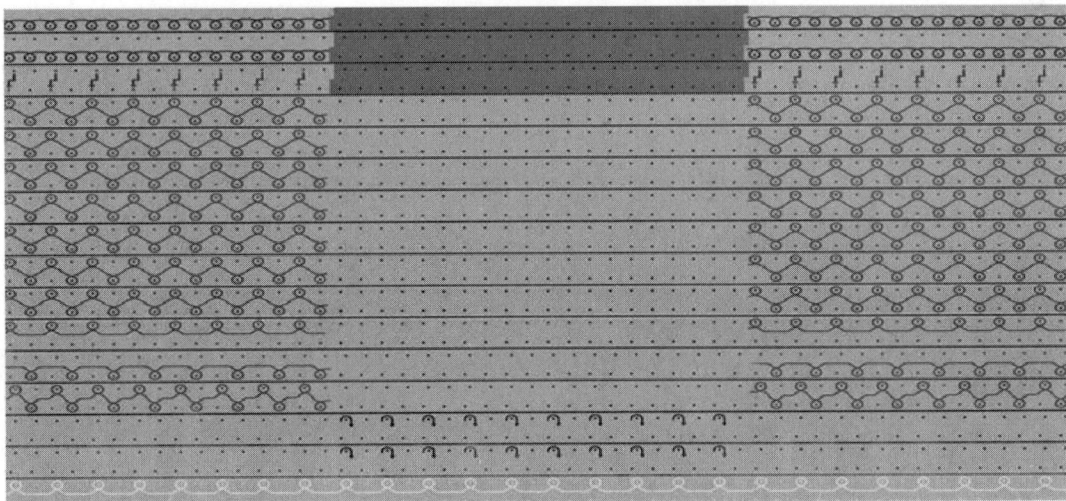

图 5-59　左右两片的罗纹分开

二、后片成型制板

后片成型制板与套头衫前片成型制板基本相同，区别在于后片的领深较浅，往往在肩部收针开始后才开领。除此以外，后领底平位较宽，约占后领宽的70%左右，如果采用拷针的方式，编织速度慢，效率低，而且开领后左右两边分开编织，左边还要再带入一把导纱器。因此，实际生产中，为提高编织效率，后片的肩部和后开领均采用局部编织的方式，开领的左右两边使用一把导纱器，编织时先编织领子的右侧，再编织领子的左侧。具体方法如下：

（一）做模型

由于开领后使用一把导纱器，编织时要考虑导纱器的编织方向避免出现浮线，因此需要将左右肩部楔形错行编织，领子部分左右两侧收针也要错行，左侧在奇数行收针，右侧在偶数行收针。

1. 基本模型

后片的基本模型与前面讲过的相同，这里不再赘述。

2. 肩部楔形

由于左右两侧错行收针，模型不对称，左右边缘分开输入。

左侧："基本模型中心线"后面输入的数字为基本模型最后剩余的针数，本例为38，这里输入-38；到"中止行"的距离为0，即楔形的中止行与基本模型的中止行重合。左边缘输入时，"宽度幅度"下面为0；右边缘按正常工艺输入，如图5-60所示。

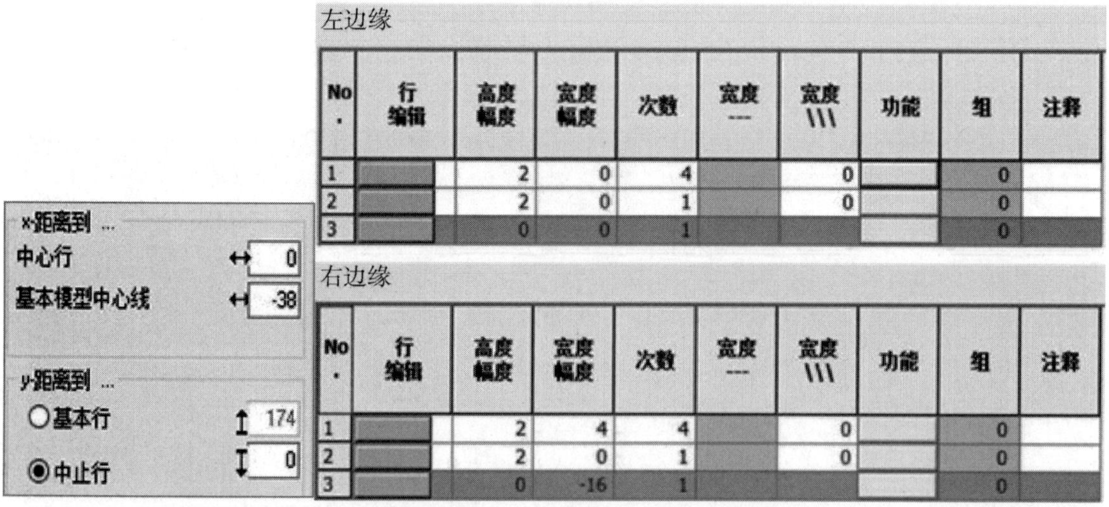

左边缘

No.	行编辑	高度幅度	宽度幅度	次数	宽度---	宽度\\\	功能	组	注释
1		2	0	4		0		0	
2		2	0	1		0		0	
3		0	0	1				0	

x 距离到 …
中心行　↔ 0
基本模型中心线　↔ -38

y 距离到 …
○ 基本行　↕ 174
⦿ 中止行　↕ 0

右边缘

No.	行编辑	高度幅度	宽度幅度	次数	宽度---	宽度\\\	功能	组	注释
1		2	4	4		0		0	
2		2	0	1		0		0	
3		0	-16	1				0	

图 5-60　左侧楔形模型

右侧："基本模型中心线"后面输入38，到"中止行"的距离为1，即楔形的中止行与基本模型的中止行之间的距离为1行，即楔形下移一行。右边缘输入时，"宽度幅度"下面为0；左边缘按正常工艺输入，如图5-61所示。

左边缘

No.	行编辑	高度幅度	宽度幅度	次数	宽度---	宽度\\\	功能	组	注释
1		2	-4	4		0		0	
2		2	0	1		0		0	
3		0	16	1				0	

x-距离到 …
中心行 ↔ 0
基本模型中心线 ↔ 38

y-距离到 …
○ 基本行 ↕ 171
◉ 中止行 ↕ 1

右边缘

No.	行编辑	高度幅度	宽度幅度	次数	宽度---	宽度\\\	功能	组	注释
1		2	0	4		0		0	
2		2	0	1		0		0	
3		0	0	1				0	

图 5-61 右侧楔形模型

3. 开领

后开领做成楔形，左右两边收针错行进行，左边收针在奇数行，右边收针在偶数行，其工艺输入如图5-62所示。

左边缘

No.	行编辑	高度幅度	宽度幅度	次数	宽度---	宽度\\\	功能	组	注释
1		0	-18	1		0		0	
2		1	0	1		0		0	
3		2	-2	2		0		0	
4		1	0	1		0		0	
5		0	22	1				0	

右边缘

No.	行编辑	高度幅度	宽度幅度	次数	宽度---	宽度\\\	功能	组	注释
1		0	-18	1		0		0	
2		2	-2	2		0		0	
3		2	0					0	
4		0	22	1				0	

图 5-62 后开领楔形模型

（二）后片成型制板

（1）建新花型，打开和定位模型。

（2）模型修改。开领后左右两边使用一把导纱器编织，先编织右边，再编织左边，这样就需要将开领后的左边部分向上提升至右侧领上面一行。用长方形工具选中领子左边部分，复制（必须在"应用模型数据" 按钮被激活的状态下复制），向上移动到顶端位置粘贴，然后再将不编织区域画上"楔形" 符号。结果如图5-63所示。

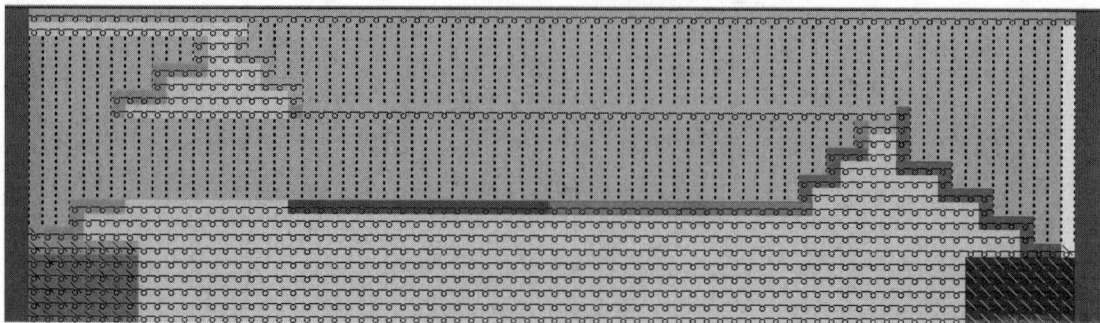

图 5-63　用一把导纱器编织的标志视图

（3）剪切模型等。剪切模型，插入起头等，直到导出MC程序，与前片的操作方法相同。图5-64为用一把导纱编织的纱线区域视图。

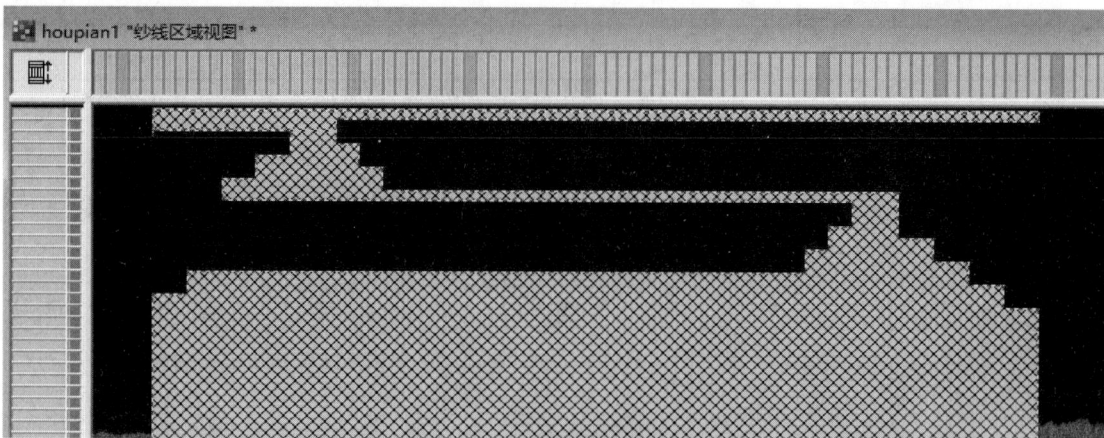

图 5-64　用一把导纱器编织的纱线区域视图

三、袖片成型制板

平袖为左右对称板型，其制板工艺较为简单，做模型时，注意袖尾快收针部分设置"边缘线圈长度"，保证边缘收针部分的编织密度较袖身部分的编织密度松，避免出现袖山边紧现象。

插肩袖、马鞍肩袖的顶部为不对称设计，制板时左右袖要分开。下面以插肩袖为例说明其成型制板工艺。

（一）做模型

插肩袖的袖身、袖山左右对称，但是袖山头左右不对称。做模型时，可以把插肩袖看成一个左右对称的插肩袖和一个楔形的复合，这个对称插肩袖的袖山高采用袖后挂肩高、收针采用袖后挂肩收针分配，楔形为袖山头的收针分配。如图 5-65 所示为插肩袖编织工艺图。

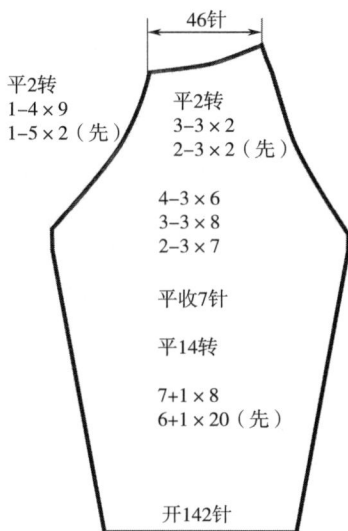

图 5-65　插肩袖片编织工艺图

插肩袖的模型由基本模型和楔形两部分组成。基本模型的工艺输入按对称模型的工艺输入方法进行。袖山头楔形的工艺输入如图 5-66 所示，模型类别为"楔形"；"基本模型中心线"后面的数字为楔形最边线到基本模型中心线的距离针数，本例中为 29 针；"中止行"后面输入 0，表示楔形的中止行与基本模型的中止行重合。左边缘输入过程中数字变为红色，表示数字输入过了中心线。将基本模型和楔形复合得到插肩袖模型，如图 5-67 所示。

图 5-66　插肩袖袖山头楔形工艺输入

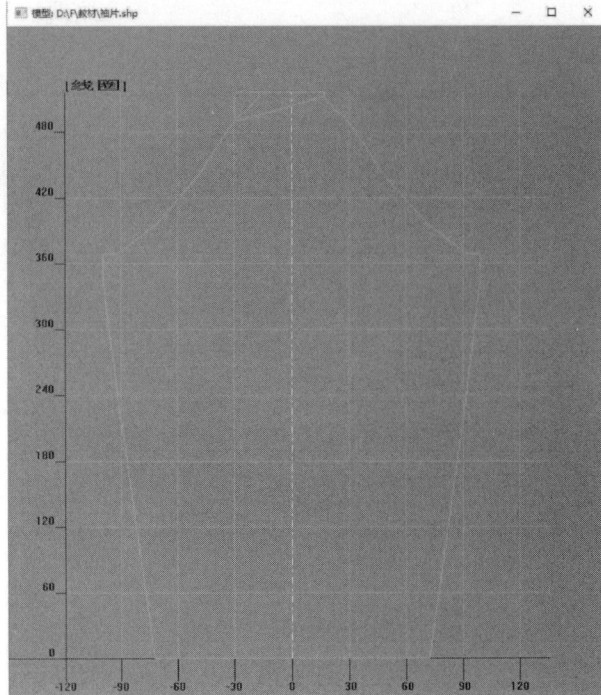

图 5-67　插肩袖模型预览图

（二）衣袖成型制板（插肩袖）

（1）建新花型，打开和定位模型。

（2）模型修改。图 5-68 为打开和定位模型后的标志视图，图中袖山头楔形部分加入了楔形符号，但基本模型与楔形重叠的部位仍在编织，需要手动修改删除这个区域的织针编织动作。修改后的结果如图 5-69 所示。

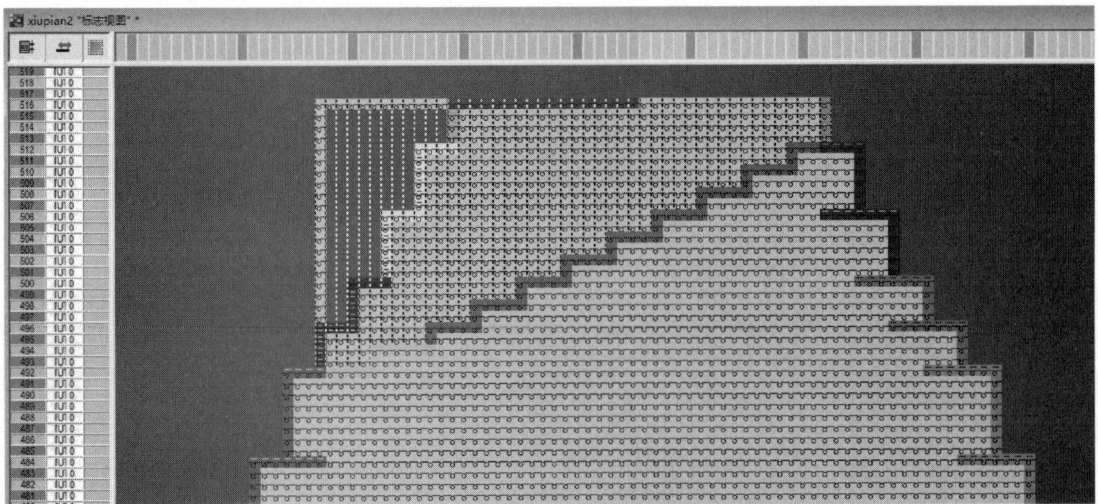

图 5-68　打开和定位模型后的标志视图

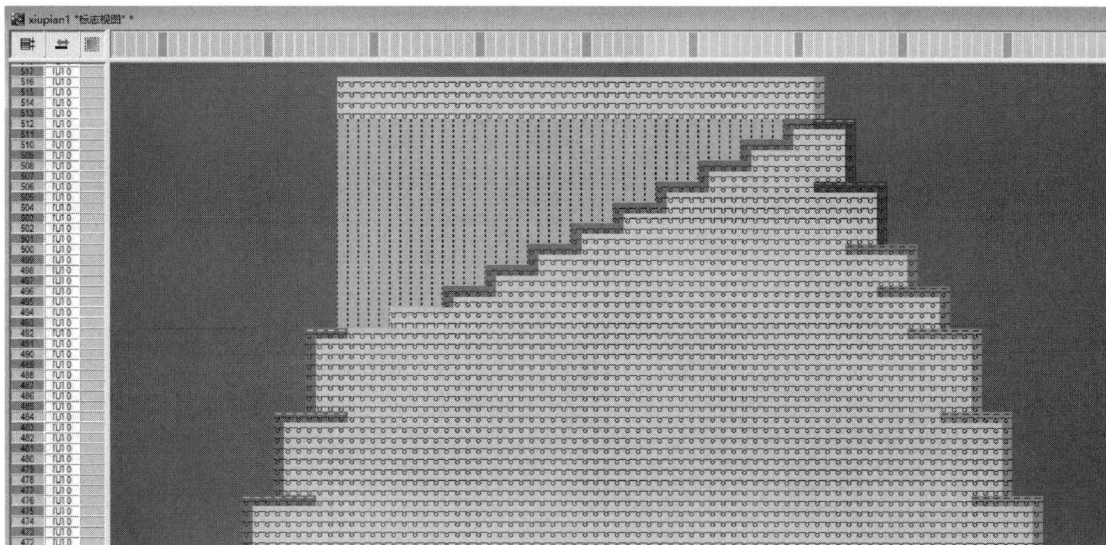

图 5-69 修改后的模型标志视图

（3）剪切模型，插入起头等，直到导出MC程序。其织物模拟结果如图5-70所示。

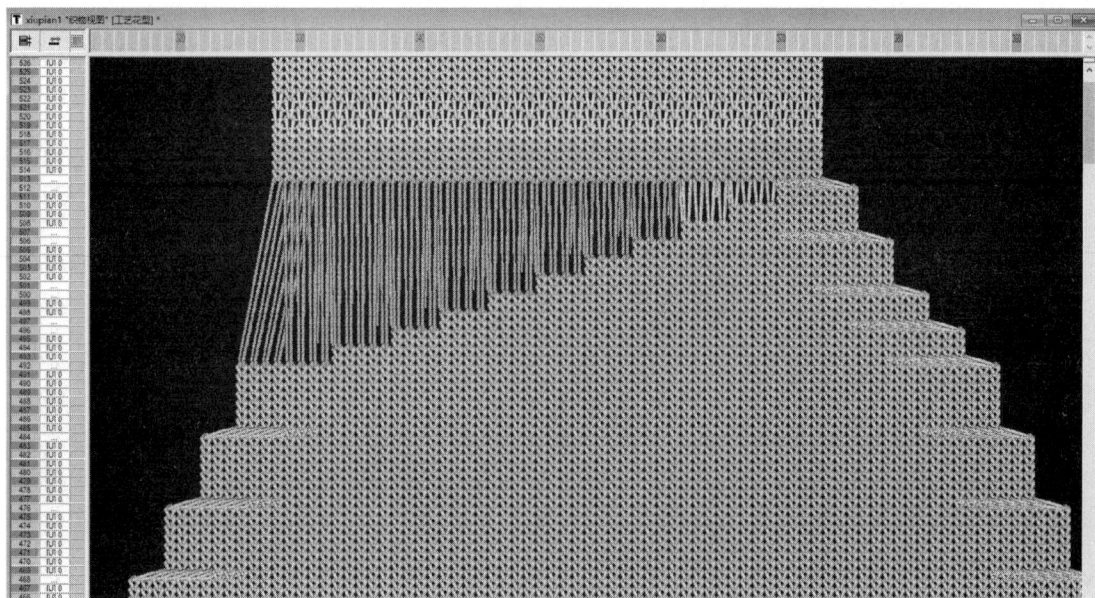

图 5-70 插肩袖织物模拟视图

四、非常规形状衣片制板

非常规形状衣片是相对常规形状衣片而言的，如斜下摆、弧形下摆、波浪形下摆、不对称衣片等都可看作非常规形状衣片，还有其他一些不规则形状的衣片。非常规形状衣片的制板与常规形状衣片制板有些不同，斜下摆、弧形下摆衣片的模型可以看作由常规衣片模型与楔形模型的复合而成的。这里以不对称衣片，介绍非常规形状衣片制板。

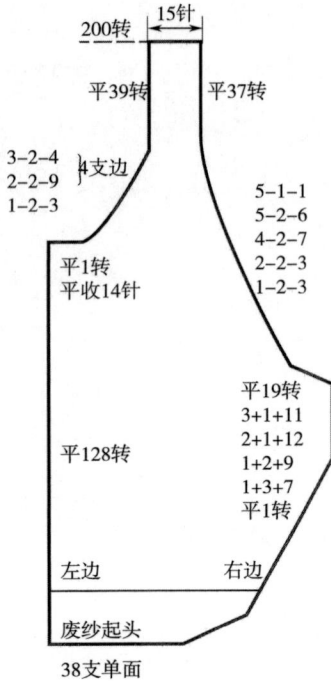

图 5-71　开襟马甲的前片编织工艺单

（一）不对称衣片建模

图 5-71 为一款女式开襟马甲的前片编织工艺单。虽然马甲为左右对称款式，但其前片本身左右并不对称，工艺输入时要按不对称的方式输入。这里把前片模型看作半个模型，即前片模型作为不对称模型的半边，另外一边为一条垂直线，其转数为前片的总转数。半个模型由一个基本模型、一个开领、一个洞（圆下摆）组成。

1. 基本模型

新建模型，输入基本模型工艺，如图 5-72 所示。

输入基本模型时，对称不打勾，起始宽度为衣片开针数与衣片右侧放针数之和的 2 倍，即（38+3×7+2×9+1×12+1×11）×2 = 200（针），左边缘按工艺单输入，右边缘为一条垂直线，0 针400 行。

图 5-72　输入基本模型

2. 开领

点击新元素，类别中选择开领，对称不打勾，中止行后面输入 0，然后在左边缘按工艺单输入开领编织工艺，右边缘输入 0 针 216 行（领深），如图 5-73 所示。

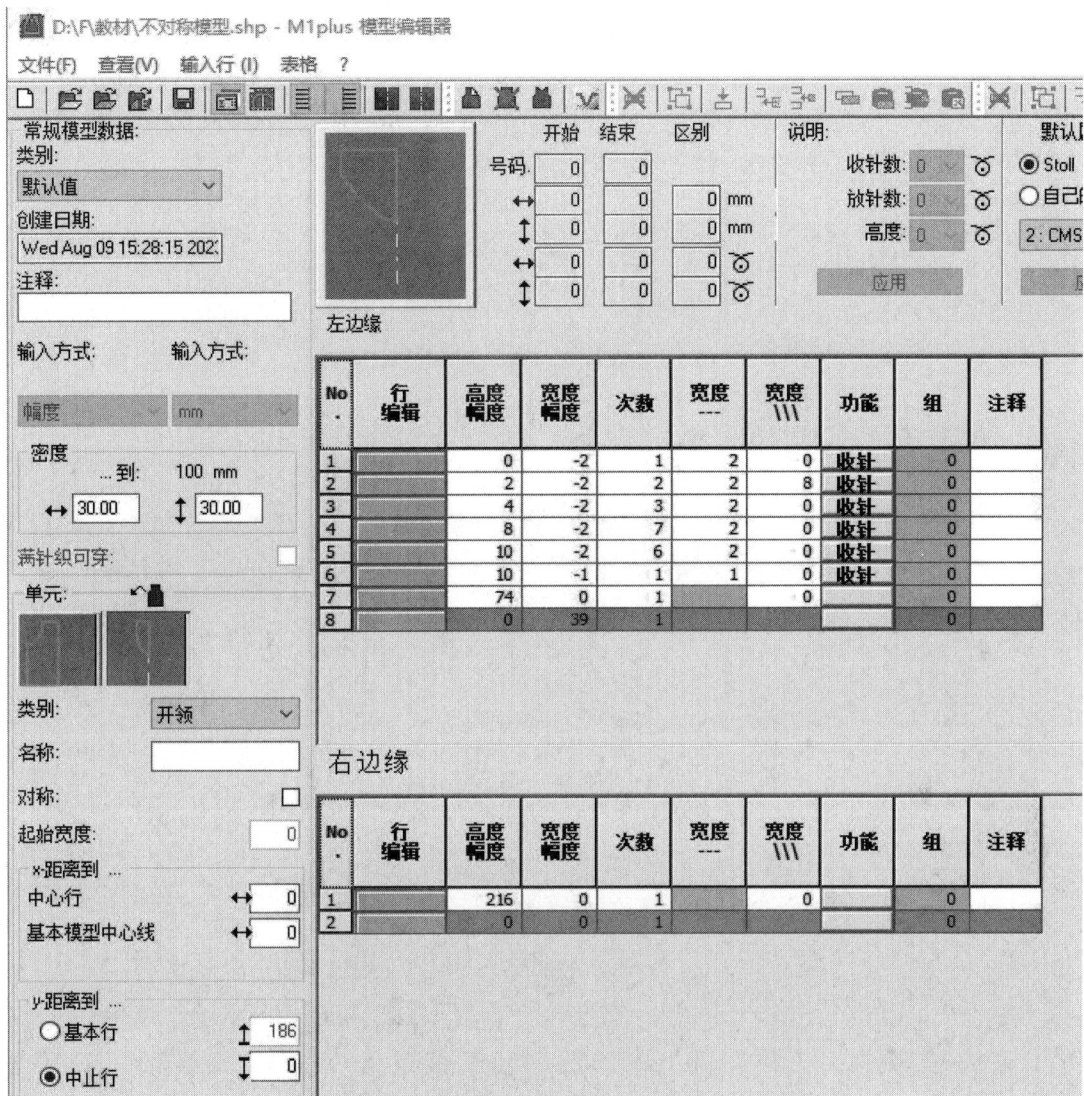

No.	行编辑	高度幅度	宽度幅度	次数	宽度 ---	宽度 \\\	功能	组	注释
1		0	-2	1	2	0	收针	0	
2		2	-2	2	2	8	收针	0	
3		4	-2	3	2	0	收针	0	
4		8	-2	7	2	0	收针	0	
5		10	-2	6	2	0	收针	0	
6		10	-1	1	1	0	收针	0	
7		74	0	1		0		0	
8		0	39	1				0	

右边缘

No.	行编辑	高度幅度	宽度幅度	次数	宽度 ---	宽度 \\\	功能	组	注释
1		216	0	1		0		0	
2		0	0	1				0	

图 5-73 输入开领工艺

3. 洞

点击新元素，类别中选择洞，对称不打勾，基本行后面输入 0，然后在左边缘按工艺单输入洞（圆下摆）的编织工艺，右边缘输入洞深 146 行 0 针，如图 5-74 所示。

点击合并所有元素得到组合后的模型图，如图 5-75 所示。

当左前片模型输完后，右前片的模型与其对称，可以采用"交换左右边"功能生成右前片模型。方法是：将左前片模型另存为右前片模型，然后在模型编辑器的菜单"表格"下点击"交换左右边"，如图 5-76 所示，即生成如图 5-77 所示的右前片模型。

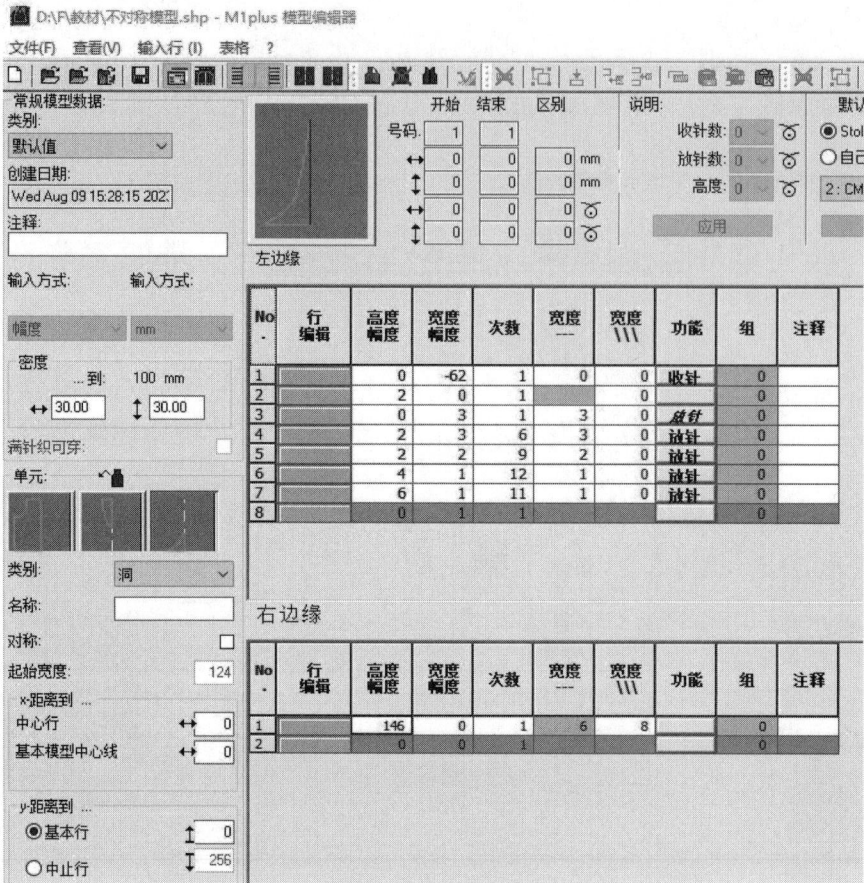

图 5-74 输入洞（圆下摆）的工艺

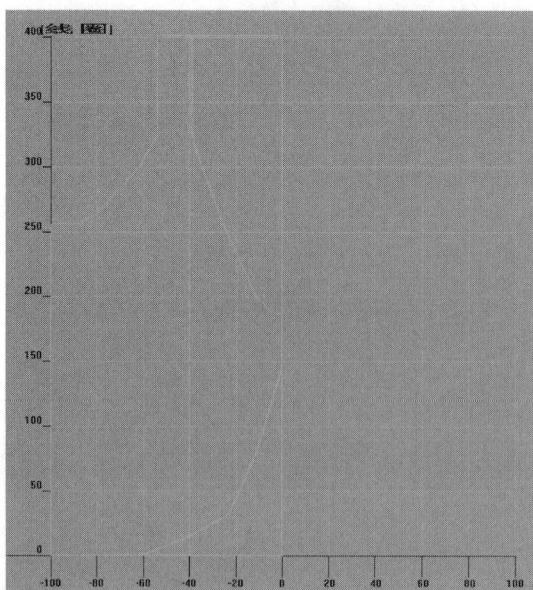

图 5-75 前片模型图

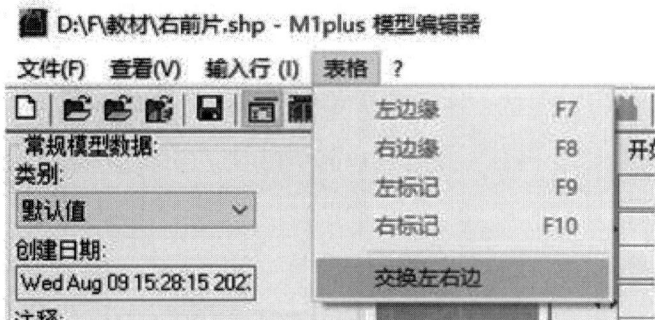

图 5-76 交换左右边

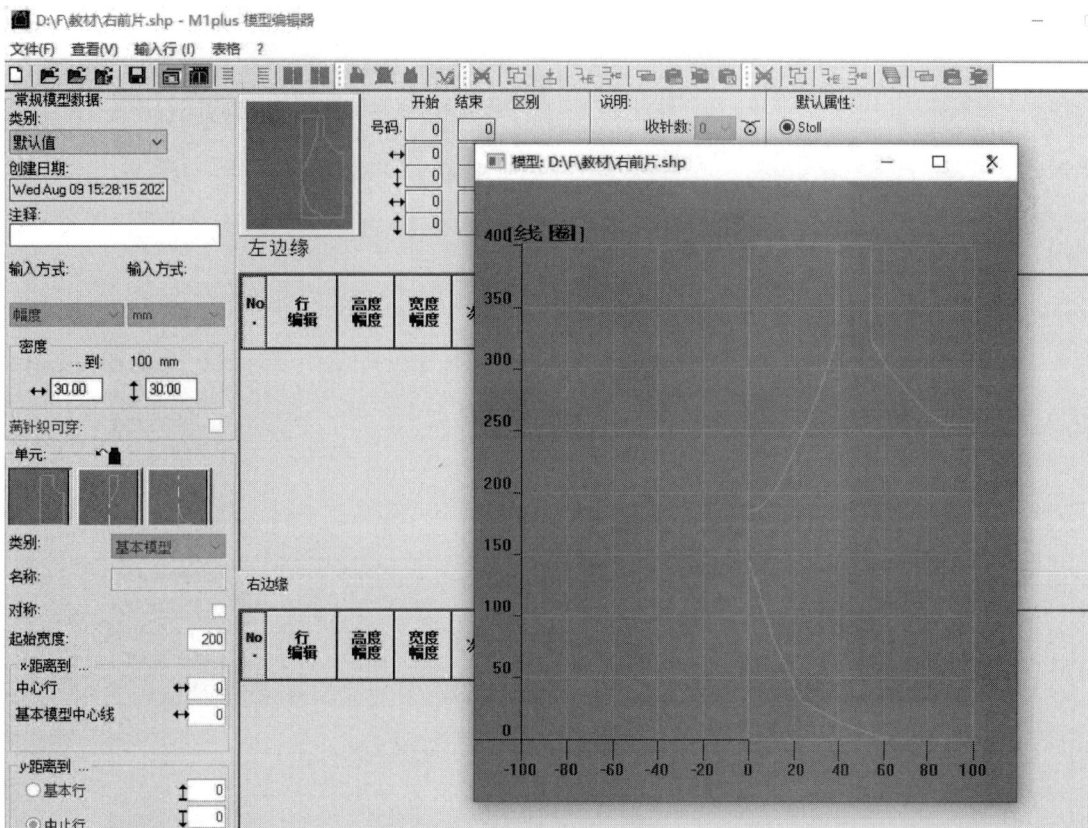

图 5-77 右前片模型

（二）不对称衣片制板

（1）建新花型，打开和定位模型。

（2）修改模型边缘属性。在模型最下面的两段放针中，分别采用的是一次放3针和一次放2针，如图5-78所示。M1plus系统中没有这样的放针模块，在剪切模型前要自己做模块加入或手动修改放针编织模式。这里采用手动修改的方式。方法是：将光标放在要修改的模型边缘，右键选择模型属性，在打开的模型属性窗口中点击放针选项卡，将放针宽度改为0，确定；然后在标志视图上，将一次放3针、一次放2针的地方改为一隔一出针，确保放针后顺利编织，如图5-79所示。

（3）剪切模型。剪切模型，插入起头等，直到导出MC程序。衣片织物模拟结果如图5-80所示。

图5-78　一次放3针和一次放2针

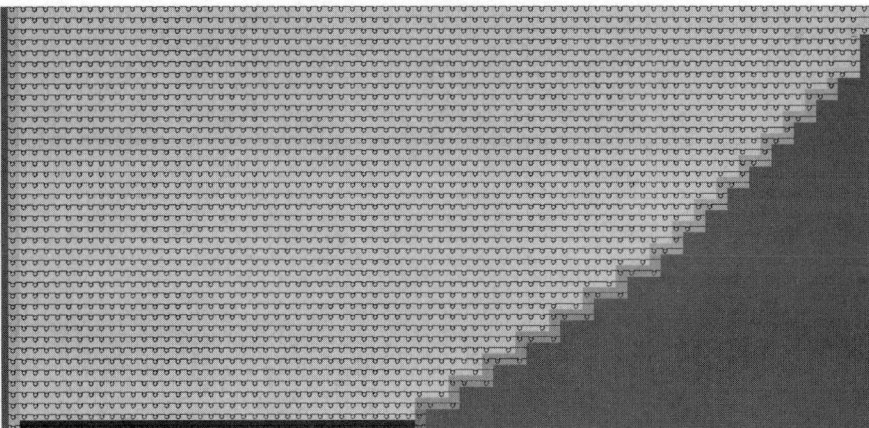

图5-79　一次放3针和一次放2针改成一隔一出针

图5-80　衣片织物模拟效果

思考题

1. 毛衫成型编织的方法有哪些？
2. 尝试用模型编辑器做圆领弯夹对膊长袖套头衫模型。
3. 尝试用模型编辑器做一个不对称衣片模型。
4. 设计圆领弯夹对膊长袖套头毛衫工艺并制板。
5. 设计V领插肩袖开衫工艺并制板。
6. 设计一款不对称式毛衫，设计编织工艺并制板。

理论与实践

第六章

羊毛衫成衣与后整理工艺

本章知识点

1. 毛衫衣片常用的人工回缩方法。
2. 衣片检验的方法和要求。
3. 典型毛衫的缝合工艺流程及缝合质量要求。
4. 常用的手工缝合技术。
5. 羊毛衫的缩绒机理。
6. 影响羊毛衫缩绒效果的因素。
7. 毛衫防缩整理的原理。
8. 毛衫抗起毛起球整理的原理。
9. 毛衫蒸烫定型的原理和影响因素。
10. 成品检验的目的、内容与要求。

羊毛衫的成衣工艺是将成型的衣片、袖片、附件及辅料等缝合成衣，还可以通过扎花、绣花等工艺加以修饰，以实现产品独特的风格和设计效果。成衣工艺是毛衫生产的重要环节之一，正确、合理的成衣工艺有利于产品质量的提高，进而提高企业的经济效益。因此，应在保证产品质量的前提下，制订最短、最合理的工艺路线。毛衫后整理是指从衣片缝合成衣之后到成品之前所需经过的整理工艺，主要包括缩绒、拉毛、防缩、抗起毛起球、熨烫定型等工艺。毛衫后整理不仅可以提高毛衫的质量，而且可以赋予产品更高的附加值，企业必须重视毛衫的后整理工艺。

第一节　半成品定型与检验

毛衫衣片下机后必须经过检验合格才能进入成衣工序，衣片检验的主要内容包括外观疵点、规格尺寸和密度等。毛衫主要采用横机编织，下机衣片尺寸很不稳定，为准确测量衣片的规格尺寸，必须使衣片尽快松弛，回缩到稳定的自然状态，然后测量衣片的规格尺寸和单片重量、检查衣片的外观质量等是否符合生产工艺规定的质量要求。

一、衣片回缩方法

衣片在编织过程中，由于牵拉力的存在，致使衣片纵向尺寸变大，横向尺寸变小，织物中存在着较大的纱线内应力。衣片下机后，随着时间的延长，织物中的内应力逐渐消失，织物最终达到或接近自然状态，此时方可测量、检查衣片的规格尺寸、单片重量是否符合工艺要求。由于衣片自然回缩需要的时间较长，企业生产中，为加快衣片的回缩速度，提高生产效率，常采用人工回缩，具体方法如下。

（一）蒸缩

将下机衣片通过汽蒸快速回缩的缩片方法。蒸缩分为湿蒸和干蒸。

（1）湿蒸是将衣片放入温度为100℃左右的蒸箱内蒸5~10min。此法适宜于毛织物。

（2）干蒸是将衣片放在温度为70℃左右，不含水蒸气的钢板上烤5min左右。此法适宜于腈纶产品。

（二）揉缩

将下机衣片随意团在一起，加以揉、捏，以消除织物内应力达到快速回缩的目的。揉缩适宜于单面织物。

（三）掼缩

将下机的衣片沿横向对折，再沿纵向对折，最终折成方形，然后在平台上用力掼击，直至衣片缩足为止。此法适宜于各种原料的单、双面织物。

（四）卷缩

将下机的衣片沿着横向卷起，再轻轻向两端拉。此法适宜于各种针型的纬平针织物。

以上四种缩片方法中，蒸缩法效果最好，但需要蒸箱等设备，因此实际生产中，揉缩、掼缩、卷缩的应用更为普遍，常采用"先揉缩、后掼缩"的方法以获得较好的回缩效果。

二、衣片检验

衣片检验是毛衫生产过程中的一个重要环节，它对毛衫质量的控制起着重要作用。衣片检验分为自检和验片。自检是指横机工对下机后的衣片先进行人工回缩，然后测量其规格尺寸和单片称重，并检查衣片的外观质量。验片是指在衣片入库前，由专职检验人员进行的衣片检验。验片原则上采用全数检验，对于衣片的外观质量，主要检查衣片的收（或放）针次数与转数、密度及密度均匀度、罗纹长度等是否与工艺要求一致，衣片上是否由漏针、破洞、豁边、单丝、横档等疵点；对于衣片的规格尺寸，通常是抽取一定数量的衣片，核对其各部位的尺寸是否符合工艺要求，也可以用"叠齐法"进行批量检查；对于单片重量检查，可采用单件抽查与10件成批称重相结合的方法来进行检验。不符合工艺要求的衣片，必须退回挡车工返修或由专职修补人员修补。

第二节　羊毛衫成衣工艺

成衣工艺的正确、合理与否将直接影响到产品的质量与经济效益。成衣工艺应按照产品的款式、原料、织物组织和衣坯加工机械的机号等因素来确定合理的工艺和制订技术要求。

一、成衣工艺流程

横机产品的成衣工艺流程，因毛纱的种类、织物的组织和密度、毛衫的款式特点、外观的要求以及成衣缝合设备等的不同而不同。广义的毛衫成衣工艺流程一般包括衣片或坯布经过裁剪、缝纫、缩绒、半成品检验、划眼、锁眼、钉纽、蒸烫定型、成品检验、包装、入库等一系列工序。狭义的毛衫成衣工艺流程，仅包括剪裁和缝纫两道工序。常用横机成品的成衣工艺流程如下。

（一）V领男开衫（收针缩绒）成衣工艺流程

套口→烫领→裁剪→平缝→链缝（24KS）→手缝→半成品检验→缩绒→裁剪→平缝→烫门襟→划眼→锁眼→钉纽→清除杂质→烫衣→钉商标→成品检验→包装。

（二）V领男套衫（收针缩绒）成衣工艺流程

套口→裁剪→平缝→链缝（24KS）→手缝→半成品检验→缩绒一清除杂质→烫衣→

钉商标→成品检验→包装。

（三）V领男开背心（收针缩绒）成衣工艺流程

套口→烫领→裁剪→平缝→链缝（24KS）→手缝→半成品检验→缩绒→裁剪→平缝→烫门襟→划眼→锁眼→钉纽→清除杂质→烫衣→钉商标→成衣检验→包装。

（四）圆领女开衫（收针缩绒）成衣工艺流程

套口→裁剪→上领→链缝（24KS）→手缝→半成品检验→缩绒→裁剪→平缝→烫门襟→划眼→锁眼→钉纽→清除杂质→烫衣→钉商标→成品检验→包装。

（五）圆领拉链女套衫（收针不缩绒）成衣工艺流程

套口→上领→链缝（24KS）→裁剪→平缝→手缝→烫衣→钉商标→成品检验→包装。

（六）V领童开衫（腈纶、拷针）成衣工艺流程

裁剪→包缝→套口→平缝→划眼→锁眼→手缝→烫衣→成品检验→包装。

说明：对于羊绒、牦牛绒、驼绒产品等对缝合质量要求较高的产品，在摆缝等处要求对眼缝合，上述成衣工艺流程中的链缝（24KS）工序应改为套口，以获得较好的缝合质量。

二、缝合工艺

毛衫的缝合工艺应根据成衣工艺要求来确定，要保证产品的款式特点和品质要求，如开衫的门襟要挺直、松紧一致；V领套衫的V领要尖；圆领的领口成型要圆顺、平服且富有弹性；袖罗纹等的接缝要拼齐；装领要正，后领不浮；线迹要均匀、牢固，并保持一定的拉伸性和弹性等。

毛衫缝合的缝迹要具有良好的拉伸性和强力，要与所缝合的毛衫的原料及组织结构相适应；缝线要求与毛衫的原料、颜色和纱线线密度相同或接近；缝耗一般应控制在1cm以内。毛衫缝合的主要方式有套口缝、链缝、包缝和平缝等。

（一）套口缝

套口缝在毛衫合缝机（套口机）上进行，采用单线链式线迹。套口机机号的选择一般比衣片编织所用横机的机号高2~4号。缝合时，常采用一根28tex×2（36/2公支）~31tex×2（32/2公支）的衣片原料作为缝线；套口缝横向套耗为2~3横列，纵向套耗为1~2针；肩缝缝子伸长率应大于或等于10%，挂肩缝、摆缝、袖底缝缝子伸长率应大于或等于30%；套口缝要求对眼缝合，不允许有针纹歪斜、搭针、漏套等。

（二）链缝

链缝在切边缝纫机（小龙头无刀）上进行，采用单线链式线迹。缝合时，常采用一根

28tex×2（36/2 公支）~31tex×2（32/2 公支）的衣片原料作为缝线；针迹密度为 11~12 针/2.5cm，缝子伸长率应大于或等于 30%，缝耗为 0.5~0.7cm，细针为 3~4 针，粗针为 2~3 针。与套口缝相比，链缝缝合效率高，但不能对眼缝合。

（三）包缝

包缝在包缝机上进行，常采用三线包缝线迹。缝合时，面线常用一根 17tex×3 棉线或一根 16tex×3 涤纶线，底线用一根 31tex×2（32/2 公支）的衣片原料作缝线；拷耗为 0.3cm 左右，缝子耗为 0.4cm；针迹密度为肩缝 12~14 针/2.5cm，一般缝 10~12 针/2.5cm；缝子伸长率应大于或等于 20%。包缝应确保织物的边缘线圈不脱散。

（四）平缝

平缝在平缝机上进行，常用双线锁式线迹。用与衫身同色的 17tex×3 棉线或用 16tex×3 涤纶线作面线，用 28tex×2（36/2 公支）羊毛线作底线；缝迹密度为 11~14 针/2.5cm；缝耗细针为 2~4 针，粗针为 1~3 针。平缝常用于毛衫上门襟、上丝带、上拉链、缝制商标以及包缝边的加固等。

三、手缝技术

在毛衫成衣工序中，除了采用机械缝合外，还采用手工缝合。采用收工缝合可以完成机械缝合难以做到的工作，如完形缝、缭缝、上花式领、上花式纽扣等。手缝分普通手缝和手缝修饰两类。手缝技术具有针迹变化大，缝迹变化灵活，缝合工艺性强等特点。

（一）普通手缝

普通手缝主要是指用于衣片缝合的手缝。常用的普通手缝方法有回针缝、切针缝、完形缝、缭缝、钩针链缝等。

1. 回针缝

回针缝是在重叠的缝片上不断进行垂直折回的缝合技术，适用于各种组织结构的衫身、袖底缝等的缝合。对于单面组织、三平、四平等织物，一般采用四针（眼）回二针（眼）的方法缝合；对于畦编类织物，常采用两针回一针的方法，如图 6-1 所示。

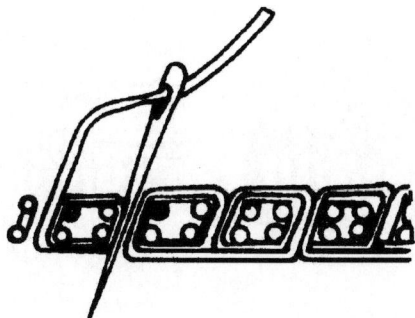

图 6-1 回针缝线迹

2. 切针缝

切针缝是在重叠的衣片上不断进行斜线折回的缝合技术，常采用二针一折回的方法。切针缝常用于两个纹路不同的衣片的缝合，如绱领、绱袖、缝合挂肩带等，也可用于同纹路的缝合，如摆缝的缝合，如图6-2所示。

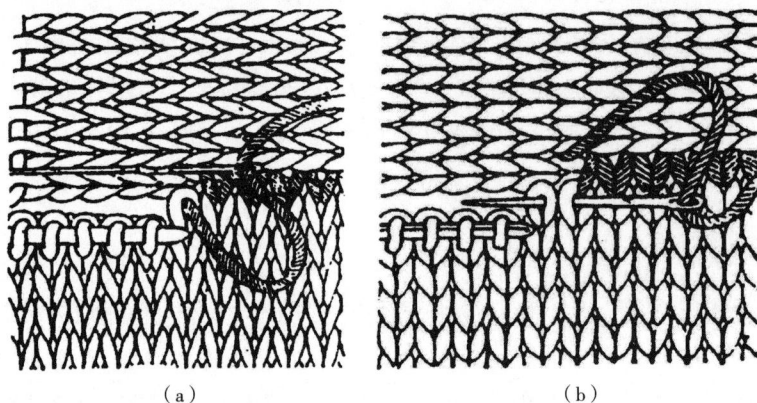

（a）　　　　　　　　　　　　（b）

图 6-2　切针缝线迹

3. 完形缝

完形缝是指按织物中线圈形成的方式进行的缝合，在衣片缝合处不留任何缝合痕迹。完形缝必须使用与被缝合衣片相同的纱线作为缝线，缝合时缝线要松紧一致，确保缝出的线圈同织物中的线圈大小与形状相同。完形缝常用于毛衫的袋部、高档毛衫肩部等处的缝合，如图6-3所示。

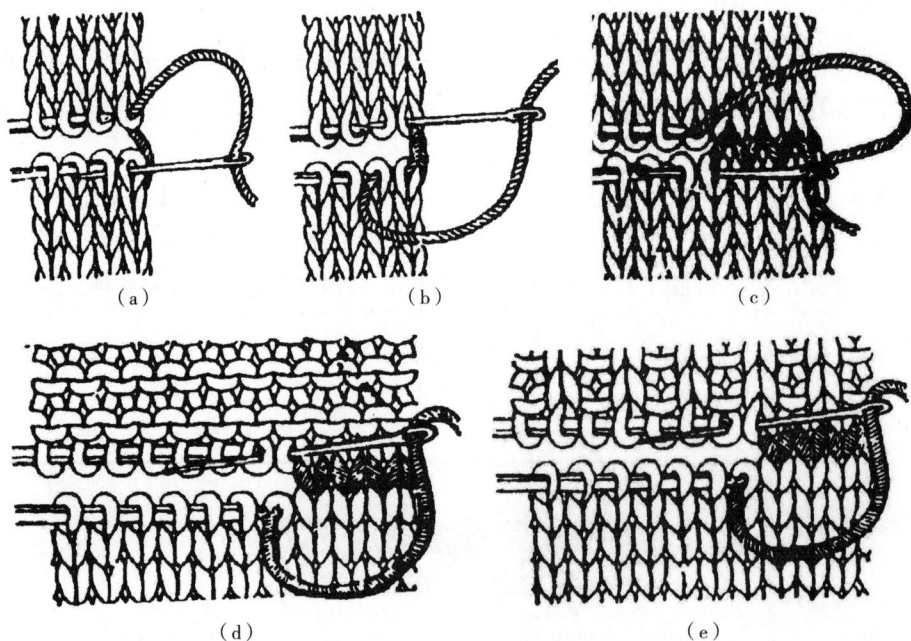

（a）　　　　　　　　（b）　　　　　　　　（c）

（d）　　　　　　　　　　　　（e）

图 6-3　完形缝线迹

4. 缭缝

缭缝是将两衣片缭在一起的缝合方法，常采用 1 转缝 1 针、缝耗为半条辫子的缝合方法。缭缝主要用于缝毛衫下摆边、袖口边、裙摆边等。如图 6-4、图 6-5 所示的双层折边缭缝和罗纹缭缝。

图 6-4　双层折边缭缝　　　　　　图 6-5　罗纹缭缝

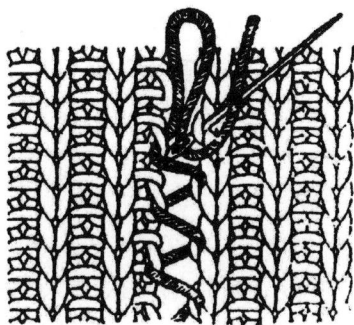

5. 钩针链缝

钩针链缝是采用钩针，用单线链式缝迹将两片织物缝合在一起的方法。钩针链缝可用于毛衫肩缝、摆缝、袖底缝等处的缝合，如图 6-6 所示。

（a）　　　　　　　　　　　（b）

图 6-6　钩针缝合

（二）手缝修饰

毛衫的花色既可以在横机上直接编织，也可以通过手缝修饰来实现。常用的手缝修饰方法有绣花、扎花和贴花等。

1. 绣花

在毛衫上通过手绣形成花纹图案的修饰方法。手绣花纹图案纤巧、艳丽、生动别致、表现力强，特别适合表达凹凸及带曲线的花型，既可以满身绣，也可以局部绣。

2. 扎花

在毛衫上靠结扎而形成图案的修饰方法。通过扎花，可以在抽条织物上做出各种仿绞花的外观效果。

3. 贴花

常与机绣组合，可以将机绣的花样、标牌等通过手缝工艺贴在毛衫上，具有效率高、花型多变、远观效果好、立体感强等特点。

第三节　羊毛衫后整理工艺

随着社会经济的快速发展和人们生活水平的日益提高，消费者对毛衫的需求逐渐趋向于时装化、高档化、多样化，毛衫产品不仅要款式新颖、美观大方，还要穿着舒适、易打理。因此，企业在重视毛衫款式设计的同时，还要重视毛衫的后整理工艺，通过后整理提高产品品质，以适应消费者不断提高的消费需求。常见的毛衫后整理工艺有：缩绒、拉毛、防起球、防缩、蒸烫定型等。

一、缩绒

动物毛纤维在湿热和化学试剂的作用下，通过机械外力的反复挤压、揉搓，纤维集合体逐渐收缩紧密，并相互穿插纠缠，交编毡化，这一性能称为毛纤维的缩绒性。利用羊毛纤维的缩绒性来处理加工羊毛衫的工艺称为羊毛衫的缩绒。缩绒是羊毛衫后整理中一项非常重要的内容，主要应用于羊绒、羊毛、驼毛、羊仔毛、马海毛等粗纺类羊毛衫，而精纺类羊毛衫常采用清洗方式予以"轻缩绒"处理。

羊毛衫经过缩绒整理，可以使织物表面绒毛均匀、丰满，手感柔软且富有弹性，织物厚实保暖性增加。因此，合理的缩绒是提高毛衫内在品质和外观质量的重要收段。但是，如果缩绒工艺不合理，缩绒不充分，会出现毛衫表面绒毛不丰满，手感不够柔软等现象；相反，过度缩绒，会使毛织物发生不可逆的毡并，造成织物尺寸严重收缩，厚度增加，手感变硬，弹性消失，甚至丧失其穿着性。所以，缩绒要严格控制工艺处理条件。

（一）缩绒机理

缩绒性是由羊毛纤维独特的形态结构、良好的弹性和卷曲性所决定的。羊毛纤维的表面具有鳞片层，鳞片的自由端指向毛尖，使羊毛纤维的表面摩擦具有方向性，即顺摩擦系数小，逆摩擦系数大。在湿热和适当的缩绒剂的作用下，羊毛纤维的鳞片张开，定向摩擦效应更加明显，纤维经机械外力的反复挤压和搓揉，再加上羊毛纤维良好的弹性和卷曲性，纤维之间相互穿插纠缠，使纤维尖端呈自由状态以绒毛形式显露在织物表面，从而获得良好的外观、柔软的手感，较好的丰满度和保暖性。

（二）影响缩绒加工的工艺因素

影响羊毛衫缩绒加工的工艺因素主要有：缩绒剂、浴比、温度和时间、pH值、机械作用力等。

1. 绒缩剂

干燥的羊毛衫难以缩绒。缩绒时，加入适当的缩剂（助剂和水），可以增加纤维之间的润滑性，使纤维润湿膨胀，鳞片张开，纤维在润湿状态下具有更好的弹性和延伸性，这些都有利于提高织物的缩绒效果，并减少机械摩擦对纤维造成的损伤。

缩剂中的助剂要求具有较大的溶解度，对纤维的润湿、渗透性要好，缩绒后容易洗去。目前，羊毛衫缩绒处理中常用的助剂有：净洗剂105、净洗剂209、中性皂粉、净洗剂LS等洗涤剂和FZ—428等柔软剂。洗涤剂和柔软剂用量一般为毛衫重量的0.3%~5%。

2. 浴比

浴比是指处理液中织物的重量与水的重量之比。羊毛衫缩绒时浴比要适当，一般采用1：（25~35），浴比过小，织物之间摩擦增加且不均匀，致使织物表面绒毛不匀，缩绒效果不理想；浴比过大，使用的缩剂量多，加工成本提高。

3. 温度和时间

一般情况下，温度高，缩绒快；反之，缩绒慢。羊毛衫的缩绒温度一般控制在30~45℃。缩绒时间短，绒面不丰满，达不到缩绒效果；时间过长，缩绒过度易毡化。羊毛衫的缩绒时间一般控制在3~15min。因此，应根据毛衫原料和产品风格确定合适的缩绒温度和时间。

4. pH值

pH值是影响羊毛衫缩绒的主要因素之一。羊毛纤维属于蛋白质纤维，耐酸不耐碱。缩绒时，pH值太高，羊毛大分子的盐式键和二硫键发生断裂，使毛纤维严重受损；pH值过低，毛衫缩绒后手感差，强力也有所下降。因此，羊毛缩绒时，缩绒液的pH值一般控制在6~8之间。

5. 机械作用力

一定的机械作用力是羊毛纱缩绒的必要条件。机械作用力过大过猛，将使毛衫受损且缩绒不匀；反之，作用力太小，将使缩绒速度慢，耗时较长，成本增加。毛衫缩绒一般采用专用的缩绒设备，机械作用力的大小可依据设备而定。

除了上述因素外，羊毛的品质、纱线的结构和性能以及毛衫织物的组织结构、密度等对毛衫的缩绒效果都有一定的影响，缩绒时要综合考虑。

（三）缩绒工艺

羊毛衫的缩绒可以在弱酸性、中性或弱碱性缩绒液中进行，其中中性缩绒应用较多。羊毛衫的缩绒方法主要有洗涤剂缩绒法和溶剂缩绒法两种，其中以洗涤剂缩绒法应用最为普遍。

1. 洗涤剂缩绒法

（1）工艺流程：羊毛衫衣坯→（浸泡）→缩绒→（浸泡）→清洗→柔软处理→脱水→烘干。

（2）缩绒工艺：按缩绒剂的用量、浴比、温度与pH值调配好缩绒液，放入缩绒羊毛衫衣坯浸泡 10~30min 后开始缩绒。缩绒后，可根据需要再浸泡 10~15min，然后进行漂洗、脱水，接着浸泡于柔软剂中进行柔软处理，再脱水、烘干。羊毛衫衣坯浸泡后的缩绒称为湿坯缩绒，羊衫衣坯不经过浸泡直接缩绒称为干坯缩绒。湿坯缩绒比干坯缩绒的起绒均匀，而且羊毛纤维受损伤小。因此湿坯缩绒应用较广。

在缩绒液中还可以加入柔软剂，使羊毛衫的缩绒和柔软同时进行。

各种羊毛衫常用缩绒工艺见表6-1。

表6-1　缩绒工艺

原料	浴比	助剂（%）			温度（℃）	时间（min）	水洗		烘干
		净洗剂209	柔软剂E-22	中性皂粉			次数	时间（min）	
羊仔毛	1∶30	1.5			30~33	3~5	2	5	烘干机
驼毛		1.5	2.5		37~40	5~8	2	5	
羊绒		1.5	3		35~38	10~15	2	5	
牦牛绒			2.5		38~40	3~10	2	5	
洗白兔毛				2	38~40	25~35	1	3	
条染兔毛				2.5	38~40	20~30	2	3	
白抢兔毛				2.5	38~40	20~30	2	2	
夹色兔毛	1∶35			2	33~35	25~30	2	2	
羊毛（圆机坯布）	1∶30	1.5			32~35	4~6	2	5	
毛/腈（圆机坯布）		1.5			32~35	10~15	2	5	

　注　1.缩绒时，应以缩绒绒度标准样为准。

　　　2.洗白兔毛：本白兔毛纺纱后，经洗涤剂洗涤，清除杂质和油脂等。

　　　3.白抢兔毛：是本白兔毛和染色兔毛混合后再纺纱。

羊毛衫缩绒受多种因素影响，表6-1所列缩绒工艺仅供参考。在实际生产中，必须针对具体产品进行小样缩绒试验，找出适合该产品的缩绒工艺。在缩绒之前可在羊毛衫的领口、袖口、下摆等处穿线，以防止缩绒时发生拉伸和变形。缩绒时应严格执行工艺要求，在缩绒过程中增加中途检查。

2.溶剂缩绒法

（1）工艺流程：羊毛衫衣坯→清洗→缩绒→脱液→柔软处理→脱水→烘干。

（2）缩绒工艺：溶剂缩绒法一般在缩绒前，先用全氯乙烯为洗剂，在 25~30℃ 的温度下对羊毛衫进行清洗，清洗时间约为5min，接着对羊毛衫进行脱液和抽吸溶剂，大约各需2min，然后进行缩绒。缩绒是在全氯乙烯、乳化剂和水作缩绒剂条件下进行的，温度为30~40℃，时间为5min左右。缩绒结束后进行脱液，接着浸泡于柔软剂溶液中进行柔软处理，然后脱水、烘干。溶剂缩绒法一般在溶剂整理机中进行。

3. 缩绒注意事项

严格按照缩绒工艺，控制好温度、时间、浴比、pH值等工艺因素。同种原料，不同色泽缩绒时，要以缩绒绒面标样为准，在规定工艺的基础上加以调整。多色毛衫缩绒时可增加浴比、降低温度、采用流水缩绒或添加助剂，如冰醋酸，以防产生沾色疵病。

手感不合要求的产品，可采用逐步降温或增添柔软剂的措施来加以改善。

（四）脱水与烘干

1. 脱水

经过缩绒、漂洗后的羊毛衫需经过脱水后才能进行烘干。漂洗完毕应当立即脱水，尤其是夹色、多色、绣花等产品，更需立即脱水，否则容易沾色。羊毛衫脱水后其含水率应控能在 20%~30%。夹色产品的含水率可稍低，白色产品含水率可偏高一点，以防止起皱。目前羊毛衫生产中采用的脱水设备主要为Z751形悬垂式离心脱水机等。

2. 烘干

由于羊毛衫脱水后仍有较高的含水率，因此脱水后还需进行烘干整理。常用的烘干整理有圆筒形转笼烘干和烘箱烘干两种方法。圆筒形转笼烘干整理是用HG-757型烘干机，机内的圆筒形转笼是回转式的，机内温度控制在66~75℃为宜，烘干时间一般在15~25min。烘燥时，羊毛衫在热空气中回转摩擦，羊毛衫继续起绒，手感更加柔软、糯滑、蓬松，毛型感更强。羊绒衫、驼绒衫、牦牛绒衫、普通羊毛衫、羊仔毛衫等产品的烘干，一般可用圆形烘干机。但必须注意，对不同色泽、不同原料的毛衫，不可在同一台机器中同时烘干，以避免游离纤维黏附于毛衫上，影响毛衫产品的外观质量。另外，还应该注意烘干时如果温度过高，滚筒滚动的时间过长，羊毛衫也会出现毡缩现象。

烘箱烘干整理是把羊毛衫穿在不锈钢衣架上，挂在烘箱（或烘房）内静止烘干。这种烘干方式适宜于兔毛衫或各种比例的兔/羊毛衫，因为兔毛纤维强力低，脆而易断，在回转的转笼内容易产生落毛，影响兔毛衫的绒面质量。此外，毛衫在衣架上烘干定型，有利于保证产品的规格，并可改善单纱兔毛衫的扭斜现象，为熨烫定型创造有利条件。

羊毛衫的烘干工艺，应根据羊毛衫的原料、组织结构等来选定烘干设备、烘干温度和时间。烘干时，烘干温度和烘干时间等工艺参数的控制，应根据具体情况来确定。一般情况下，烘干温度不论圆筒烘干机还是烘箱，通常均控制在 60~100℃，其中绒衫类一般为70℃左右，非绒衫类一般采用85℃左右。烘干时间一般为15~30min。

二、拉毛整理

拉毛整理又称拉绒整理，是用机械外力将针织物表面的纤维拉出产生一层绒毛，可使织物手感柔软，外观丰满、厚实，保暖性增强。

拉毛整理与缩绒整理的区别在于拉毛整理只是在织物表面起毛，而缩绒整理则是在织物的两面和内部都起绒。前者对织物地组织有损伤，而后者不损伤织物地组织。拉毛工艺既可以用在纯毛毛衫上，也可以用在混纺或腈纶等化纤毛衫上。目前，拉毛整理多用在不具有缩绒特性的腈纶产品（衫、裤、裙、围巾、帽子等）上，以此来扩大其花色品种。坯布一般采用钢针拉绒机，其与针织内衣绒布拉绒基本相同。横机生产的毛衫产品一般进行整衫拉绒，为了不使纤维损伤过多和简化工艺流程，通常不采用钢针拉毛机，而是采用刺果拉毛机进行干态拉毛。拉毛整理时可在织物正面或反面进行。

三、成衫的特种整理

近年来，随着新材料、新工艺、新技术的发展，尤其是纳米技术、生物工程技术和信息技术的发展，为羊毛衫向功能化、智能化方向发展提供了新的途径，使之能够更好地满足消费者对羊毛衫服用性能的特殊要求。

羊毛衫的特种整理包括功能整理和智能整理两大类。功能整理是指通过一定的整理工艺，使羊毛衫获得一种或多种功能的整理，主要有防起球、防缩、防蛀、防霉、防污、防静电、防水、阻燃、芳香、抗菌、抗病毒、防螨、自清洁整理等整理，其中最常用的是防起球、防缩、防蛀和防污整理等。智能整理是指通过一定的整理工艺，使羊毛衫具有感知外界环境的变化或刺激（如机械、热、化学、光、湿度、电和磁等），并做出反应能力的整理，主要有变色、调温、调湿整理等。

（一）防起球整理

羊毛衫在穿着过程中，其表面会出现球状毛粒，严重影响羊毛衫的外观质量，特别是在精纺全羊毛（同质毛）粗针型产品中尤为突出。

1. 影响起球的因素

（1）纤维。纤维的卷曲性、细度和强度等对毛衫的起毛起球有很大的影响。

①纤维的卷曲性：纤维的卷曲波形越多，弹性越好，对于低捻粗支的针织毛纱来说，纤维容易从伸展状态回复到卷曲状态而呈现假捻，使纤维间的抱合不紧密。在摩擦过程中，纤维容易从毛纱内滑出，在织物表面形成毛茸，极易交缠起球。

②纤维的细度：纤维越细，柔软性越好，其卷曲波也越多，显露在纱线表面的纤维头端多，也越容易起球。

③纤维的强度：纤维的强度越高，耐磨性越好，在织物表面形成的毛球越不易脱落，织物表面起球现象就越严重。

（2）纱线：纱线的捻度、表面光洁度等对毛衫的起毛起球有较大的影响。

①纱线的捻度：捻度大的纱线，纤维间抱合紧密，纤维间的摩擦系数大，纱线在受到摩擦时纤维不易从纱线内滑出，不易起球；纱线的捻度小，受到摩擦时纤维容易从纱线内滑出而容易起毛起球。但是如果单纯提高纱线的捻度，则毛衫的手感就会发硬。

②纱线光洁度：通常与组成纱线的纤维长度不匀率或在纺制过程中机械对其摩擦状态有关。一般来说纱线表面毛茸多且长，容易起球。

③股线与单纱：股线相对单纱不易起球，因为股线在合股和并捻的过程中，会把原来单纱中的毛茸束缚起来，纱线表面光滑、毛茸少。

另外，纱线染色后，会对起球带来影响，这与染料、助剂、染色工艺条件有关。股线染色的纱线比用散毛染色或毛条染色的纱线易起球，而且深色毛纱比浅色毛纱更容易起球。

（3）织物组织结构：毛衫的织物组织结构是影响毛衫起毛起球性的因素之一。羊毛衫属于针织产品，其织物组织结构比机织物的要松，单位面积内承受摩擦的纱线根数相对较少，故与机织物相比更容易起球。一般来说，织物组织结构紧密，表面平整的针织物不易起球。因此，同样的组织结构，高机号编织的织物不易起球，低机号编织的织物容易起球。另外，表面凹凸不平的针织物容易起毛起球，表面平整的针织物不容易起毛起球。例如，胖花织物、普通花色织物、罗纹织物较纬平针织物容易起毛起球。

2. 防起球后整理

目前，羊毛衫防起球后整理的方法主要有轻度缩绒法和树脂整理法两种。

（1）轻度缩绒法：经过轻度缩绒的毛类羊毛衫，其毛纤维的根部在织物的纱线内产生毡化，纤维间相互交缠，增加了纤维间的抱合力，使纤维在经受摩擦时不易滑出，从而减少了起球现象。

①工艺流程：羊毛衫浸润→轻度缩绒→清洗→脱水→烘干。

②常用工艺：羊毛衫轻度缩绒法常用工艺见表6-2。

表6-2　羊毛衫轻度缩绒法常用工艺

内容	浴比	温度（℃）	pH值	溶液和助剂	时间（min）	备注
毛衫浸润	1∶20	35	7	水	5~8	—
缩绒	1∶（20~30）	30~35	7~7.5	净洗剂0.2%~0.5%	3~8	按纤维特性溢流一次
清洗	—	25	—	水	5	
脱水	—	—	—	—	—	
烘干	—	85	—	—	20~45	根据织物厚度

（2）树脂整理：利用树脂在纤维表面交链成膜的功能，使纤维包上一层耐磨的树脂膜，从而降低了纤维的定向摩擦效应；同时，树脂均匀地交联在纱线的表层，使纤维头端黏附于纱线上，增强了纤维间的摩擦系数，减少了纤维的滑移，因而有效改善了羊毛衫的起毛起球现象。

用于羊毛衫防起毛起球后整理使用的树脂，要求具有优良的黏着性能，固化交联成膜要柔软，不影响羊毛衫的手感；成膜干燥后，耐洗效果好，不能影响羊毛衫的色泽和色牢度；对人体皮肤无刺激，无异味；树脂的性能稳定，应用要方便、可靠。常用的防起毛起球的树脂整理剂有聚丙烯酸酯类化合物、聚氨酯类化合物和有机硅酮类化合物。

①工艺流程：浸渍整理液→脱液→烘干。

②常用工艺：羊毛衫树脂整理常用工艺见表6-3。

表 6-3 树脂整理工艺

内容	浴 比	温度（℃）	树脂和助剂	时间（min）	备注
浸液	1:30	25	树脂、渗透剂	25	控制含水率
柔软	1:30	30~40	柔软剂0.5%~1%	30	
脱水	—	—	—	—	
烘干	—	85~90	—	20~40	

（二）羊毛衫的防缩整理

毛类纤维具有优良的缩绒性，对毛类羊毛衫进行缩绒处理，可使羊毛衫绒面丰满、手感柔软、服用性能得到很大的提高。然而，毛纤维的缩绒性又给羊毛衫的使用带来不便，特别是羊毛衫在洗衣机洗涤过程中容易产生严重的毡缩，甚至产生毡化现象，严重影响其品质和服用性能。因此，必须对其进行防缩处理。

1. 羊毛衫的收缩变形

羊毛衫在穿着和洗涤过程中会产生纵向、横向的收缩变形，这种收缩变形可分为松弛收缩和毡化收缩。

（1）松弛收缩。羊毛衫在编织、缝制、后整理等工艺过程中，会受到各种机械力的作用而产生内应力。毛衫制成后，经过一定时间的存贮，它的内应力会自动消除。随着内应力的消除，毛衫在纵向、横向都会产生一定的收缩，称为松弛收缩。松弛收缩是可逆的，在产品工艺设计及加工过程中应给予考虑和控制。

（2）毡化收缩。羊毛衫在洗涤过程中，由于洗涤剂选择不当、温度偏高、用力太大、洗涤时间过长等因素，容易使毛衫毡化，发生收缩现象，称为毡化收缩。羊毛衫的毡化收缩肌理与其缩绒肌理相同，毡化收缩是不可逆的。因此，毛衫防缩整理必须重视毛衫的毡化收缩现象。

2. 防缩整理方法

要使羊毛衫具有防缩效果，可以对散毛、毛条、毛纱或毛衫成衫进行防缩处理。在羊毛衫生产企业中，一般采用对毛纱和毛衫成衫进行防缩处理。羊毛衫防缩处理的肌理是破坏羊毛纤维表面的鳞片层，降低其定向摩擦效应，限制羊毛纤维的相对移动性能，抑制毛织物的毡缩现象，以达到防毡缩的目的。具体的整理方法有很多，归纳起来主要有以下几种：氧化整理法、树脂整理法、氧化/树脂整理法、蛋白酶整理法、辐射整理法、臭氧整理法和等离子整理法等。其中，前三种方法较为常用。

（1）氧化整理法。羊毛纤维的化学组成主要是角朊，角朊是由多种 α-氨基酸缩合而成的，其中含有大量的二硫键、盐式键和氢键，羊毛纤维的许多物理化学特性主要是由二硫键决定的。当用氯或其他氧化剂对毛类羊毛衫进行处理时，羊毛纤维鳞片中的二硫键将断裂而变成能与水相结合的磺酸基，从而使羊毛鳞片的尖端软化、钝化，使羊毛的鳞片角质层受到侵蚀，但不损伤纤维内部本质，从而降低毛纤维间的定向摩擦效应，使羊毛纤维不易发生毡化收缩，从而达到防缩整理的目的。常用的氧化剂有高锰酸钾、次氯酸钠、二氯三聚异氰酸盐、双氧水等。

氧化整理法的工艺流程：衣坯前处理→氧化→（漂白）→（脱氯）→柔软处理→脱液→烘干。

氧化整理法可使羊毛衫达到"机可洗"的防缩要求，但对纤维的损伤较大，色泽泛黄，手感粗糙，在羊毛衫防缩整理中一般不宜单独使用。

（2）树脂整理法。树脂整理法又称树脂涂层处理法。羊毛衫防缩整理中所用的树脂品种和整理方法很多，其中防缩效果较好的树脂为溶剂型硅酮树脂。硅酮树脂是高分子化合物，相对分子质量大，能和催化剂、交联剂一起使用。整理时可使其先进行预聚，而后再络合成网状系统。这种方法防缩效果显著，可使羊毛衫达到"机可洗"标准的要求。但是，单纯的树脂整理，由于羊毛纤维面张力较小，而树脂表面张力较大，树脂在羊毛纤维的表面沉积不均匀，整理效果不够理想。

溶剂型硅酮树脂整理的工艺流程为：衣坯清洗→树脂整理→脱液→烘干→除臭。

（3）氧化树脂整理法。树脂整理法要求树脂在毛纤维表面分布要均匀，为了达到这一目的，要对羊毛纤维进行预处理，如氧化处理，从而提高羊毛纤维的表面张力，因此便产生了氧化树脂整理法。这种方法克服了单纯的氧化整理、树脂整理的不足，是目前经常采用的防缩方法。其作用肌理是：在羊毛衫进行树脂处理前，预先进行轻微的氧化处理，使羊毛纤维鳞片层发生轻微的刻蚀，进而提高羊毛纤维的表面张力，这样，树脂处理时，就能使表面张力较高的树脂能均匀地沉积扩散到纤维表面，再加上树脂中的活性基团与羊毛纤维在氧化过程中产生的带电基团形成化学键结合，从而获得优良的防缩效果。根据防起球的机理，也可同时获得较好的防起球效果。采用此种防缩整理方法可使羊毛衫满足"超级耐洗"的标准。

①工艺流程：衣坯浸润→氧化→脱氯→水洗→树脂整理→柔软整理→脱水→烘干→定型。

②工艺举例1：羊仔毛羊毛衫防缩整理。

A. 工艺流程：衣坯→洗衫、缩绒→甩干→氧化→甩干→脱氯→甩干→上树脂→甩干→烘干→定型。

B. 工艺配方及条件：

a. 洗衫：缩绒机，浴比1：30，209净洗剂1%~2%，洗衣粉0~1%。35℃洗涤2~3min（1次），40℃清水洗1min（1次）。缩绒：缩绒机，浴比1：30，209净洗剂1%，温度33℃，缩绒时间3~8min。30℃洗涤2min（1次），冷水冲洗2min（2次）。

b. 氧化：浸渍池，浴比1：20~1：25，巴佐兰（BASOLAN）DC3%~3.6%，平平加0.5%，pH值4~4.5（浅色用醋酸调节，深色用硫酸调节），溶液温度为23~25℃。把溶解好的平平加和巴佐兰DC溶解液倒入冷水池中，调好浴比，用醋酸或硫酸调节pH值至4~4.5，投入成衣并不停地搅动，使溶液与成衣均匀接触，处理20~30min后，冷水冲洗，将水放空，甩干。

c. 脱氯：浸渍池、洗衣机，浴比1：20，亚硫酸氢钠4%~4.8%，温度25℃。将溶解好的亚硫酸氢钠加入冷水池中，调好浴比，放入成衣并不停地搅动，处理20min后，将水放空，甩干，再放入洗衣机中，25℃温水洗2min，将水放空，冷水洗2次，每次1min，将水放空，甩干。

d. 上树脂：浸渍池，浴比1：8~1：10，SP树脂50%~60%。将树脂加入冷水池中，调好浴比，投入成衣进行浸泡并不停地搅动，处理6min后，甩干。

e. 烘干：烘干机，65~70℃，烘干为止。

f. 定型：按常规工艺进行。

以上洗衣与缩绒在同一缩绒机内连续进行。

③工艺举例2：精纺纯毛羊毛衫防缩整理。

A. 工艺流程：衣坯→洗衫、轻缩绒→甩干→氧化→甩干→脱氯→甩干→上树脂→甩干→烘干→定型。

B. 工艺配方及工艺条件：

a. 洗衫、轻缩绒：缩绒机，浴比1：30，209净洗剂0.5%~2%，洗衣粉0~1%，温度32℃，缩绒时间3~5min，30℃水冲洗1min，将水放空，冷水洗1min（1次），将水放空，甩干。

b. 氧化：浸渍池，浴比1：20~1：25，巴佐兰DC3.4%~4%，平平加1%，pH值4~4.5（浅色用醋酸调节，深色用硫酸调节），溶液温度为23~25℃。把溶解好的平平加和巴佐兰DC溶解液倒入冷水池中，调好浴比，用规定的醋酸或硫酸调节pH值至4~4.5，投入成衣并不停地搅动，使溶液与成衣均匀接触，处理20~30min后，冷水冲洗5min，将水放空，甩干。

c. 脱氯：浸渍池、洗衣机，浴比1：20，亚硫酸氢钠4.4%~5%，温度25℃。将溶解好的亚硫酸氢钠加入冷水池中，调好浴比，放入成衣并不停地搅动，处理20min后，水放空甩干，再放入洗衣机中，35℃温水洗5min，将水放空，冷水冲洗2次，每次2min，将水，甩干。

d. 上树脂：浸渍池，浴比1：8~1：10，SP树脂45%~55%。将树脂加入冷水池中，调好浴比，浴液稀释均匀后，迅速投入成衣进行浸泡并不停地搅动，处理5min后，甩干。

e. 烘干：烘干机，65~70℃，烘干为止。

f. 定型：按常规工艺进行。

（三）防蛀整理

羊毛衫在贮存或服用过程中，常会发生虫蛀现象，致使毛衫遭到破坏，因此应对毛衫进行防蛀整理。对毛衫进行防蛀整理，使蛀虫不能在织物上生存，便能达到防蛀的效果。防蛀剂应高效低毒，对人体无害，不影响织物的色泽和染色牢度，不损伤羊毛的手感和强力，并具有耐洗、耐晒、使用方便等特点。

1. 常用的防蛀剂

按照使用方法，常用的防蛀剂可分为以下几种：

（1）熏蒸剂：是使用最广泛、最方便的一种防蛀杀剂，利用其挥发物杀死蛀虫，需在密闭容器中进行。使用的熏蒸剂主要有樟脑、萘、对二氯苯等。家庭中收藏纯毛绒线和羊毛衫时一般可用此类防蛀剂，来达到防虫蛀的目的。

（2）喷洒剂：喷洒剂的性质稳定，在空气、日光和水的作用下都不起变化，温度高于100℃会懈，蛀虫食后会中毒而死。氯苯乙烷能溶于汽油，用乳化剂乳化后喷洒，杀虫力强，防蛀时间长，但其不耐水洗和干洗。

（3）浸染型防蛀剂：此类是羊毛衫防蛀整理适宜采用的防蛀剂。

①米丁FF（Mitin FF）：可溶于水，无色染料，无臭无味，在酸性液中对羊毛有较大的亲和力，可与酸性染料同浴染色并不影响色泽，耐水洗和皂洗，但对染料上染率有显著的影响，在60℃以下时，米丁FF不断地被纤维吸收，占据染座，导致染料上染很少。待米丁FF上染完毕，染料才迅速地大量上染纤维，若控制不好极易染花。因此，酸性染料若与米丁FF同浴染色时，应重做上色速率试验，并据此确定升温工艺曲线。如果采用分浴法，在染色后进行防蛀处理，这样对染料的上染无影响。米丁FF的防蛀效果好，使用方便，耐日晒，耐水洗，耐干洗，但价格较高。

②欧兰U33（Eulan U33）：磺酰胺衍生物，阴离子型，棕色黏滞液体，相对密度为1.2，可与水作任何比例混合，与碱作用形成可溶性盐，对温度、pH值适应范围广，可在染浴及整理剂中混用，用量较大，约为1.5%，较耐洗。

③防蛀剂Perign：非离子型助剂，外观为澄清琥珀色流动液体，20℃的相对密度为0.93，产品可用碳酸钙计硬度达500mg/L的硬水稀释。

④辛硫酸：国产防蛀剂，是一种高效低毒、低残留、广谱性的有机磷杀虫剂，辛硫酸纯品为黄色油状液体，熔点3~4℃，沸点102℃（1.3Pa），相对密度为1.176，在20℃水中的溶解度为7mg/L，易溶于有机溶剂中，在中性、酸性中稳定，易被碱所水解。这种防蛀剂的特点是：工艺简单，易于推广应用；对人的毒性小，无公害；处理残液可分解为无毒的磷酸，对昆虫的毒杀效果好，范围广，对羊毛蛀虫均有很好防蛀效果；耐干洗、皂洗坚牢较好。

2. 防蛀方法

羊毛衫的防蛀方法有多种，大致可分成：物理性预防法、羊毛化学改性法、抑制蛀虫生殖法、防蛀剂化学驱杀法四大类。

（1）物理性预防法。用物理手段防止害虫附着在毛纤维上，或使其难以存活，或将其杀死。通常多采用刷毛、真空贮存、加热、紫外线照射、冷冻贮存、晾晒和保存于低温干燥阴凉通风场所等方法。

（2）羊毛化学改性法。羊毛纤维通过化学改性形成新而稳定的交链结构，可干扰和阻止害虫幼虫对羊毛的消化，从而提高防蛀性能。

羊毛纤维的化学改性方法通常有两种：一种是将羊毛的二硫键经巯基醋酸还原为还原性羊毛，然后与亚烃基二卤化物反应，使羊毛纤维的二硫键为二硫醚交链取代；另一种是双官能团α, β-不饱和醛与还原性羊毛纤维反应，形成在碱性还原条件下很稳定的新交链。

（3）抑制蛀虫生殖法。抑制蛀虫生长繁殖的方法很多，有金属螯合物处理、γ射线辐射、应用引诱剂等杜绝蛀虫繁殖及引入无害菌类控制害虫的生长等。

（4）防蛀剂化学驱杀法。使化学药剂直接浸入害虫皮层，或者通过呼吸器官和消化器官给毒而使之死亡。此法主要用熏蒸剂、喷洒剂、浸染型防蛀整理剂来实现。

3. 防蛀整理工艺

（1）欧兰U33的防蛀整理法。先将待用的 1.5%（占织物重量）的欧兰U33用 5~10 份冷水稀释后，加入中性溶液内，浴比为 1：30，放入毛衫，在 30~40℃的温度下处理 10min，加 1%醋酸调节pH值为 5~6，并在相同温度下继续处理 15min，然后水洗，脱水、烘干。

（2）辛硫酸的防蛀整理方法。浴比 1：30、温度 40℃，加醋酸调节pH值为 4~5，然后加入 0.05%~0.1%（溶液浓度）的辛硫酸，搅拌均匀后，放入毛衫，接着升温至 60~80℃，处理 30min，降温至 45℃出机，脱水、烘干。辛硫酸的处理工艺可以与染色同浴进行，也可在染色后进行处理。

（四）羊毛衫的拒污整理

羊毛衫在服用过程中容易沾上油污，特别是高档羊毛衫又不方便经常洗涤，所以应考虑拒污整理，以阻止污垢对毛纤维的沾污，减少羊毛衫的洗涤次数。

1. 污垢种类

织物上的污垢来源于人体和环境，主要组成举例如下：

（1）皮肤分泌物：三甘油酯 30%~50%，单甘油酯 5%~10%，脂肪酸 15%~30%，蜡状酯类 12%~16%，角鲨烯（三十碳六烯）10%~12%，胆淄醇 1%~3%，胆淄醇酯类 1%~3%，烃类 1%~2%。

（2）汗液组成：无机盐类 0.5%，尿素、乳酸、丙酮酸等 0.5%，水 99%。

（3）外衣尘垢组成：水溶性物质 10%~15%，乙醚可溶物 8%~12%，有机溶剂可溶物 2%~5%，不溶物（指脂肪、纤维、烟灰）20%~25%。

（4）灰分组成：有Fe_2O_3 10%~12%，MgO 1%~13%，CaO 7%~9%，SiO_2 23%~26%。

2. 拒污整理机理

通过电子显微镜扫描，发现污垢主要吸附于纤维或纱线间，纤维表面的凹陷处、缝隙和毛细孔中，而颗粒状污垢会黏附到纤维光滑部分，大多属于"油黏附"。拒污整理的肌理是：将油污/织物的界面通过整理转化成油污/水的界面、织物/水这两个界面，使毛衫织物中的油污粒子转入到洗涤液中。

拒污整理剂有有机硅、有机氟整理剂、烃类整理剂。其中有机氟整理的织物拒污性能最好，其次是有机硅，烃类最差。

3. 拒污整理工艺

毛织物的拒污整理，通常采用有机氟整理剂进行处理，使纤维的表面张力降低，从而降低油污在毛纤维上的附着力，达到拒污整理的目的。处理时，拒污整理剂可部分进入纤维内部，但大部分附于纤维表面，并能与羊毛纤维形成一定的结合。由于全氟烷基末端—CF_3 均匀缜密地覆盖于纤维最外层，所以织物具有良好的防油效果。但空气和人本身散发的水蒸气仍能自由地通过，不影响织物的服用舒适性。

有机氟拒污整理工艺流程：浸渍整理液（有机氟整理剂 4%~6%，加 1%醋酸调节pH值为 5~6，浴比为 1：30，温度 30~40℃，处理 10min）→脱液→预烘（80~100℃）→烙烘（150~180℃，30~60s）

四、整烫定型

整烫定型是羊毛衫后整理的最后一道工序。整烫定型的目的是使羊毛衫表面平整，外形美观，具有光泽，手感柔软、滑糯且有身骨，具有持久、稳定的标准规格。

羊毛衫的整烫定型是在一定的热、湿条件下，施加一定的外力，使得纤维分子的结构发生改变，冷却后纤维分子在新的位置上固定下来。因此，加热、给湿、加压、冷却是羊毛衫整烫定型工艺的四个必要条件。

（一）整烫定型的条件

1. 加热

羊毛纤维的热塑性是羊毛衫熨烫定型的基础。不同的毛纤维具有不同的熨烫定型温度，适当的温度，能提高羊毛衫的整烫定型质量；温度偏高，会使羊毛衫板结，手感粗糙，弹性降低，甚至表面产生极光；温度过低，则平整度差，定型尺寸不稳定，易收缩变形。对温度的控制，直接影响毛衫的定型效果，不同的原料，不同的蒸烫工具，所需的整烫温度也不同。

（1）电热熨斗：适宜熨烫精纺全毛毛衫，温度一般控制在120~160℃。

（2）蒸汽熨斗：适宜熨烫粗纺毛衫，蒸汽压力一般控制在 3.5~4kg/cm（相当于135~145℃）；熨烫腈纶产品时，控制在 2.5kg/cm左右。熨烫时，熨斗不与衫面直接接触，仅在衫身表面喷射饱和蒸汽，完成加热、给湿和加压。

（3）整烫台：主要用于腈纶产品定型，温度掌握在60~65℃为宜，有抽冷装置更佳。

2. 给湿

水是良好的导体，羊毛衫熨烫要适当给湿。

（1）电热熨斗。羊毛衫整烫定型时，在相应的温度条件下，尚需同时给湿。采用电熨斗作为定型工具时，必须用白色湿布覆盖羊毛衫以给湿。

（2）蒸汽熨斗。由于蒸汽熨斗中喷射出的饱和蒸汽含有一定的水分，是较好的给湿条件，但需要在使用前放去冷凝水，以防羊毛衫含湿过高。

在给湿的时候，给湿量一定要适宜。过少，高温会使毛纤维变性发脆或烫黄、烫焦；过多，则会使定型不良，平整度差，衫身无身骨，易变形，甚至过多的含湿率在毛衫中，包装后会使毛衫霉变。

3. 加压

适当的压力有利于毛衫的快速定型。熨烫时，毛衫常穿在烫板上，以给毛衫织物施加一定的张力。在一定的温度、湿度条件下，以熨斗自重约 4kg左右自然加压于衫身给予适当的加压，使毛纤维分子重新排列、固定。蒸汽熨斗则是靠喷射出的蒸汽压力直接加压于衫身，无须再人为加压。

（二）整烫定形要求

1. 手工熨烫

整烫定型要按照产品计的款式、规格要求，撑套定型样板并顺序操作。

（1）袖子。撑套袖子样板，理直袖底缝并折向后身 0.5~1cm，挂肩缝倒向袖子方向，先烫后面，再烫前面，两袖长短一致，针纹要顺直，待冷却后脱卸样板。

（2）大身。撑套大身样板，理直大身两边的摆缝并折向后身 0.5~1cm，左右两边肩阔一致，先烫后身，再烫前身，下摆罗纹揉平成一字形，针纹要直，冷却后脱卸样板。

（3）开衫、开背心。门襟带要挺直，外门襟与内门襟叠齐盖没，门襟两边下摆罗纹高低一致，两袋高低大小一致，袋口带拉平理直。

（4）圆领。领口圆顺，领口中心两侧要对称，后面凹势0.5cm左右。

（5）V字领。V字领领尖要正，左右领边对称，领边罗纹一致。

（6）翻领。后领平整，领尖左右大小一致（按规格）。

2. 整烫机熨烫

整烫机（整烫压平机、烫衣机）是应用比较广泛的一种设备，功能较完善，自动化程度也比较高。其操作工艺简易，但流程编制需以重视。

综上所述，羊毛衫熨烫定型后，必须达到"四角平整，针纹清晰，绒面丰满，手感舒适，规格标准，效果持久"。

五、成品检验

（一）检验的目的与要求

羊毛衫成品在出厂之前，须对其进行综合检验，其目的就是保证出厂产品的成品质量。成品检验通常由复测、整理、分等三个专门工序组成，其内容包括外观质量、物理指标和染色牢度等质量要求。

成品质量检验一般以外观质量为主，其要求如下：

（1）产品达到工艺规定的规格、密度、重量，公差符合标准，款式符合封样要求。

（2）保持款式特点，如圆领领口要圆顺、平服且有弹性；开衫门襟应平、直、齐等。

（3）产品外观色泽鲜艳，色差、色花等符合标准。

（4）产品缝迹齐整、顺直、牢固、有弹性，针迹密度符合标准。

（5）产品疵点修补后，针路清晰且无修疤。

（二）成品检验

成品检验主要包括成品复测和成品整理两部分。

1. 成品复测

复测是对整烫定型后的羊毛衫产品，按部颁标准或客供标准对产品的各部位尺寸进行测量。测量时，应将毛衫放于平整、光洁的台案上，在不受外力条件下，摊平进行测量。

2. 成品整理

整理主要是为了目测检验外观疵点。检验外观疵点，一般采用灯光检验，灯罩内涂白漆，灯管与检验工作台台面中心垂直距离为 80±5cm；在室内利用自然光时，必须光线适当，光源射入方向为北向左（或右）上角为标准光源，不能使阳光直接照射在产品上。另外，在检验外观疵点时，台面应铺一层白布，将成品平摊在台面上，检验人员的视线应正视，目光与产品中心的距离为 40~50cm。

毛衫经过成品检验后，将按销售、储存、运输的要求进行分等包装，入库。

思考题

1. 简述毛衫衣片常用的人工回缩方法。
2. 简述衣片检验的方法、内容和要求。
3. 如何选择套口机的机号？
4. 设计圆领纬平针毛衫的缝合工艺及质量要求。
5. 简述羊毛衫的缩绒机理。
6. 影响羊毛衫缩绒的因素有哪些？
7. 简述毛衫整烫定型的原理和影响因素。
8. 成品检验的目的与要求是什么？

参考文献

［1］丁钟复.羊毛衫生产工艺［M］.北京：中国纺织出版社，2012.

［2］孟家光.羊毛衫设计与生产工艺［M］.北京：中国纺织出版社，2006.

［3］卢华山.毛衫工艺设计与成型制板［M］.天津：天津科学技术出版社，2021.

［4］徐艳华，袁新林.羊毛衫设计与生产工艺［M］.北京：中国纺织出版社，2014.

［5］姚晓林.羊毛衫生产工艺与CAD应用［M］.北京：中国纺织出版社，2012.

［6］姜晓慧，王智.电脑横机花型设计使用手册［M］.北京：中国纺织出版社，2014.

［7］郭凤芝.电脑横机的使用与产品设计［M］.北京：中国纺织出版社，2009.